Metallographie der technischen
Kupferlegierungen

Von

Dipl.-Ing. A. Schimmel

Leiter der Materialprüfungsanstalt der Hirsch, Kupfer-
und Messingwerke A.-G. in Finow bei Eberswalde

Mit 199 Abbildungen im Text
einer mehrfarbigen Tafel und
fünf Diagramm-Tafeln

Berlin
Verlag von Julius Springer
1930

ISBN 978-3-642-50428-0   ISBN 978-3-642-50737-3 (eBook)
DOI 10.1007/978-3-642-50737-3

Zum Geleit.

In dem Vorworte zu dem in erster Auflage im Jahre 1912 erschienenen Buche von E. Preuß: „Die praktische Nutzanwendung der Prüfung des Eisens durch Ätzverfahren und mit Hilfe des Mikroskopes" wies der Verfasser darauf hin, welche nützliche Gehilfin die Metallographie dem Maschinen- und Betriebsingenieur werden kann, sofern sie ihm in geeigneter Form nahe gebracht wird. Das notwendige Mittel zur Erreichung dieses Zieles erblickte Preuß in einem mit ausführlichen Anwendungsbeispielen und zahlreichen Abbildungen ausgestatteten Buch, in welchem dargelegt wird, wie man sich die Metallographie mit den gewöhnlichen Hilfsmitteln eines Industrielaboratoriums dienstbar machen kann.

Wie sehr seine aus diesen Überlegungen heraus entstandene Arbeit den erstrebten Zwecken entsprach, geht wohl daraus hervor, daß sie — außer einem unveränderten Neudruck — jetzt bereits in dritter Auflage vorliegt. So schien es erwünscht, neben diesem Leitfaden zur Prüfung der üblichen Kohlenstoffstähle ähnliche Hilfsmittel für das Gebiet der Nichteisenmetalle zu schaffen, auf welchem trotz der zunehmenden industriellen Bedeutung dieser Werkstoffe (es sei nur an die Leichtmetalle erinnert) eine Kenntnis der metallographischen Prüfmethoden noch seltener anzutreffen ist als bei den Kohlenstoffstählen. Schon vor längerer Zeit entstand daher der Gedanke, im Anschluß an das Buch von Preuß eine Reihe von Monographien über die wichtigeren Nichteisenmetalle und ihre Legierungen herauszugeben.

Als erster dieser sich anschließenden Bände liegt jetzt die „Metallographie der technischen Kupferlegierungen" aus der Hand eines auf diesem Gebiete besonders erfahrenen Fachmannes vor. Möge das Werk der Gefügelehre zu einem immer tieferen Eindringen in die Praxis verhelfen.

Dresden, im Dezember 1929.

G. Berndt.

Vorwort.

Während die Kenntnis vom Wesen der Werkstoffe Eisen und Stahl, getragen von einer Reihe wertvoller Bücher und Schriften, bereits eine erfreuliche Verbreitung erfahren hat, läßt sich hinsichtlich des Kupfers und seiner Legierungen nicht das gleiche behaupten. Wer wie der Verfasser Gelegenheit gehabt hat, auf diesem Fachgebiet mit den verschiedensten Zweigen der Technik Fühlung zu gewinnen, wird die Erfahrung gemacht haben, daß mancher sonst wohlbeschlagene Betriebsmann von den Nichteisenmetallen erstaunlich wenig weiß. Kommt z. B. ein auffallendes Verhalten einer Kupferlegierung zur Sprache, so lautet die Kennzeichnung entweder dahin, das Material sei für den vorliegenden Verwendungszweck „zu hart" oder „zu weich", bzw. es sei „spröde" oder „porös". Nicht selten heißt es auch: „Die Legierung enthält zu wenig Kupfer", ein Urteil, das fast immer ohne die Unterlage einer chemischen Analyse abgegeben wird. Mit diesen Gutachten ist der Wortschatz der Materialkunde in den meisten Fällen erschöpft. Die Ursache eines solchen Mangels an Gründlichkeit liegt letzten Endes darin, daß auf unseren technischen Hoch- und Gewerbeschulen die Metallkunde noch nicht überall den ihr zukommenden Platz als selbständiges Lehrfach gefunden hat. Eine Förderung des Wissens von den metallographischen Begriffen bleibt daher anzustreben, und zu diesem Ziel möchte das vorliegende Buch zu seinem Teil beitragen. Der Verfasser übernahm die Arbeit auf Anregung von Herrn Prof. Dr. G. Berndt, welcher die Neubearbeitung des Buches von Preuß „Die praktische Nutzanwendung der Prüfung des Eisens durch Ätzverfahren und mit Hilfe des Mikroskopes" mit Prof. Dr.-Ing. v. Schwarz durchgeführt hat. Im gleichen Sinne wie das Werk von Preuß-Berndt-v. Schwarz ist auch diese Schrift auf das Verständnis weitester Fachkreise berechnet und mit Theorie möglichst wenig belastet. Insbesondere wurde auf eine Behandlung der Röntgenographie verzichtet, da diese jüngste Metallforschungsmethode sich vorerst ausschließlich mit den engeren Problemen des Feinbaues der Metalle, den Verfestigungs-, Vergütungs- und Rekristallisationstheorien beschäftigt.

Wert gelegt wurde auf Erläuterung möglichst aller Erscheinungen mit Hilfe von Musterstücken aus der Praxis. Hierzu boten die in jahrelanger Tätigkeit gesammelten Proben aus der Untersuchungsanstalt eines großen Metallwerkes ein reichhaltiges Material. Sämtliche Gefügebilder der Schrift entstammen der metallographischen Anstalt des

Eberswalder Werkes der Hirsch, Kupfer- und Messingwerke A.-G. und sind an dieser Stelle erstmalig veröffentlicht. Der Direktion, insbesondere Herrn Direktor Siegmund Hirsch, sei auch an dieser Stelle bestens gedankt für die Genehmigung, von den Erfahrungen und Einrichtungen des Werkes Gebrauch zu machen.

Für die Anfertigung der Schliffe und Gefügeaufnahmen bin ich der Metallographin Fräulein Martha Gruber zu Dank verbunden.

Um das Buch gleichzeitig zu einem zuverlässigen Literaturnachweis auszugestalten, war ich bemüht, aller wichtigen einschlägigen Arbeiten, welche bis Ende 1928 erschienen sind, Erwähnung zu tun. Wenn mir dies nicht restlos gelungen ist, so möge es im Hinblick auf die große Fülle der verstreut erschienenen Abhandlungen entschuldigt werden.

Eberswalde, im Dezember 1929.   **Alfred Schimmel**
                                               Dipl.-Ing.

Inhaltsverzeichnis.

	Seite
A. Die Zustandsschaubilder der Kupferlegierungen	1
Einleitung	1
I. Das Zustandsschaubild der Kupfer-Zinklegierungen	2
II. Das Zustandsschaubild der Kupfer-Zinnlegierungen	16
III. Das Zustandsschaubild der Kupfer-Aluminiumlegierungen	20
IV. Vergleich der Systeme Kupfer-Zink, Kupfer-Zinn und Kupfer-Aluminium	24
V. Das Dreistoffsystem Kupfer-Zink-Zinn	25
VI. Das Dreistoffsystem Kupfer-Zink-Nickel	27
B. Die Anwendung der Gefügelehre auf die Werkstoffe der Technik.	29
I. Kupfer und Kupferoxydul (das technische Kupfer)	29
II. Kupfer und Arsen	37
III. Kupfer und Zink	41
1. Alpha-Messing.	41
Gefügeaufbau und Werkstoffeigenschaften S. 42. — Verformung und Rekristallisation S. 48. — Gefügeumwandlungen S. 59. — Alpha-Messing mit Zusätzen S. 62.	
2. Alpha-Beta-Messing	63
Gefügeaufbau und Werkstoffeigenschaften S. 63. — Verformung, Rekristallisation, Gefügeumwandlungen S. 69.	
3. Sondermessing	74
IV. Kupfer, Zink und Nickel (Neusilber).	84
V. Kupfer und Zinn (Phosphorbronze)	88
VI. Kupfer, Zink und Zinn (Rotguß, Maschinenbronze)	93
VII. Kupfer und Aluminium (Aluminiumbronze).	98
C. Besondere Nutzanwendungen der Metallographie.	102
I. Makroskopische Untersuchungen.	102
II. Nichtmetallische Beimengungen	116
III. Lötung und Schweißung	121
Schrifttum-Verzeichnis	129
Anhang: Normblätter, Diagramme	135

A. Die Zustandsschaubilder der Kupferlegierungen.

Einleitung.

Innerer Aufbau und technische Eigenschaften der Legierungen sind aufs engste miteinander verknüpft. Jeder Ingenieur und Betriebsmann, der sich mit Metallkunde zu befassen hat, sollte daher mit der Gefügelehre derjenigen Legierungen vertraut sein, an deren richtiger Auswahl, Behandlung und Bewertung ihm gelegen ist. Die Grundlagen unserer Kenntnisse vom Aufbau der Legierungen sind die Zustandsschaubilder, geometrische Darstellungen in Form eines Koordinatensystems, aus welchen die strukturellen Zustände einer Legierungsreihe im Gebiet zwischen Schmelzhitze und Raumtemperatur abzulesen sind. Die Erforschung und Ausdeutung der Zustandsschaubilder ist Aufgabe der Metallographie. Für die Gesamtheit der Mischungsverhältnisse zweier oder mehrerer Metalle gebraucht man in der Metallographie die Bezeichnung „System“. Zur Darstellung der Erstarrungs- und Umwandlungsvorgänge in einem System, das aus zwei Metallen besteht, wählt man als Ordinaten die Temperaturen, als Abszissen die prozentualen Zusammensetzungen (Konzentration) des Metallpaares. Da die Entstehung der Zustandsschaubilder, ihre verschiedenen Typen, die Ausführung der thermischen Analyse und die Technik der metallographischen Schliffuntersuchung in den einschlägigen Lehrbüchern* beschrieben sind, wird hier von einer Behandlung dieser Themen abgesehen; ebenso erscheint eine Einführung in die einfachsten metallographischen Grundbegriffe wie Mischkristall, Eutektikum, Phase usw. entbehrlich. Aus den nachfolgenden Darstellungen dürfte immerhin auch der weniger vorgebildete Leser hinreichend klare Vorstellungen gewinnen.

Alle Veränderungsvorgänge beim Erstarren und Schmelzen, Abkühlen und Erhitzen der Legierungen streben bestimmten Endzuständen zu, bei denen sich das Gefüge in der Ruhelage befindet. Das bedeutet, daß alsdann die Struktur des Stoffes auch nach beliebig langem Verweilen bei der betreffenden Temperatur keine weitere Veränderung erleidet. Diese Ruhelagen oder Gleichgewichtszustände werden durch die Linien der Schaubilder gekennzeichnet. In den höheren Temperaturbereichen,

---

* Vgl. u. a. Preuß-Berndt-v. Schwarz, Die praktische Nutzanwendung der Prüfung des Eisens durch Ätzverfahren und mit Hilfe des Mikroskopes, 3. Aufl. Berlin: Julius Springer 1927.

wo die innere Beweglichkeit der kleinsten Massenteilchen sehr lebhaft ist, stellt sich das Gleichgewicht schneller ein als bei niederer Temperatur. In sehr vielen Fällen wird die Ruhelage nicht erreicht, da unter den technischen Arbeitsbedingungen die Abkühlung der Werkstoffe verhältnismäßig schnell erfolgt, das Gefüge entspricht dann nicht den Angaben des Diagramms. Diese für die Nutzanwendung der Gefügelehre außerordentlich wichtige Tatsache, die in den Lehrbüchern meist nicht erschöpfend behandelt ist, läßt sich nur in Verbindung mit praktischen Beispielen studieren. In den folgenden Abhandlungen wird daher auf die „instabilen" Zustände der Legierungen besonders einzugehen sein.

Die Gesetze der Metallographie sind theoretisch auf den Lehren der Thermodynamik und Atomistik aufgebaut. Wir werden diese Wissenschaften in unseren Betrachtungen nur streifen, da sie sich in den Rahmen einer gemeinverständlichen Einführung nicht fügen und zudem zum Verständnis der Schaubilder nicht durchaus erforderlich sind. Für den Praktiker genügt es, wenn er die Diagramme nach Art einer Landkarte zu lesen versteht, und in diesem Sinne sollen dieselben an Hand von Gefügebildern im folgenden erklärt werden. Unserem Thema entsprechend beschränken wir uns dabei auf die Konzentrationen mit vorherrschendem Kupfergehalt.

I. Das Zustandsschaubild der Kupfer-Zinklegierungen.

Das System Kupfer-Zink ist seit mehr als 30 Jahren von zahlreichen Forschern untersucht worden. Neuerdings haben Bauer und Hansen[1]* in einer erschöpfenden Monographie sämtliche bisher erschienenen Arbeiten kritisch verglichen und die noch vorhandenen Unstimmigkeiten durch eigene Untersuchungen geklärt. Der nachstehenden Beschreibung ist das Diagramm (s. Einschlagbild Nr. I im Anhang) in der von Bauer und Hansen aufgestellten Fassung zugrunde gelegt.

Die Metalle Kupfer und Zink kristallisieren untrennbar miteinander, sie bilden „Mischkristalle" oder „feste Lösungen", sind also im Gefüge durch keine noch so starke mikroskopische Vergrößerung voneinander zu unterscheiden. Das Schaubild der Kupfer-Zinkreihe erscheint etwas verwickelt, da es keine ununterbrochene Reihe von Mischkristallen umfaßt. Fügen wir zu reinem Kupfer wachsende Mengen von Zink, etwa bis zur Zusammensetzung 70% Cu 30% Zn, und beobachten wir die Vorgänge bei der Erstarrung und Abkühlung der so erhaltenen Legierungen, so ist zunächst folgendes festzustellen: Reines Kupfer erstarrt bei 1083° mit einem scharf ausgeprägten Haltepunkt (Punkt a). Nach dem Zusatz von etwas Zink verliert sich der Haltepunkt, die Erstarrung verläuft innerhalb eines Temperaturintervalls, dessen Beginn und Ende im Diagramm durch die Kurven ad und ab angegeben werden.

---

* Die hochstehenden Zahlen beziehen sich auf das Literaturverzeichnis am Ende des Buches.

Dabei ist nach bekannten Gesetzen die Zusammensetzung der fest-
werdenden Mischkristalle einer fortlaufenden Veränderung unterworfen.
Betrachten wir z. B. die Legierung aus 85% Cu und 15% Zn (Mittelrot-
tombak), indem wir der in das Schaubild eingezeichneten Linie *A—A*
folgen, so erstarren bei 1020⁰ die ersten Kristalle, sie haben die Zusammensetzung 91% Cu 9% Zn (Punkt I). Mit sinkender Temperatur
nimmt ihre Menge zu, gleichzeitig steigt ihr Zinkgehalt; er beträgt bei
1010⁰ bereits 11% (Punkt II). Die Schmelze, in welcher die Kristalle
schwimmen, muß jetzt natürlich zinkreicher sein als dem Durchschnittsgehalt des Ganzen entspricht, ihre Zusammensetzung ist gegeben durch
den Kurvenast *ad*, der bei 1010⁰ einen Gehalt von 82% Cu und 18% Zn

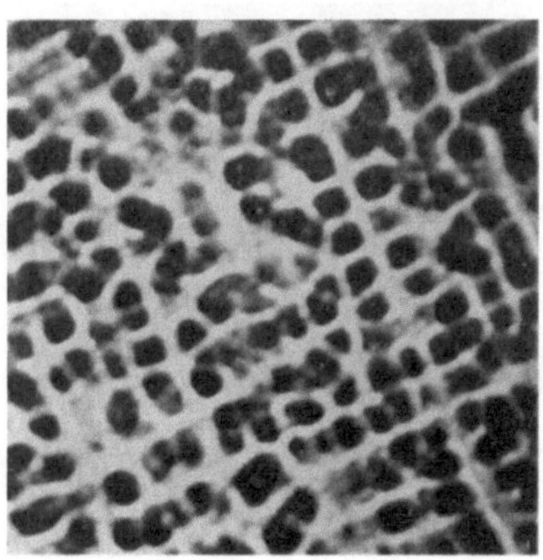

Abb. 1. 85,2% Cu, Gußgefüge: α = Zonenkristalle. Hell: kupferreichere Kristallachsen *.
V = 100.

angibt. (Punkt III). Sobald die
Temperatur auf 990⁰ gesunken ist,
erstarrt der letzte Rest der Schmelze, welcher die Zusammensetzung
von Punkt IV hatte.

Die fortlaufende Zunahme des
Zinkgehaltes der Mischkristalle muß
auf dem Wege der Diffusion erfolgen,
also durch Wanderung der kleinsten
Massenteilchen im festen Zustande.
Dieser Vorgang erfordert Zeit, und
zwar mehr oder weniger, je nach
Temperatur und Art der Legierung.
Wir werden an anderer Stelle sehen,
daß es Metalle gibt, die außerordentlich langsam diffundieren. Die Kupfer-Zink-Legierungen zeichnen sich
durch eine verhältnismäßig leichte Beweglichkeit ihrer Atome bei höheren
Temperaturen aus**. Dennoch erfolgt im technischen Gießbetriebe die
Abkühlung stets zu rasch, um einen vollkommenen Ausgleich zwischen
Schmelze und Mischkristallen zuzulassen. Die Folge davon ist, daß die zuerst erstarrten Kerne der Kristalle regelmäßig kupferreicher bleiben als die
äußeren Schichten. Im Gefügebild ist dies deutlich zu erkennen: Abb. 1
zeigt die Gußstruktur einer in eine eiserne Form gegossenen Tombak-
legierung mit 85,2% Cu. Die hellen Streifen, die sich unter Winkeln von
etwa 90⁰ schneiden, sind die zuerst erstarrten Cu-reichen Kristall-
bestandteile, die Achsen, welche gewissermaßen die Gerippe der Kristalle
darstellen. Da sie sich in der Schmelze frei entwickeln konnten, weisen

---

    * Als Ätzmittel wurde, soweit nicht bei den Abbildungen anderes angegeben,
Ammoniumpersulfat benutzt.
    ** Vergleichende Versuche an Legierungen des Kupfers mit Zink, Zinn und
Aluminium sind von Bauer und Piwowarski[2] ausgeführt worden.

sie geometrisch regelmäßige Figuren auf, wie sie durch die kristallographischen Richtkräfte des Stoffes stets dann entstehen, wenn keine störenden äußeren Einflüsse wirksam sind. Zwischen den Achsen hat sich die später festgewordene Cu-ärmere Masse, welche dunkler erscheint, abgelagert. Der Übergang ist ein allmählicher, im Bilde erscheinen die Kontraste durch die Wirkung des Ätzmittels verschärft. Derartig aufgebaute Mischkristalle heißen Zonen- oder Schichtkristalle, wegen ihrer Ähnlichkeit mit gewissen Gebilden des Pflanzenreiches auch Farnkrautoder Tannenbaumkristalle bzw. Dendriten. Der Vorgang ihrer Entstehung wird als Kristallseigerung bezeichnet. Das Vorhandensein von deutlich ausgeprägten Schichtkristallen beweist stets, daß der

 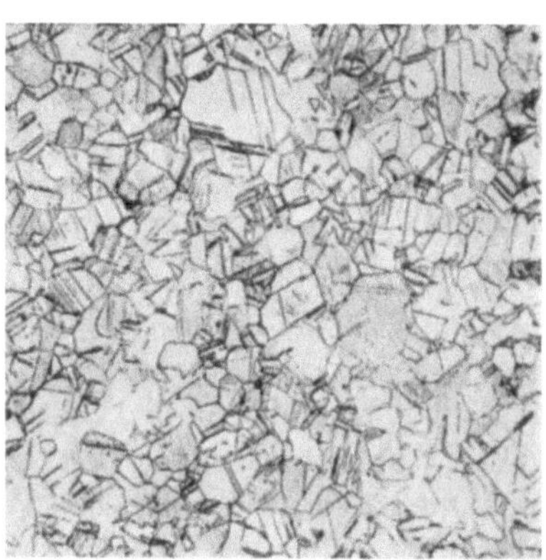

Abb. 2. 85,2 % Cu, ½ St. bei 650⁰ geglüht.   Abb. 3. 85,2 % Cu, 4 St. bei 650⁰ geg üht.
Verwaschene Zonenkristalle.   Vollkommen ausgeglichene Mischkris alle.
V = 100.   V = 100.

betreffende Körper keine oder wenigstens keine wesentliche Wärmebehandlung nach dem Gießen durchgemacht hat. Örtlich auftretende Dendriten in einem weiter bearbeiteten Produkt, etwa in eine n gewalzten Blech, deuten auf eine nachträgliche hohe Erhitzung an c er betreffenden Stelle hin, vgl. Abschnitt C III. Durch nachträgliches Glühen läßt sich der Ausgleich durch Diffusion, der beim Guß durch zu s hnelle Abkühlung unterdrückt wurde, nachholen mit der Wirkung, daß das dendritische Gefüge verschwindet. Abb. 2 zeigt denselben Schliff wie Abb. 1, in der gleichen Weise geätzt, nach ½ stündiger Glüh ang bei 650⁰: die Konzentrationsunterschiede der Zonen haben bereit s merklich abgenommen. Abb. 3 desgleichen nach weiterem 3 ½ st indigem Glühen: Die Masse ist vollkommen homogen geworden. Dieselbe Wirkung wie das Glühen würde natürlich eine künstlich verzögerte Abkü lung des Gußblocks hervorgerufen haben.

Betrachten wir die Vorgänge bei der Abkühlung von Misch ıngen mit wesentlich höheren Zinkgehalten, so stoßen wir auf verwicke ltere Verhältnisse. Die Lösefähigkeit von Kupfer für Zink hat bei 32,5 bis 39% Zn (je nach der herrschenden Temperatur) ihre Grenze erreicht, die Mischkristalle dieser Zusammensetzung sind „gesättigt". In Legierungen mit höheren Zinkgehalten tritt daher eine neue Mischkristallart auf. Die bisher betrachtete Kristallart wird im Schaubild durch das Feld „Alpha-Mischkristalle", die neue durch das Feld „Beta-Mischkristallle" gekennzeichnet. Die Abkühlung einer Schmelze mit 65% Cu wollen wir gemäß der Kennlinie B—B im Diagramm verfolgen. Bei 930⁰ scheiden sich die ersten Kristallnadeln, und zwar von der Zusammensetzung 73% Cu ab (Punkt V), bei weiterer Abkühlung bis auf 905⁰ erstarrt kupferärmeres Material und umhüllt die Nadeln unter Bildung von Schichtkristallen.

Bis dahin ist der Vorgang der gleiche wie bei dem oben betrachteten Beispiel. Bei Punkt b ist aber die Sättigungsgrenze der α-Mischkristalle erreicht. Die an Zink angereicherte Schmelze, welche jetzt die Zusammensetzung d (60,5% Cu) besitzt, sondert nunmehr β-Kristalle c (63% Cu) ab, die sich von der Schmelze durch einen etwas höheren Kupfergehalt unterscheiden. Bei genügend langsamer Abkühlung erfolgt ihre Bildung in der Weise, daß sich die äußere Schicht der α-Kristalle mit der Schmelze in β-Kristalle umsetzt, bis die Schmelze ganz aufgebraucht

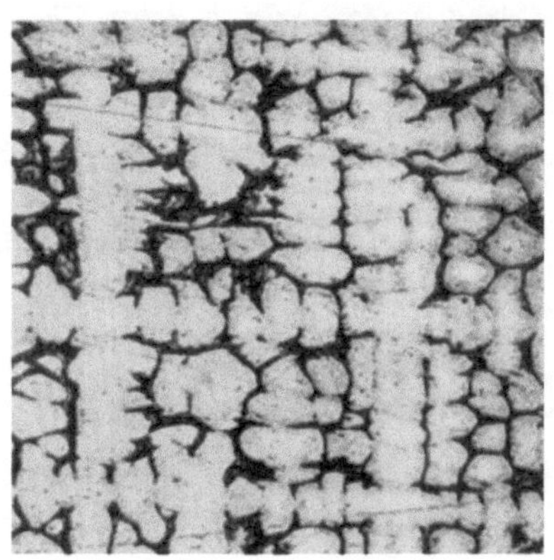

Abb. 4. 65,4% Cu, Gußgefüge: $\alpha + \beta$ in peritektischer Anordnung. V = 100.

ist. Während dieses Umsetzungsvorganges, bei dem also die α-Phase so viel Kupfer an die Schmelze abgibt, daß diese in die Konzentration c übergeht, bleibt die Temperatur auf 905⁰ stehen, bis alles fest ist. Schmelzen mit 67,5 bis 60,5% Cu-Gehalt zeigen unter solchen Umständen einen Haltepunkt bei 905⁰.

In der Praxis verlaufen nun stets die Abkühlungen so schnell, daß das Gefüge der Gußerzeugnisse nicht Zeit findet, sich vollkommen nach den Regeln des Schaubildes, welches ja Idealzustände wiedergibt, einzustellen. Die erwähnte Umsetzung zwischen α-Phase und Schmelze bei 905⁰ wird bei der gewöhnlichen, nicht künstlich verzögerten Erstarrung übersprungen, indem die α-Kristalle unverändert bleiben (Konzentration b), und die Schmelze als β erstarrt (Konzentration d). Das Gefüge besteht dann zu etwa ⅔ aus α und zu ⅓ aus β (s. Abb. 4, 65,4% Cu). Auch dieses Mengenverhältnis hängt mit der Gestalt des Schaubildes zusammen, denn die Kennlinie B—B teilt die Strecke bd etwa im Verhältnis 1 : 2 (Hebelgesetz). Wäre die Umsetzung erfolgt, so müßten α-

und β-Kristalle in gleichen Mengen vorhanden sein, da die Konzentrationen b und c von B—B fast gleich weit entfernt liegen. Daß dieser Zustand in der Tat der bei hoher Temperatur stabile ist, erkennen wir, wenn wir die Schmelzprobe mit 65,4% Cu nachträglich einige Zeit dicht unter dem Erstarrungspunkt glühen und das sich hierbei einstellende Gefüge durch Abschrecken festhalten, s. Abb. 5.

Um jedes Mißverständnis auszuschalten sei nochmals betont, daß sowohl α- wie β-Kristalle, sowohl die Achsen der Dendriten wie die sie umhüllenden Schichten aus Kupfer und Zink in molekularer Mischung bestehen und sich nur durch das Mengenverhältnis der beiden Metalle unterscheiden. Noch immer hört man bei Erörterung von Material-

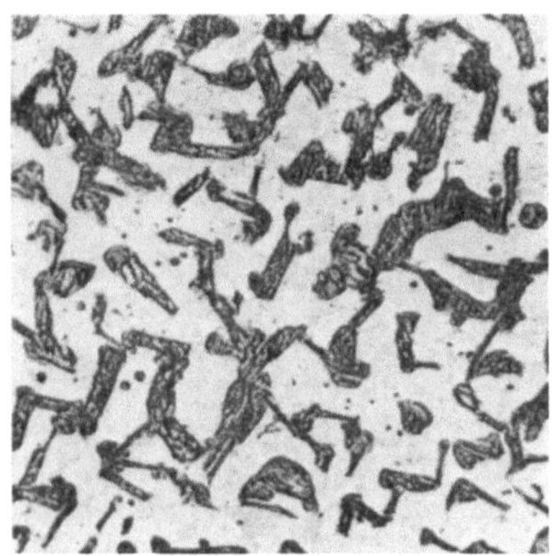

Abb. 5. 65,4% Cu, bei 880° geglüht und im Wasser abgeschreckt. Weiß: α. Dunkel, aufgerauht: β. V = 100.

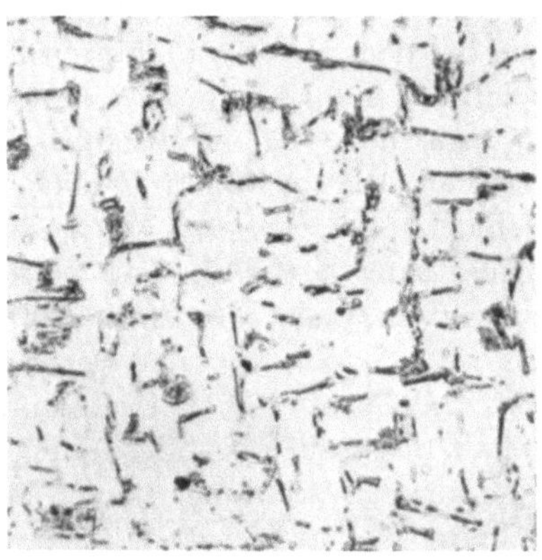

Abb. 6. 65,4% Cu, nach dem Abschrecken 20 Min. bei 500° angelassen: β in Auflösung begriffen. V = 100.

fehlern mitunter die Vermutung, die Ursache sei in „unlegiertem Zink" zu suchen. Solche angeblich nicht richtig beigemengten Zinkteilchen kommen im Messing in der Tat so gut wie niemals vor. Der niedrige Schmelzpunkt des Zinks (419°) und seine vorzügliche Löslichkeit im flüssigen Kupfer gewährleisten stets eine schnelle und vollkommene Vermischung.

Die Linie bme nimmt einen gekrümmten Verlauf, sie beginnt bei 67,5% Cu und endigt bei 61% Cu; der α-Kristall vermag also bei abnehmender Temperatur wachsende Mengen Zink aufzunehmen. Bei etwa 790° tritt die Kennlinie B—B aus dem $(\alpha + \beta)$-Feld in das α-Feld über. Läßt man demnach die Legierung mit 65% Cu langsam bis unterhalb 790° abkühlen, so werden alle vorher gebildeten β-Kristalle vom α-Bestandteil aufgesaugt. Die Temperaturen der leichten Beweglichkeit der Massenteilchen werden aber meist so schnell durchschritten, daß die Lösung von β durch Diffusion nicht erfolgen kann, das Erstarrungsgefüge bleibt erhalten (Abb. 4) und wird erst durch eine nachträgliche

Wärmebehandlung verändert. Kurzes Anlassen bei 500⁰ führt noch keine
völlige Lösung herbei (Abb. 6), doch ist nach 2 stündigem Erhitzen
auf 650⁰ der stabile Zustand erreicht (Abb. 7). Während also Gußerzeugnisse in der Regel instabile Gefüge besitzen, können die Verhältnisse anders liegen bei solchen Produkten, die zwecks weiterer Formgebung Glühungen, verbunden mit Kalt- oder Warmbearbeitungen,
durchlaufen haben. Bei diesen hat häufig die längere bzw. wiederholte
Erwärmung auf Temperaturen von 550⁰ bis 800⁰ den vollkommenen
Ausgleich herbeigeführt.

Eine Struktur wie in Abb. 4, in der ein besonderer, später erstarrter
Bestandteil die zuerst gebildeten Kristalle umhüllt, bezeichnet man als

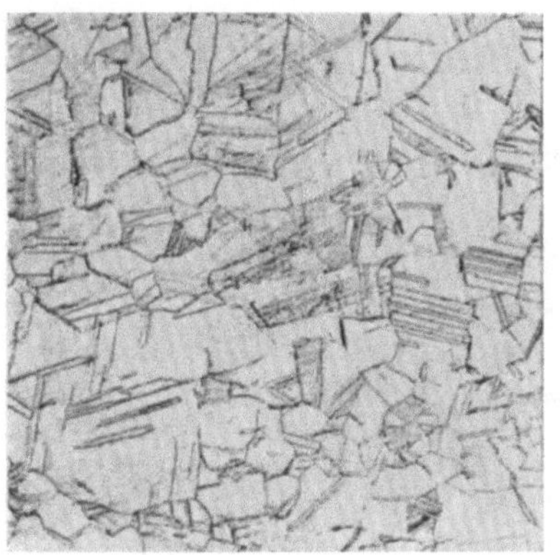

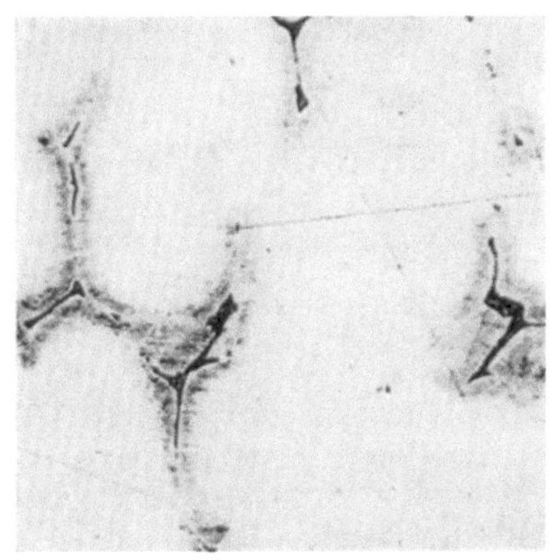

Abb. 7. 65,4% Cu, 2 St. bei 650⁰ geglüht:
reines α, homogen. V = 100.

Abb. 8. 68,2% Cu, Gußgefüge: Schwarze
scharf gezackte Inseln: β. V = 100.

peritektisch. Auf Grund der dargelegten Eigentümlichkeiten der Schichtkristalle wird es klar, warum auch kupferreichere Legierungen, z. B. solche
mit 68% Cu, peritektisch erstarren, obwohl sie nach dem Schaubild
kein β enthalten sollten. Die ausgeschiedenen α-Kristalle sind im
Kern so kupferreich geblieben, daß sie bei Erreichung der Temperatur von 905⁰ mehr als 68% Cu im Durchschnitt enthalten. Infolgedessen ist noch eine gewisse Menge Schmelze d übrig geblieben, welche
als β erstarrt (Abb. 8). Durch nachfolgendes Glühen läßt sich der Gleichgewichtszustand, das reine α-Gefüge, herbeiführen (Abb. 9). Bei einem
um 2% geringerem Cu-Gehalt ist die Menge des peritektischen β erheblich größer, wie Abb. 10 erkennen läßt. Auf diesem Bilde tritt der
Übergang der Ätzschattierung von den hellen α-Kristallachsen über die
dunklen Cu-ärmeren Ränder zum tiefdunklen β besonders klar hervor.

Des theoretischen Interesses wegen wollen wir die Verhältnisse bei
Abkühlung einer Schmelze mit 61,5% Cu verfolgen unter der Annahme,
daß derselben hinreichend Zeit zum Durchlaufen aller Gefügeumwand-

lungen gelassen wird. Um letztere an Hand des Schaubildes zu ermitteln, ziehen wir die Kennlinie $C—C$, die sich fünfmal mit Dia-
grammlinien schneidet. Bei 912⁰ beginnt die Kristallisation, indem sich
α-Kristalle mit 70% Cu (Punkt VI) ausscheiden. Sie verändern ihre
Zusammensetzung bei weiterer Wärmeentziehung entsprechend der
Linie $a\,b$ und enthalten demgemäß bei 905⁰ 67,5% Cu. Eine Kristallseigerung ist dabei, wie wir annehmen wollen, nicht erfolgt. Jetzt ist
die Sättigungsgrenze des α-Kristalls erreicht. Die Schmelze enthält
60,5% Cu (Punkt d). Die Menge der festen Kristalle verhält sich zur
Menge der Schmelze wie 1 : 5. Bei fortschreitender Abkühlung können
sich von jetzt an nur β-Kristalle bilden, die bei 905⁰ 63% Cu enthalten

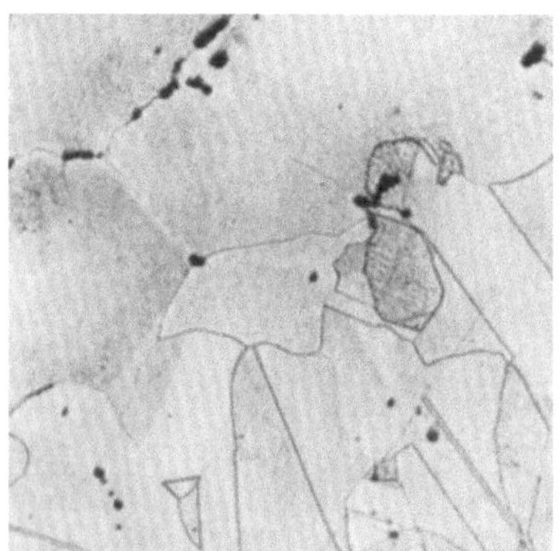

Abb. 9. 68,2% Cu, 3 St. bei 650⁰ geglüht:
Reines α ausgeglichen. Schwarze Punkte:
Poren. V = 100.

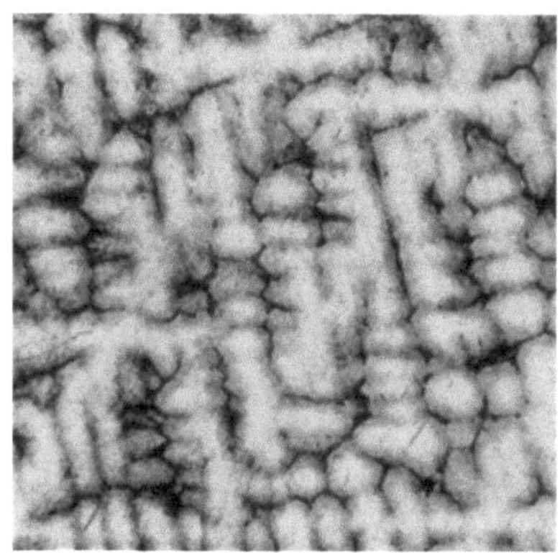

Abb. 10. 66,0% Cu. Gußgefüge: Hell mit
dunklen Rändern: α. Schwarz: β peritektisch.
V = 50.

(Punkt c). Sie liegen also in ihrer Zusammensetzung der ursprünglichen
Schmelze sehr viel näher als die gesättigten α-Kristalle. Letztere
nehmen nunmehr aus der Schmelze so lange Zink in sich auf, bis sie sich
vollständig in β-Kristalle der Zusammensetzung c verwandelt haben.
Zugleich scheiden sich aus der Schmelze neue β-Kristalle c in beträchtlicher Menge ab. Die Bildungstemperatur beider Kristallarten b und c
liegt bei 905⁰, infolgedessen bleibt bei dem ganzen Umwandlungs-
vorgange die Temperatur auf dieser Höhe stehen, wir beobachten einen
Haltepunkt. Bei der Umsetzung ändert sich die Zusammensetzung der
Schmelze d nicht, es nimmt nur ihre Menge ab. Während bei Beginn
des Vorganges das Verhältnis des Festen zum Flüssigen wie 1 : 5 war,
ist es am Schlusse gleich 1 : 1. Die flüssige Hälfte erstarrt bei sinkender
Temperatur als β, wobei sich die Zusammensetzung der bereits vorhandenen Kristalle längs der Soliduskurve $c\,g$ verschiebt. Bei 898⁰ ist
alles fest in Form von β-Kristallen der Zusammensetzung 61,5% Cu
38,5% Zn.

Man könnte zunächst im Zweifel sein, ob die ganze Menge der α-Kristalle (b) sich in β (c) umwandeln muß, denn es wäre ja denkbar, daß von 905⁰ ab die Schmelze zu einer β-Masse erstarrt, welche die α-Kristalle peritektisch einschließt. Dazu ist zu sagen, daß bei einer nicht idealen Abkühlung die Bildung des Peritektikums tatsächlich eintritt. Wir erhalten dann ein heterogenes Gefüge ähnlich Abb. 4. Läßt man aber den Idealfall der vollkommenen Gleichgewichtseinstellung gelten, so muß gemäß der Phasenregel der α-Bestandteil gänzlich verschwinden. Die Phasenregel, deren Ableitung und Wesen hier nicht näher besprochen werden soll*, besagt u. a., daß in Legierungen aus zwei Stoffen nur bei ganz bestimmten Temperaturen 3 Phasen (d. h. mechanisch trennbare Bestandteile) zu gleicher Zeit bestehen können. Die 3 Phasen sind im vorliegenden Falle 2 feste Körper, nämlich α- und β-Kristalle, und ein flüssiger, die Schmelze. Die einzige Temperatur, bei welcher sie gleichzeitig existieren können, ist die durch die wagerechte Linie $b\,c\,d$ bezeichnete, also 905⁰. Bevor die (immer verlangsamt gedachte) Abkühlung fortschreitet, muß eine der drei Phasen verschwinden. Dies kann nicht die Schmelze sein, weil unmöglich die ganze Masse in die Kristallarten b und c aufgeteilt werden kann, die ja beide kupferreicher sind als die vorliegende Legierung. Die β-Phase kann nicht ausfallen, denn die Legierung ist zu arm an Cu, um als gesättigter α-Kristall b in den festen Zustand überzugehen. Folglich bleibt als einzige Möglichkeit, daß die α-Phase in der oben beschriebenen Weise aufgezehrt wird, dann ist das Dreiphasengleichgewicht in ein Zweiphasengleichgewicht ($\beta +$ Schmelze) übergegangen, und die Temperatur sinkt wieder unter weiterer β-Bildung.

Wenige Grade tiefer, bei etwa 840⁰, findet eine neue Gefügeumbildung, jetzt in festem Zustande, statt. Der Existenzbereich der β-Phase ist durch die Fläche $c\,n\,o\,f\,i\,q\,p\,g\,c$ begrenzt, bei tieferer Temperatur sind also β-Kristalle nur in der Zusammensetzung zwischen etwa 55 und 50% Cu beständig. Sobald unsere Legierung im Verlauf ihrer Abkühlung bei 840⁰ die Kurve $c\,n$ überschreitet, ist der β-Kristall nicht mehr imstande, sämtliches Kupfer in fester Lösung zu halten, er ist übersättigt und scheidet daher α-Kristalle mit 66% Cu (Punkt VII) aus. Die Menge der α-Phase nimmt schnell zu, da sie immer mehr Zink aufnimmt, bis bei 540⁰ β gänzlich aufgezehrt ist. Die Legierung hat also im festen Zustande eine völlige Umwandlung vom β- in den α-Zustand durchgemacht. Letzterer ist die endgültige stabile Form der Legierung mit 61,5% Cu.

Wie schon zu Eingang dieser letzten Betrachtung hervorgehoben wurde, ist dieselbe lediglich theoretischer Art. Niemals werden unter

---

* Eine gute Einführung in die Phasenregel findet sich in Martens-Heyn, Handbuch der Materialienkunde für den Maschinenbau, Bd. II A, S. 15 bis 23. Berlin: Julius Springer 1912.

den Verhältnissen des praktischen Gießbetriebes die Gefügeveränderungen in der beschriebenen Art verlaufen, weil den Atomen nicht genügend Zeit gelassen wird, die erforderlichen Platzwechsel vorzunehmen. Bekanntlich ist ja die Beweglichkeit der Atome im festen Zustande besonders bei niedriger Temperatur sehr gering. In den Cu-Zn-Legierungen ist sie unterhalb etwa 300⁰ praktisch gleich Null. Die Folge dieser inneren Bewegungsträgheit ist, daß bei 905⁰ die Umsetzung der α-Phase unterbleibt und die Wiederauflösung von β beim Durchschreiten des Feldes $b\,m\,n\,c$ nur teilweise stattfindet. Damit vereinfacht sich der Überblick. Alle Legierungen, die in den Bereich der Peritektikalen $b\,c\,d$ fallen, d. h. die Konzentrationen von 67,5% bis 60,5% Cu, enthalten im Gußgefüge das bei der Erstarrung entstandene α als Grundmasse, umrandet von mehr oder weniger starken β-Adern. So ergeben sich Gefügebilder wie Abb. 4, 10 und 11. Auch in Kupferreicheren Güssen findet man zuweilen, wie bereits gezeigt, peritektische Gefüge (s. Abb. 8), was oben auf Grund des Vorganges der Kristallseigerung erklärt wurde.

Werden die Gußprodukte durch Formgebungsprozesse bearbeitet, so nähert sich die Struktur während des Verweilens bei Glühhitze dem stabilen Zustande. In den Legierungen mit mehr als 63 bis 64% Cu sättigt sich die α-Phase mit Zink, wodurch β vollständig verschwindet. Die technischen Messinghalbfabrikate wie Bleche, Drähte, Rohre und die aus ihnen gefertigten Erzeugnisse bestehen daher, sofern ihr Kupfergehalt oberhalb der genannten Grenze liegt, fast stets aus reinem α, während unterhalb 63% Cu das Vorhandensein geringer β-Mengen die Regel ist. In den Cu-Zn-Diagrammen der früheren Literatur (bis 1925) war auf Grund dieser Feststellung die Grenze zwischen Alphagebiet und Alpha-Beta-Gebiet (Punkt e) bei 63,5% Cu eingezeichnet. Tatsächlich ist jedoch das β-haltige Gefüge der Legierungen zwischen 61 und 63,5% Cu instabil. Man hatte schon früher beobachtet, daß sehr dünne kaltgewalzte Bleche, die im Verlaufe des Herstellungsganges zahlreiche Zwischenglühungen durchgemacht hatten, zuweilen bei 62,5% Cu homogenes α-Gefüge aufwiesen, was sich mit den älteren Schaubildern nicht vereinbaren ließ. Zur schnellen Herbeiführung des stabilen Zustandes in den Konzentrationen nahe an 61% Cu kann man sich eines Kunstgriffes bedienen, den Genders u. Bailey[3] bei ihren Untersuchungen über die Sättigungsgrenze der α-Phase angewendet haben: Man versetzt die Legierung durch schroffes Abschrecken von 890⁰ in einen hochinstabilen Zustand und läßt bei etwa 450⁰ an, dann findet innerhalb kurzer Zeit ein vollständiges Umschlagen der Struktur statt.

Zur Veranschaulichung der Vorgänge diene nachstehendes Beispiel einer etwa 62 proz. Legierung. Das Gußgefüge, Abb. 11, besteht aus ungesättigter α-Grundmasse umgeben von peritektischem β, welches unmittelbar nach der Erstarrung in noch größerer Menge vorhanden war, jedoch teilweise nach Überschreitung von cn in der α-Phase gelöst wurde. Dieser Lösevorgang kann nur durch sehr langes Glühen bei Temperaturen unter 550⁰ bis zu Ende, d. h. bis zum vollständigen

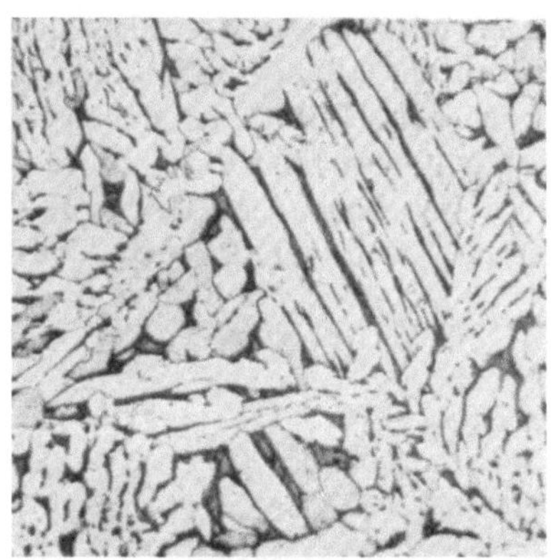

Abb. 11. 62,2% Cu, Gußgefüge: $\alpha + \beta$, peritektisch. V = 30.

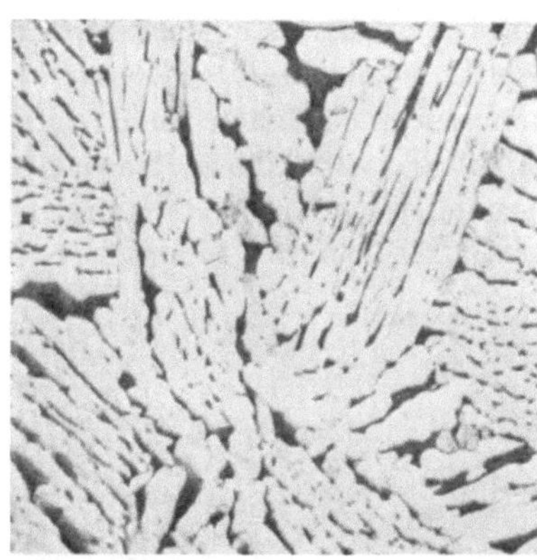

Abb. 12. 62,2% Cu, 1 St. bei 500⁰ geglüht; keine Veränderung gegen Abb. 11. V = 30.

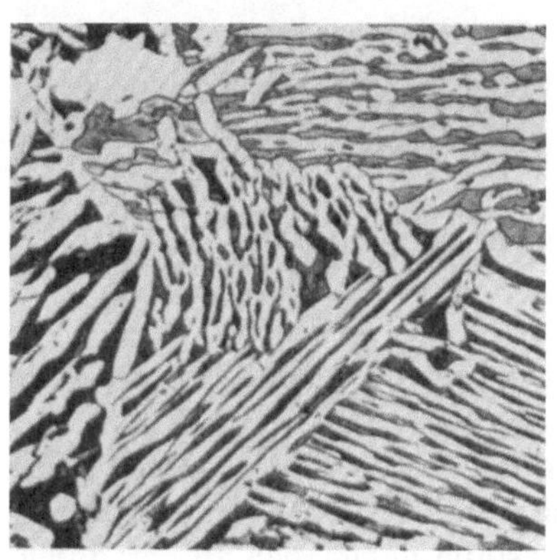

Abb. 13. 62,2% Cu, von 750⁰ in Wasser abgeschreckt: $\alpha:\beta = 1:1$. V = 30.

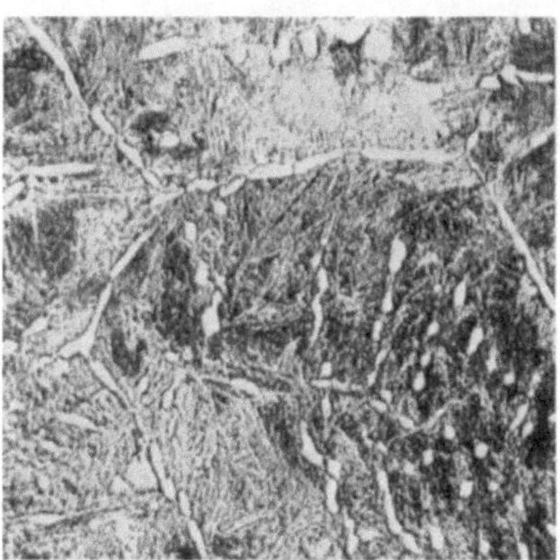

Abb. 14. 62,2% Cu, von 850⁰ in Wasser abgeschreckt. Reste von α in länglichen weißen Inseln. Grundmasse feinnadelig zerfallenes β. V = 30.

Verschwinden von β durchgeführt werden. Kurze Glühungen verändern das Gefüge kaum, s. Abb. 12. Wird bei höherer Temperatur geglüht, so muß, da wir uns wieder dem β-Felde nähern, die entgegengesetzte Verschiebung vor sich gehen. Auf Abb. 13 ist das bei 750⁰ sich einstellende Gefüge durch Abschrecken festgehalten: Der α-Bestandteil nimmt nur noch die Hälfte des Bildes ein. Noch 100⁰ höher ist die Grenzkurve cn

schon fast erreicht, infolgedessen sind nach dem Abschrecken von 850⁰ die α-Nadeln schon nahezu vollständig gelöst, vgl. Abb. 14. Die ungleichmäßig schattierte Grundmasse läßt bereits die Bildung von großen β-Kristallen in den Umrissen erkennen. Trotz des Abschreckens sind diese β-Grundkörner nicht als solche erhalten geblieben, sondern haben sich unter Ausscheidung von feinnadeligem α entmischt. Das Bestreben des Stoffes, in den stabilen Zustand zurückzukehren, läßt sich in den hohen Temperaturbereichen nicht völlig unterdrücken. Wir sehen demnach auf diesem Bild die α-Phase in zwei Entstehungsarten: Reste des ursprünglich vorhandenen α bilden weiße Streifen längs der Ränder und weiße Flecken im Innern der Grundkörner, während das beim Ab-

Abb. 15. 62,2% Cu. von 890⁰ abgeschreckt. Große polygonale β-Körner, an den Korngrenzen feinkristalline Entmischungsnadeln. V = 30.

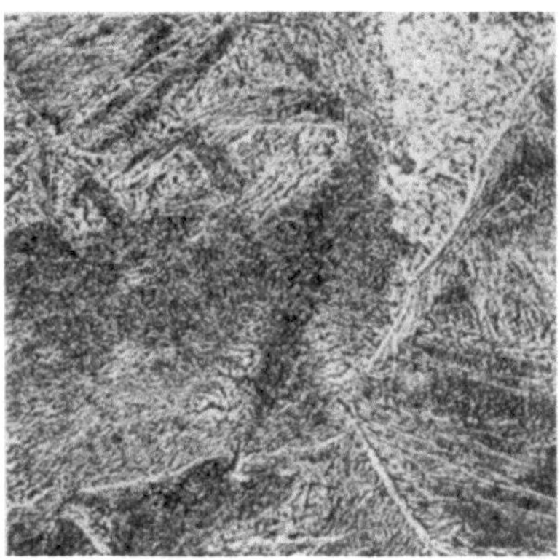

Abb. 16. 62,2%. Cu wie Abb. 15, weniger schroff abgeschreckte Stelle aus dem Innern. Polygonale β-Körner, durch die ganze Masse feinnadelig zerfallen. V = 100.

schrecken durch Rückbildung neu entstandene α in undeutlich wolkiger Struktur sehr fein verteilt vorliegt.

Bei 890⁰ befindet sich die Legierung mit 62,2% Cu im β-Feld. Nach Abschreckung aus dieser Temperatur ist nichts mehr von dem ursprünglichen α vorhanden (Abb. 15). Die β-Kristalle haben sich zu geradlinig begrenzten, an Basaltsäulen erinnernden Polygonen geformt. Eine Entmischung hat in den an der Oberfläche des Schliffs gelegenen Kristallen nur an den Kornrändern stattgefunden, wo die α-Nadeln in eisblumenähnlichen Gebilden auftreten. Weiter im Innern der Probe, wo die Abschreckwirkung weniger intensiv war (Abb. 16), ist β durch die ganze Masse feinnadelig entmischt, in der gleichen Art wie die Grundmasse auf Abb. 14.

Dasjenige Gefüge, welches die weitgehendste Abschreckwirkung aufweist, also das gemäß Abb. 15, läßt sich nunmehr leicht durch Anlassen bei 450⁰ bis 500⁰ in das stabile reine α-Gefüge überführen, s. Abb. 17.

Bei den Legierungen mit 60,5% bis 50% Cu-Gehalt sind die thermischen Vorgänge wieder einfacherer Art. Während der Erstarrung entsteht nur die β-Kristallart. Im Bereich von 60,5% bis 55,3% Cu erfolgt darauf im festen Zustande eine nachträgliche Ausscheidung von α, weil die Sättigungsgrenze $c\,n$ überschritten werden muß. Eine Legierung mit beispielsweise 58% Cu macht folgende Entwicklung durch (Linie D—D): Bei 895⁰ beginnt die Kristallisation, es bilden sich β-Kristalle mit etwa 60% Cu (Punkt VIII), deren Menge rasch zunimmt und deren Zusammensetzung sich längs $c\,g$ verändert, so daß bei 885⁰ alles fest ist. Auch hier können ähnlich wie im α-Gebiet Schichtkristalle entstehen, doch ist ihre Ausbildung weniger deutlich, weil die Liquidus- und

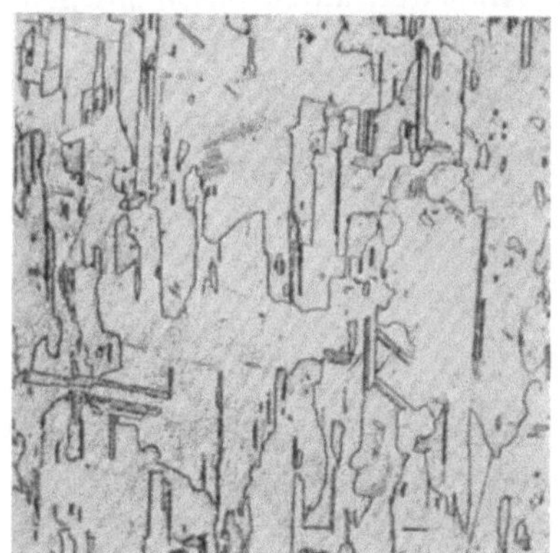

Abb. 17. 62,2% Cu, nach schroffer Abschreckung von 890⁰ (s. Abb. 15) geglüht bei 500⁰: reines α = Gefüge. V = 50.

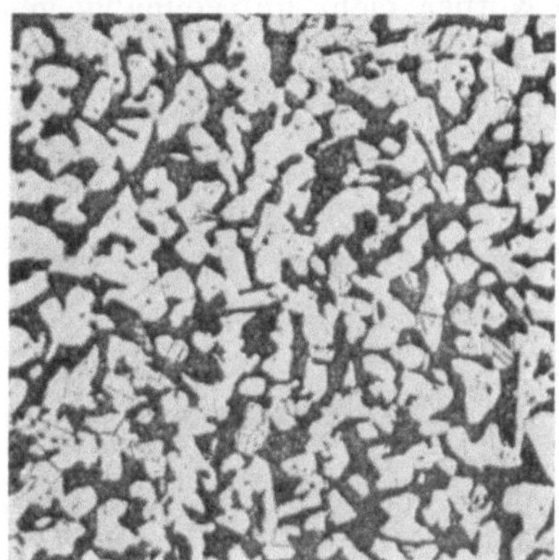

Abb. 18. 58,0% Cu, angelassen bei 420⁰: $\alpha:\beta$ = 3: 2. V = 200.

Soliduskurven $d\,h$ und $c\,g$ eng beieinander liegen und daher keine so erheblichen Konzentrationsunterschiede auftreten können wie zwischen $a\,d$ und $a\,b$. Bei 680⁰ muß die Abscheidung von α-Kristallen beginnen, sie enthalten etwa 63% Cu (Punkt IX). Ihre Menge nimmt zu bei der weiteren Abkühlung auf 453⁰, wo die β-Phase nur noch 55,3% Cu enthält (Punkt n) und nunmehr ihre Zusammensetzung sprungweise auf 54,3% verändert (Punkt o). Gibt man der Legierung durch längeres Anlassen dicht unterhalb 453⁰ die Möglichkeit zu dieser Umwandlung, so ist hiermit eine weitere Zunahme an α verbunden. Das endgültige stabile Gefüge zeigt Abb. 18. Die Horizontale $m\,o$ wird von unserer Kennlinie D—D im Verhältnis 2 : 3 geteilt, dementsprechend besteht das Gefügebild zu etwa $^3/_5$ aus α und zu $^2/_5$ aus β. Bei mittlerer Abkühlungsgeschwindigkeit kommt es auch hier nicht bis zur vollkommenen Gleichgewichtseinstellung, das Gefüge ist dann etwas ärmer an α. Durch Abschrecken aus dem β-Feld wird die α-Ausscheidung ganz oder wenigstens zum größten Teil unterdrückt. Bei der auf Abb. 19 dar-

14   Die Zustandsschaubilder der Kupferlegierungen.

gestellten Legierung mit 59,2% Cu ist die Abschreckung von 750⁰, also wenig oberhalb $c\,n$ erfolgt. Die beginnende Entmischung ist hier bereits an den Korngrenzen in Gestalt feiner Fransen von α-Kriställchen erkennbar. (Vgl. Abb. 15.)

Während im α-Gefüge sehr häufig eine Parallelteilung bzw. -Streifung der Körner durch Zwillingsbildung auftritt, ist die β-Phase von dieser Erscheinung meist frei. Die Zwillingsstreifen, welche zahlreich auf Abb. 7 und 17 zu erkennen sind, entstehen durch kristallographisch gesetzmäßige Umlegung parallel begrenzter Schichten innerhalb eines Korns. (Vgl. S. 53/54). Ferner kennzeichnet sich die β-Kristallart durch geradlinige oder flachbogige Korngrenzen (s. Abb. 15, 19, 20), wogegen die α-Körner mehr unregelmäßig gezackte Konturen aufzuweisen pflegen.

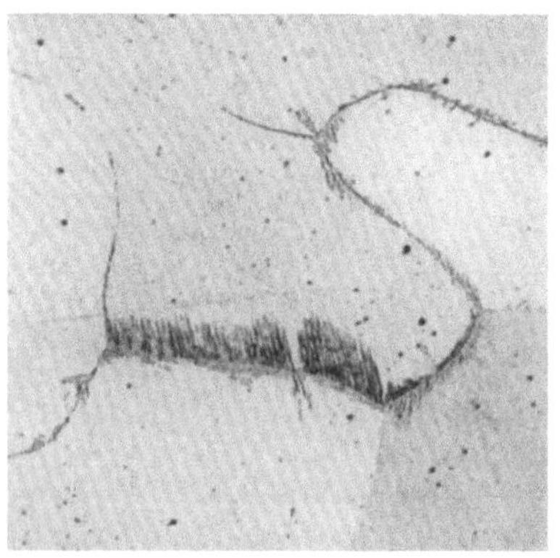

Abb. 19. 59,2% Cu, von 750⁰ abgeschreckt: β mit fransenförmigen α an der Korngrenzen. V = 100.

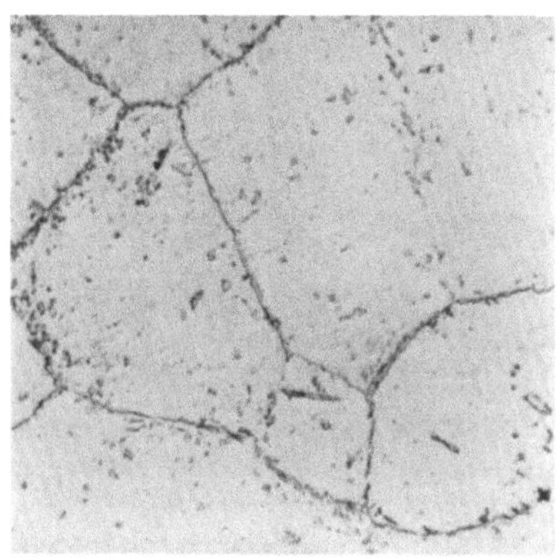

Abb. 20. 54,9% Cu, schnell abgekühlt, fast reines β, α in Spuren. V = 50.

Bei 453⁰ erfährt wie erwähnt die Sättigungsgrenze der β-Phase eine Verschiebung von 55,3% auf 54,3% Cu. Die Ursache liegt nach neueren Anschauungen in einer β-Umwandlung, bei der die im Felde $c\,n\,p\,g\,c$ beständige Form in eine andere Modifikation übergeht, die als β₁ bezeichnet wird und durch das Feld $o\,f\,i\,q\,o$ begrenzt ist. Da die beiden β-Arten weder mikroskopisch noch technologisch voneinander zu unterscheiden sind, brauchen wir uns hier mit dieser Umwandlung nicht eingehender zu beschäftigen, von Bedeutung ist lediglich die sprungweise Veränderung in der Löslichkeit des Kupfers. Eine Legierung mit 54,9% Cu (Kennlinie E—E) besteht bei schneller Abkühlung nur aus der β-Kristallart. Ein Abschrecken oberhalb 453⁰ ist hier kaum noch notwendig, um den instabilen Zustand festzuhalten (Abb. 20). Längeres Anlassen bei 440⁰ (s. Abb. 21) führt den Übergang zum heterogenen Gefüge bestehend aus α und β₁ herbei.

Die technischen α/β-Messinge enthalten die β-Phase fast immer in der übersättigten, bei Raumtemperaturen instabilen Form. Wir werden auf diesen Umstand im Abschnitt B III zurückkommen. Bezüglich der Deutung des thermischen Effekts, der in β-haltigen Legierungen bei langsamer Abkühlung zwischen 453⁰ und 470⁰ festgestellt wird, gingen die Ansichten der Forscher in früherer Zeit auseinander. Man nahm zuerst einen eutektoiden Zerfall des β-Kristalls in $\alpha + \gamma$ an, also einen Vorgang entsprechend der Spaltung der austenitischen festen Lösung des Eisens mit 0 bis 1,17% Kohlenstoff, welche bei 710⁰ zur Bildung des Eutektoids „Perlit" führt. Im Falle des β-Messings ist jedoch mikroskopisch selbst bei stärkster Vergrößerung eine eutektoide $(\alpha + \gamma)$-Spaltung nicht nachzuweisen. Während im Stahl der Perlit bei allen Arten der Wärmebehandlung eine Hauptrolle in der Gefügelehre spielt,

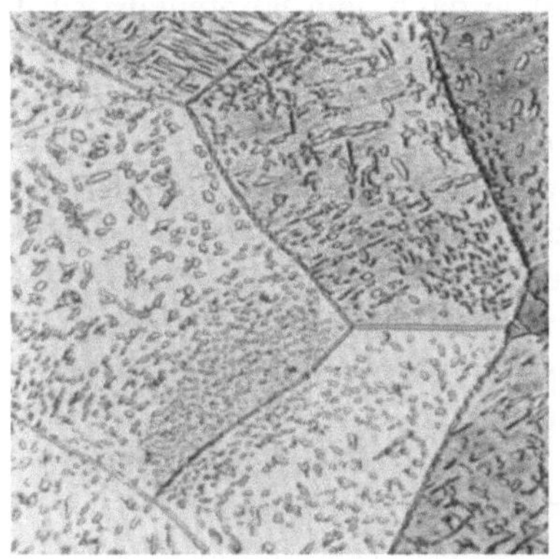

Abb. 21. 54,9% Cu, 2 St. bei 440⁰ angelassen:
Ausscheidung von α. V = 50.

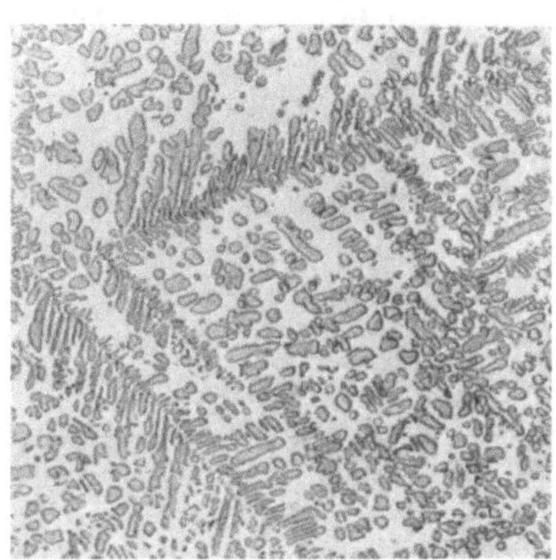

Abb. 22. 46,2% Cu, weiß: β, grau: γ.
V = 50.

bleibt im Messing das angebliche α/γ-Eutektoid technologisch ganz ohne Wirkung. Von der charakteristischen Sprödigkeit des γ-Bestandteils ist in β-reichen Legierungen auch nach sehr langem Tempern dicht unterhalb 450⁰ nichts zu bemerken. Aus diesen Gründen hatte die Eutektoidtheorie von Anfang an wenig Wahrscheinlichkeit für sich. Eingehende Forschungen haben seitdem dieses Teilgebiet des Cu-Zn-Schaubildes soweit geklärt, daß die β-Umwandlung in der oben erläuterten Form als erwiesen gelten kann.

In den Diagrammen aus den Jahren 1911—17 findet sich eine Horizontale bei 470⁰ im Bereich von 63—40% Cu, auf welcher die von den Punkten c und g herabführenden Kurven in einem gemeinsamen Schnittpunkt x zusammenlaufen. Dieser eutektoide Punkt x ist also auf Grund der späteren Untersuchungen wieder aus dem Schaubild verschwunden.

Zwischen 54,3 und 50% Cu (Punkte f und i) finden wir im Gefüge reines β bei allen Temperaturen. Bei noch geringeren Kupfergehalten tritt eine neue weißlich gefärbte Kristallart Gamma auf. Auf Abb. 22, welche eine Legierung mit 46,2% Cu darstellt, sind die γ-Kristalle als graue Körner in dendritischer Anordnung erkennbar. Mit zunehmendem γ-Gehalt verliert die Legierung ihre Messingfarbe mehr und mehr, und gleichzeitig verschwinden auch die für die Kupferlegierungen charakteristischen Eigenschaften der Dehnbarkeit und chemischen Widerstandsfähigkeit. Mit der γ-Phase schließen wir daher unsere Erörterungen der Cu-Zn-Legierungsreihe ab.

Die festen Phasen α, β, γ besitzen verschiedenartige physikalische Eigenschaften und sind daher bestimmend für Beschaffenheit und Verhalten der Legierungen, die sich aus ihnen aufbauen. Man hat sich deshalb daran gewöhnt, von α-Messing, β-Messing und α/β-Messing zu sprechen. Der α-Kristall ist weich und zähe, in der Kälte leicht formbar, weniger gut in der Wärme. Die Farbe ist je nach dem Kupfergehalt rot bis hellgelb. β-Messing ist härter, besitzt höhere Festigkeit bei geringerer Dehnung und ist nur mit Schwierigkeit kalt zu bearbeiten, dagegen gut zu formen bei 500° bis 800°. In der Farbe ist β den rötlichen Tombaklegierungen, also dem α-Messing mit etwa 85% Cu ähnlich. α/β-Messing nimmt dementsprechend eine Zwischenstellung ein. In der Zusammensetzung 60/40 ist es sowohl kalt als auch warm gut zu bearbeiten. Bei noch höherem Kupfergehalt nimmt letztere Fähigkeit merklich ab. Die Unterscheidung zwischen „Kaltwalzmessing" (α-Messing) und „Warmwalzmessing" (den β-reichen Sorten), die nach alter Gewohnheit noch häufig gemacht wird, ist ein durch die neuzeitliche Technik überholter Brauch. Tatsächlich sind die α-Legierungen der Warmwalzung nicht so unzugänglich, wie man früher annahm, sofern bestimmte Arbeitsbedingungen innegehalten werden. Das gleiche gilt für andere Warmformgebungsprozesse wie Pressen und Schmieden. Besonders das Warmpreßverfahren findet auch für α-Messing zunehmende Anwendung.

II. Das Zustandsschaubild der Kupfer-Zinnlegierungen.

Die technisch wichtigen Kupfer-Zinnlegierungen umfassen im allgemeinen die Mischungsverhältnisse vom reinen Kupfer bis zu etwa 80% Cu 20% Sn. Wir folgen bei der Erklärung des Teil-Schaubildes der von Bauer u. Vollenbruck[4] festgelegten Fassung, welche, mit einer Korrektur von Hansen[5], in Tafel II (s. Anhang) wiedergegeben ist. Da viele der beim Kupfer-Zinksystem erläuterten Vorgänge und Begriffe hier wiederkehren, können wir uns im folgenden kurz fassen. Analog dem Messingdiagramm haben wir ein vom reinen Cu ausgehendes Feld von α-Mischkristallen, welches von 0 bis 13,9% Sn reicht. Eine Legierung aus 94% Cu und 6% Sn (Walzbronze, WBz 6) beginnt gemäß Linie A—A bei etwa 1040° unter Ausscheidung von α-Kristallen mit 99% Cu (Punkt i) zu erstarren, das Ende der Erstarrung ist bei 930° erreicht (Punkt k), bei welcher Temperatur die Schmelze 83% Cu enthält. Aus den gleichen Gründen, welche bei Erklärung des Cu-Zn-Diagramms dargelegt wurden, entsteht ein dendritisches Gefüge (Abb. 23), welches durch längeres Glühen homogenisiert wird (Abb. 24). Eine Bronze aus 80% Cu und 20% Sn, Linie B—B, sondert zunächst bei 890⁰ α-Mischkristalle ab; bei 798⁰ wird die peritektische Linie $b\,c$ erreicht, und nunmehr beginnt genau wie an der entsprechenden Stelle des Cu-Zn-Schaubildes die Abscheidung des β-Bestandteils. Im Gegensatz zum β-Kristall des Messings ist derjenige der Bronze jedoch nur in der Hitze beständig. Er zerfällt bereits bei 587⁰ in α und γ, der γ-Bestandteil seinerseits wiederum bei 520⁰ in α und δ. Nur durch sehr schnelle Abkühlung oder

Abb. 23. 94,3% Cu, 5,7% Sn, Gußgefüge: α-Zonenkristalle mit etwas ($\alpha + \delta$)-Eutektoid. Ätzung FeCl₃ + HCl. V = 50.

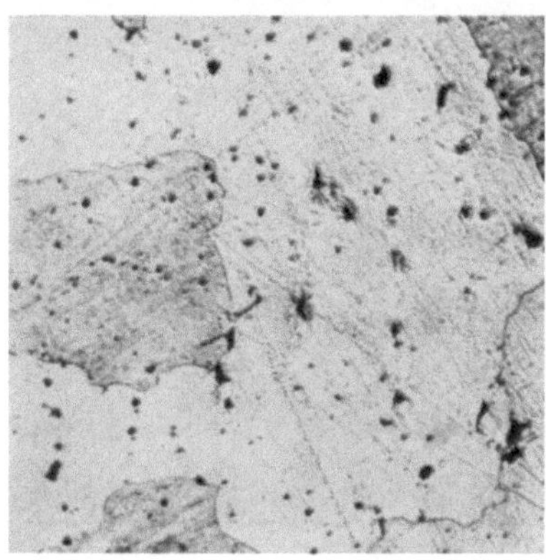

Abb. 24. 94,3% Cu, 5,7% Sn. 4 St. bei 650⁰ geglüht: homogenes α. Schwarze Punkte: Poren. — Ätzung FeCl₃ + HCl. V = 100.

durch Abschrecken aus diesen Temperaturbereichen können die β- oder γ-Kristallarten erhalten werden. Sie treten also in den normal abgekühlten technischen Bronzen selten auf. Festzuhalten ist als wichtigster Umwandlungsvorgang, daß beim Überschreiten der Horizontalen $d\,e\,f$ (520⁰) ein eutektoider Zerfall in die Kristallarten α und δ eintritt, und daß das Vorhandensein dieses Eutektoids bzw. des δ-Bestandteils kennzeichnend für alle zinnreicheren Bronzen ist. Nach Bauer u. Vollenbruck ist der δ-Kristall die Verbindung Cu_4Sn. Je mehr sich die Zusammensetzung der Bronze dem Mischungsverhältnis 68,2% Cu 31,8% Sn (= Cu_4Sn) nähert, in um so größeren Mengen tritt δ auf. Das Aussehen der oben erwähnten Bronze mit 20% Sn zeigt Abb. 25. Daß das Eutektoid in der Tat aus 2 Phasen zusammengesetzt ist, läßt die höhere Vergrößerung auf Abb. 26 deutlicher erkennen. Die δ-Kristallart ist von grauer Farbe, spröde und sehr hart, von Ätzmitteln schwer angreifbar. Sie verleiht den zinnreichen Bronzen die charakteristische Härte, beeinträchtigt aber zugleich ihre Dehnung. Bei Zinngehalten über 20%

nimmt die Sprödigkeit der Legierungen bald derartig zu, daß ihre praktische Brauchbarkeit sehr begrenzt ist.

Während in den Messinglegierungen, wie wir im vorigen Abschnitt gesehen haben, ein Ausgleich unvollständiger Phasengleichgewichte in höheren Temperaturen leicht durch Diffusion herbeigeführt werden kann, erfordert dieser Vorgang bei den Bronzen erheblich mehr Zeit. In einer Bronze mit 10 % Sn (GBz 10) sollte das Gefüge theoretisch nach der Erstarrung aus reinem α bestehen. Tatsächlich ist das nicht der Fall. Der große Konzentrationsunterschied zwischen Schmelze und festen Kristallen im Bereich *a b c* und die geringe Wanderungsgeschwindigkeit der Zinnatome im Kupfer verursachen, daß gegen Ende der Erstarrung

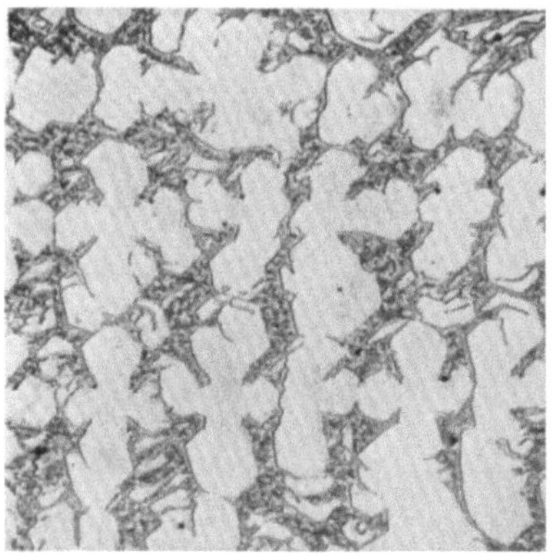

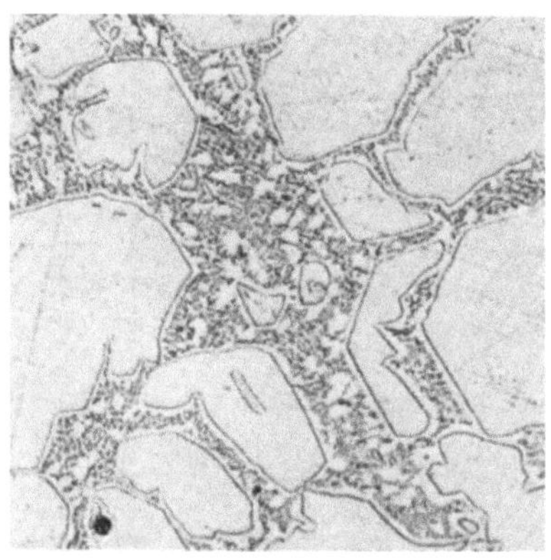

Abb. 25. 80,2 % Cu, 19,8 % Sn, weiß: α, grau: Eutektoid α + δ.   V = 50.

Abb. 26. 80,2 % Cu, 19,8 % Sn, (α + δ)-Eutektoid stärker vergrößert.   V = 200.

die Schmelze erheblich zinnreicher ist, als dem Gleichgewichtszustand entspricht, weil aus Mangel an Zeit der Ausgleich der Schichtkristalle unvollständig verläuft. Die Vorgänge sind zunächst dieselben wie die im vorigen Abschnitt geschilderten bei der Entstehung des peritektischen Gefüges eines 68er Messings. Infolge der nachträglichen Spaltung bei 520⁰ ist jedoch die Struktur der normal abgekühlten Bronze nicht peritektisch sondern eutektoidisch, wie Abb. 27 zeigt. In der Grundmasse dendritischer ungesättigter α-Kristalle liegt das Eutektoid als Gefügebestandteil von gesprenkeltem Aussehen, bestehend aus α und δ und entstanden durch Zerfall des γ-Bestandteils beim Überschreiten der Linie *d e f*. Ist die Abkühlung soweit vorgeschritten, so bleibt dieses Gefüge erhalten, auch wenn man, wie Bauer u. Vollenbruck festgestellt haben, tagelang auf etwa 500⁰ erhitzt. Glüht man jedoch beispielsweise bei 760⁰, so läßt sich der Gleichgewichtszustand herbeiführen. Abb. 28 zeigt denselben Schliff nach 48stündigem Glühen bei 760⁰. Das Eutektoid hat sich vollkommen aufgelöst, das Gefüge ist reines α, wie es das Schaubild verlangt.

Walzbronzen, welche zur Erzeugung von Blechen, Bändern und Drähten gewalzt bzw. gezogen werden, enthalten meist nicht über 6—7%, ausnahmsweise bis 10% Sn. Bei höheren Zinngehalten liegt, wie wir sahen, die Möglichkeit vor, daß der δ-Bestandteil in größerem Umfange

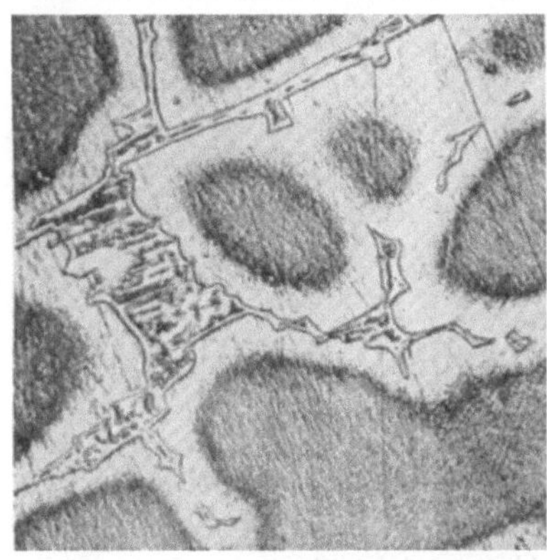

Abb. 27. 90,7% Cu, 9,3% Sn. Gußgefüge: Zonenkristalle mit dunklem Kern und heller Umrandung: α. Scharfgezackte Inseln: Eutektoid $\alpha + \delta$. — Ätzung FeCl$_3$ + HCl. V = 250.

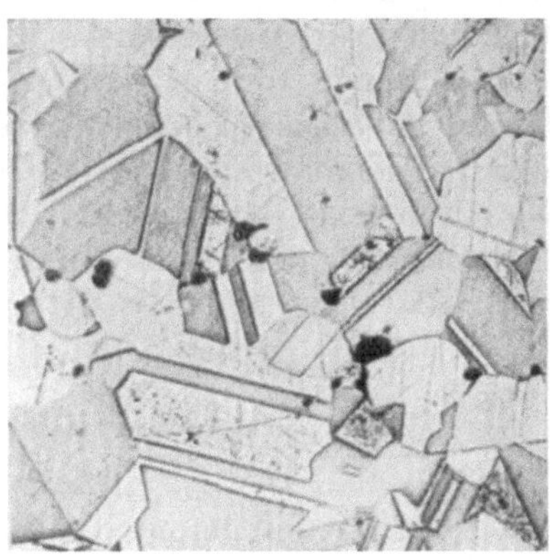

Abb. 28. 90,7% Cu, 9,3% Sn. 48 St. bei 760° geglüht: Reines α. Schwarze Punkte: Poren. Ätzung FeCl$_3$ + HCl. V = 30.

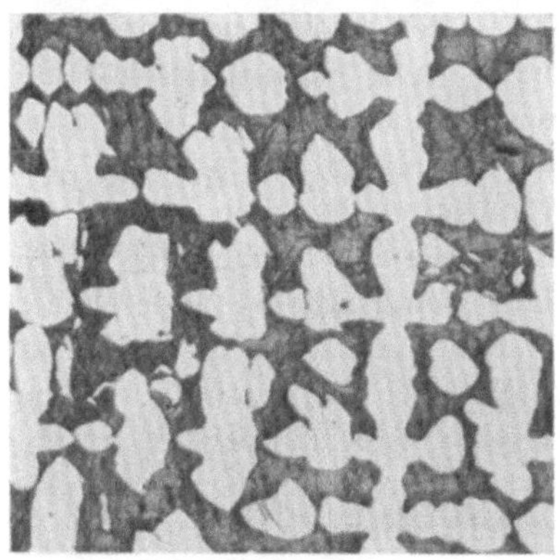

Abb. 29. 80,2% Cu, 19,8% Sn. von 650° abgeschreckt; weiß: α, dunkel: β, z. T. nadelig gemustert. — Ätzung FeCl$_3$ + HCl. V = 50.

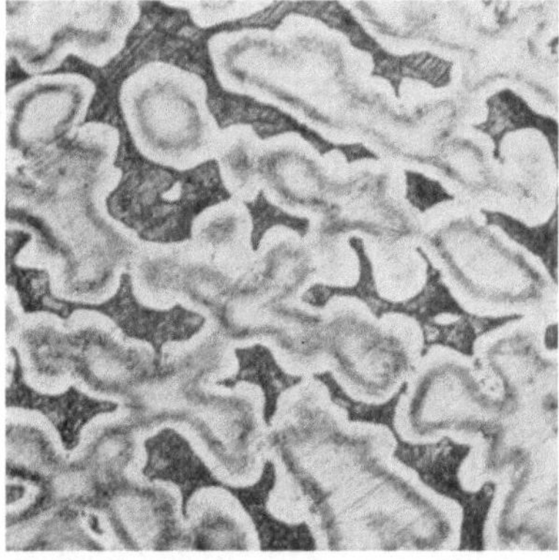

Abb. 30. 85,0% Cu. 15,0% Sn. von 650° abgeschreckt; hell: α in Zonenkristallen, dunkel: β, z. T. nadelig gemustert. — Ätzung FeCl$_3$ + HCl. V = 50.

auftritt, dieser würde durch seine Sprödigkeit die Kaltbearbeitung erschweren. Ein technischer Hauptvorteil der Bronzen liegt, abgesehen von ihrer chemischen Beständigkeit, in ihrer Härte, daher benutzt man Bronzebleche und -Drähte vorzugsweise zur Herstellung von Federn (bes. Kontaktfedern in der Elektrotechnik), für welche eine Kaltformgebung unerläßlich ist. Warm zu verarbeiten sind innerhalb enger Temperaturbereiche auch die Bronzen mit höheren Zinngehalten bis zu 20%, da das spröde δ beim Erwärmen auf mehr als 520⁰ zum Verschwinden gebracht wird. (Abb. 29, von 650⁰ abgeschreckte Bronze 80/20). Die durch Abschrecken festgehaltene β-Phase ist in der Wärme plastisch, in der Kälte hart, sie zeigt häufig in sich feinnadelige Musterung, die ein Merkmal harter Phasen zu sein scheint. (Vgl. Martensit und Aluminiumbronze). Die in gleicher Weise behandelte Bronze mit 15% Sn, Abb. 30, weist in den größeren β-Körnern ebenfalls Nadelbildung auf. Entsprechend dem geringeren Zinngehalt ist das Verhältnis $\alpha : \beta$ gegenüber Abb. 29 verschoben; der α-Bestandteil zeigt hier ausgeprägte Kristallseigerung.

III. Das Zustandsschaubild der Kupfer-Aluminiumlegierungen.

Die technisch verwendbaren Mischungen der Kupfer-Aluminiumreihe, die Aluminiumbronzen, umfassen den Bereich bis 12% Aluminium. Die Erklärung gibt das Diagramm Tafel III (am Schluß des Buches) nach der Bearbeitung von Stockdale [6]. Wir sehen, daß auch hier wieder anschließend an das reine Cu ein Gebiet von α-Mischkristallen vorhanden ist, das bei etwa 10% Al seine Sättigungsgrenze erreicht. Die β-Kristalle sind in gleicher Weise wie bei Cu-Sn nur in der Wärme beständig, sie erleiden einen eutektoiden Zerfall bei 537⁰ unter Spaltung in α- und δ-Kristalle. Letztere haben ausgesprochen spröden Charakter; sobald sie in größeren Mengen auftreten, wird die Legierung unbrauchbar. Im allgemeinen pflegen daher Aluminiumbronzen nicht über 10% Al zu enthalten, insonderheit dann nicht, wenn sie zur Verarbeitung durch Walzen, Ziehen oder Prägen bestimmt sind. Unterhalb 4% andererseits ist die Wirkung des Aluminiums auf die Erhöhung der Härte, Streckund Bruchgrenze gering, so daß also die technisch gebräuchlichen Zusammensetzungen in dem engen Bereich von 4 bis 10% Al liegen.

Aluminium diffundiert leicht in Kupfer bei höheren Temperaturen, das Gußgefüge kommt daher dem idealen Zustand näher als bei den Kupfer-Zinnbronzen. Abb. 31 zeigt eine Al-Bronze mit 8,5% Al, die Legierung der deutschen Rentenpfennigmünzen zu 5 und 10 Pfg. (vgl. Kennlinie A—A in Tafel III) nach normaler Abkühlung. Das beim Überschreiten der eutektischen Linie $b\,c$ gebildete $(\alpha + \beta)$-Gefüge ist bei Erreichung des α-Feldes (zwischen 700⁰ und 800⁰) fast vollständig in α übergegangen. Die letzten β-Reste lassen sich durch Glühen zur Auflösung bringen (Abb. 32). Das homogene α-Gefüge neigt zur Ausbildung größerer Körner, die ebenso wie α-Messing häufig Zwillinge aufweisen.

Bei Gehalten über 10%, genauer 9,8% Al, ist die Struktur oberhalb und unterhalb 537⁰ verschieden; damit ändern sich auch die mechanischen Eigenschaften der Legierungen, je nachdem sie langsam oder schnell abgekühlt bzw. abgeschreckt worden sind. Die Legierung 90/10 (vgl. Linie $B—B$) bildet zuerst reines β und scheidet bei Überschreiten des Kurvenastes $c\,e$, d. i. bei etwa 900°, den α-Bestandteil in Nadel-

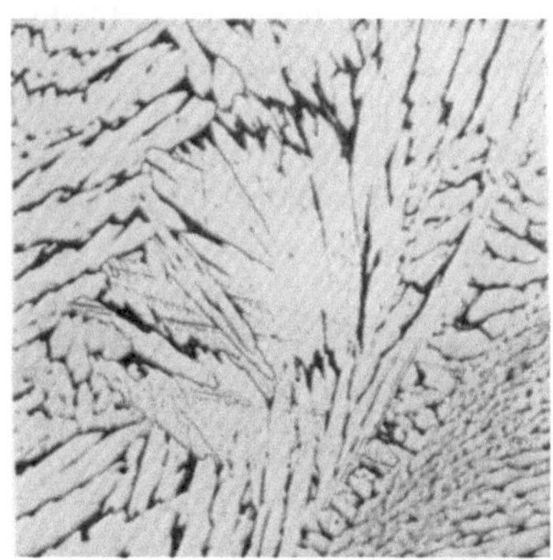

Abb. 31. 91,3% Cu, 8,7% Al, Gußgefüge: weiß: α, schwarz: β. V = 30.

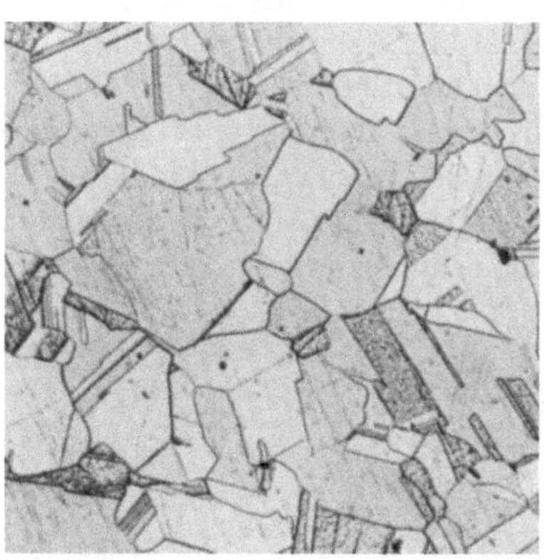

Abb. 32. 91,3% Cu, 8,7% Al, 8 St. bei 600° geglüht: homogenes α. V = 50.

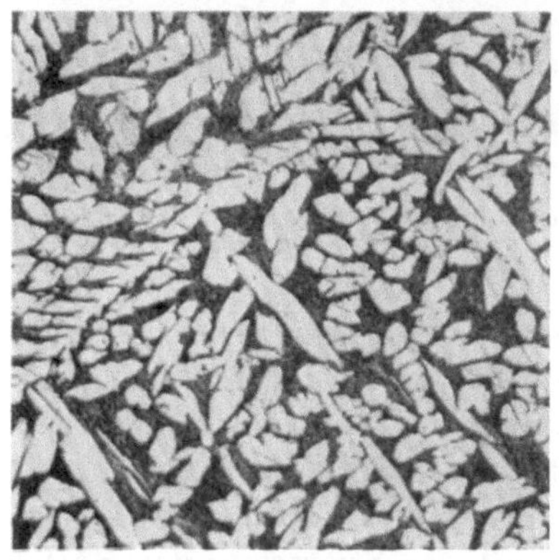

Abb. 33. 89,9% Cu, 10,1% Al, Gußgefüge: weiß: α, dunkel: β instabil. V = 50.

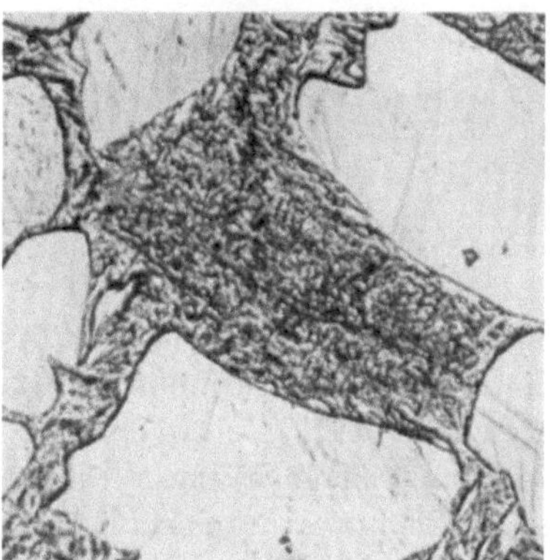

Abb. 34. Wie Abb. 33. Stärker vergrößert, den beginnenden Zerfall von β in $\alpha + \delta$ zeigend. V = 400.

form ab, woraus ein Gefüge hervorgeht, welches dem auf gleiche Art entstandenen α/β-Messing mit 58% bis 59% Cu ähnlich ist. (Vgl. Abb. 33 mit Abb. 18.) Wenn auch bei starker Vergrößerung Anzeichen eines beginnenden Zerfalls der β-Phase erkennbar werden (Abb. 34), so kann doch noch nicht von einer δ-Abspaltung gesprochen werden. Wird aber die weitere Abkühlung zwischen 537° und 500° verzögert oder wird die Legierung kürzere Zeit unterhalb 537° angelassen, so tritt die Eutektoidbildung ein, s. Abb. 35. Die α-Körner sind in eine blätterige Grundmasse, das Eutektoid $\alpha + \delta$ eingebettet. Infolge der Sprödigkeit des δ-Kristalles haben solche Gefüge minderwertige Festigkeitseigenschaften. Bei normaler Abkühlung von Gußstücken wird jedoch β vielfach instabil festgehalten, was technisch sehr erwünscht ist. Schreckt man die Legierung bei hoher Temperatur, etwa bei 900° ab, so bleibt ein einheitliches β-Gefüge erhalten, und zwar in einer nadeligen Form, die dem Martensit in abgeschreckten Kohlenstoffstählen ähnelt, s. Abb. 36. In der Tat ist dieses Gefüge auch in anderer Beziehung dem Martensit verwandt, denn es zeichnet sich durch besondere Härte aus. Legierungen mit 8,5 bis 11% Al sind also durch Abschrecken härtbar.

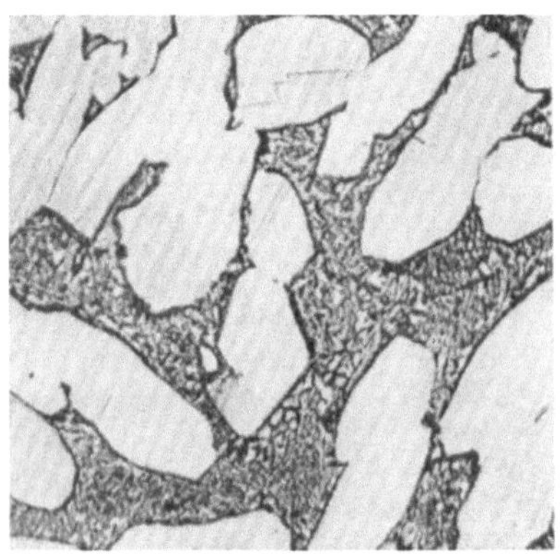

Abb. 35. 89,9 % Cu, 10,1 % Al, nach Glühung bei 500°. Weiß: α, eutektoidisch: $\alpha + \delta$. V = 200.

Abb. 36. 89,9 % Cu, 10,1 % Al, von 900° abgeschreckt: β feinnadelig. V = 100.

Noch höhere Aluminiumgehalte geben spröde Legierungen, da in ihnen die chemische Verbindung Cu_3Al (87,56% Cu + 12,44% Al) vorherrschend wird. Je höher der Aluminiumgehalt, um so grobnadeliger wird das martensitische Gefüge, s. Abb. 37. Beim Abschrecken aus tieferen Temperaturen erhält man beginnende α-Abscheidungen zwischen martensitischer Grundmasse (Abb. 38). Mit der Steigerung der Härte durch Abschrecken geht eine Erhöhung der Zugfestigkeit parallel, unter gleichzeitigem Verlust an Dehnung und Einschnürung. Durch Anlassen bei 400° bis 500° läßt sich eine Gefügeverfeinerung herbeiführen, mit welcher eine wesentliche Verbesserung der mechanischen Eigenschaften verbunden ist. Die Verfeinerung soll durch den Zerfall von β in $\alpha + \delta$ begründet sein. Es war dem Verfasser nicht möglich, irgendwelche Anzeichen dieser Entmischung mikroskopisch festzustellen. Die Veränderung des Gefüges ist indessen bei Vergleich der Abb. 39 mit Abb. 38 (Aufnahmen von demselben Schliffstück bei gleicher Vergrößerung) unverkennbar.

Läßt man die abgeschreckte Legierung 90/10 bei Temperaturen an, die in das heterogene Feld $b\,c\,e\,d$ fallen, also beispielsweise bei 700⁰, so tritt α-Abscheidung ein, die Nadelstruktur verschwindet, das zwischengelagerte $β$ spaltet sich beim darauffolgenden Abkühlen mehr oder

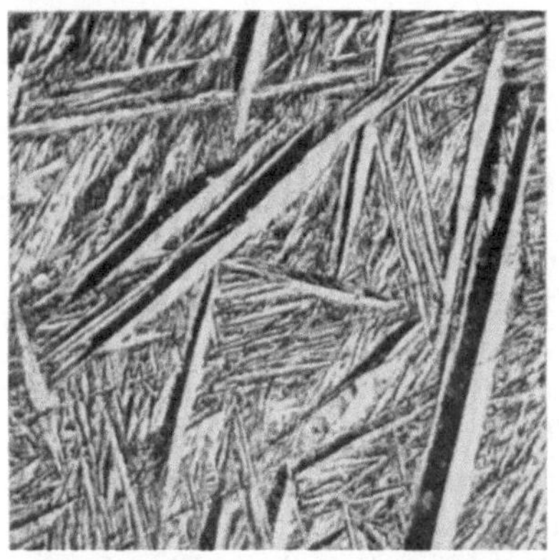

Abb. 37. 85,75 % Cu. 14,25 % Al, von 870⁰ abgeschreckt: $β$ grobnadelig. V = 30.

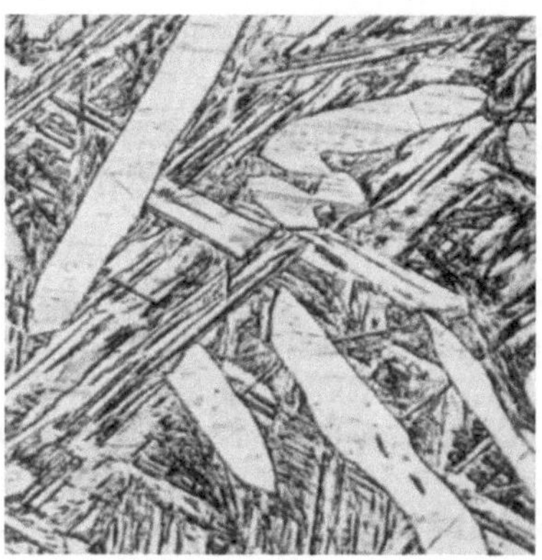

Abb. 38. 89,9 % Cu. 10,1 % Al. von 750⁰ abgeschreckt. Weiße Inseln: α, Grundmasse: $β$ nadelig. V = 200.

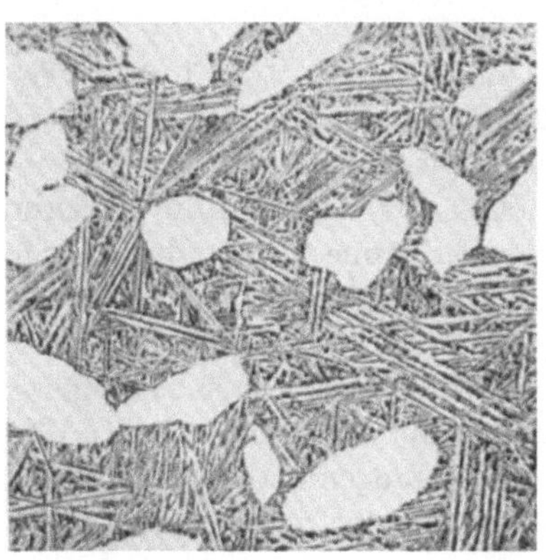

Abb. 39. 89,9 % Cu, 10,1 % Al. Nach dem Abschrecken von 750⁰ 6 St. bei 500⁰ angelassen. Weiß: α, Grundmasse: $β$ sehr feinnadelig. V = 200.

Abb. 40. 85,75 % Cu, 14,25 % Al, normal abgekühlt. Helle Grundmasse: $β$. Verzweigte Kristalle teils hell, teils dunkel: $δ$. — Ätzung $FeCl_3$ + HCl. V = 100.

weniger deutlich, man erhält Strukturen ähnlich Abb. 34 oder 35. Über die Möglichkeiten, durch Wärmebehandlung eine Vergütung der mechanischen Eigenschaften von Aluminiumbronzen zu erzielen, wird in dem Abschnitt über die technologischen Eigenschaften der binären und ternären Aluminiumbronzen weiteres zu sagen sein.

Die Legierung 86/14 ist bei normaler Abkühlung reich an $δ$, Abb. 40. Bei Ätzung mit Eisenchlorid zeigt die in tannenzweigähnlichen Gebilden ausgeschiedene δ-Phase ein verschiedenes Verhalten gegenüber dem Ätzmittel. Diejenigen Kristalle, welche senkrecht zur Schliffebene stehen und bei denen daher die Verzweigungen rechte Winkel bilden, werden hell gelbbraun gefärbt, während die in schiefen Winkeln getroffenen bläulich geätzt sind. Im Bilde sind die Farbunterschiede durch dunkle und helle Schattierung erkennbar.

IV. Vergleich der Systeme Kupfer-Zink, Kupfer-Zinn und Kupfer-Aluminium.

Bei vergleichender Betrachtung der Zustandsdiagramme der drei Metallpaare Cu-Zn, Cu-Sn und Cu-Al fallen sogleich drei Hauptunterschiede ins Auge:

1. Die Existenzbereiche der α-Mischkristalle sind außerordentlich verschieden, und da der α-Kristall der Träger der technisch wertvollsten Eigenschaften ist, wird ohne weiteres verständlich, warum die gebräuchlichen Legierungen bei Messing in den weitesten, bei Aluminiumbronze in den engsten Mischungsverhältnissen schwanken. Eine Legierung, in welcher der α-Bestandteil ganz fehlt, braucht nicht durchaus unbrauchbar zu sein, wird aber stets nur für engbegrenzte Verwendungszwecke in Betracht kommen.

2. Die Erstarrungsintervalle (s. die Felder a—b—c) sind sehr verschieden in Form und Größe. Bei der Zusammensetzung des Punktes b, welche jeweils das größte Intervall aufweist, durchläuft die Cu-Zn-Legierung eine Temperaturspanne von etwa 40^0 vom Beginn bis zum Ende der Kristallisation. Die entsprechende Spanne beträgt bei Cu-Sn 170^0, bei Cu-Al nur 10^0. Die weit auseinandergezogene Lage der Kurvenäste a—b und a—c bei Cu-Sn bewirkt, daß die Zusammensetzung der erstabgeschiedenen Kristalle und die des zuletzt erstarrenden Schmelzrestes bis zu 20% im Kupfergehalt differieren kann, während bei Cu-Zn 16% und bei Cu-Al nur 2% Differenz im analogen Fall vorkommen. Im Zusammenhang hiermit treffen wir bei Kupfer-Zinnbronzen stark ausgeprägte, bei Aluminiumbronzen weit weniger deutliche Schichtkristalle (Dendriten) an.

3. Im Cu-Zn-System besteht keine eutektoide Spaltung, dagegen wohl in den beiden anderen Systemen. Die Zusammensetzung des beim Zerfall entstehenden neuen Gefügebestandteiles ist im Fall Cu-Sn ziemlich verschieden von der des gesättigten α-Kristalls (31,8% gegen 13,9% Sn), bei Cu-Al dagegen wenig abweichend (16% gegen 9,8% Al). Dementsprechend tritt das spröde δ in Kupfer-Zinnbronzen in verhältnismäßig geringerer Menge und nicht so nachteilig hervor wie in den Aluminiumbronzen. Der Träger der δ-Kristallart ist im Cu-Sn-System die Verbindung Cu_4Sn, im Cu-Al-System die Verbindung

Cu$_3$Al. Dem Fehlen einer intermetallischen Verbindung im α- und β-Bereich des Cu-Zn-Systems ist es mit zu verdanken, daß in dieser Legierungsreihe selbst bei verhältnismäßig hohen Zinkgehalten noch vorzügliche technologische Eigenschaften zu verzeichnen sind.

V. Das Dreistoffsystem Kupfer-Zink-Zinn.

Über die Gefügeeigenschaften der Legierungen, die durch gleichzeitigen Zusatz von Zink und Zinn zu Kupfer entstehen, gibt das Dreieckschaubild Tafel IV Auskunft. Dieses Diagramm ist nach den Forschungsergebnissen von Tammann u. Hansen[7] mit einigen kleinen Kor-

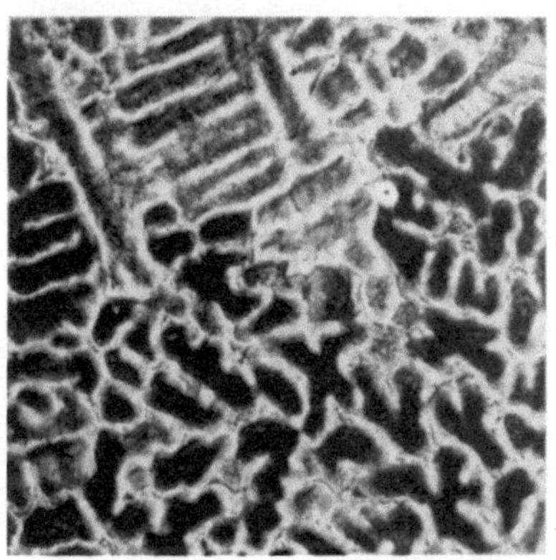

Abb. 41. 84,6% Cu, 5,4% Sn, 10,0% Zn, Gußgefüge normal erkaltet. α dendritisch, δ in sehr feinen Adern. — Ätzung FeCl$_3$ + HCl. V = 50.

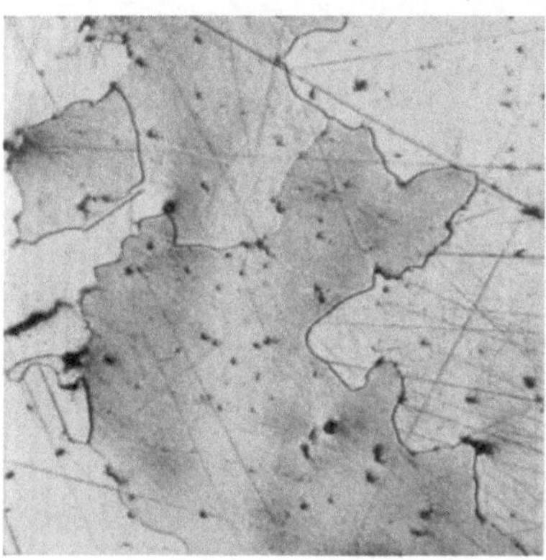

Abb. 42. Wie Abb. 41, 5 St. bei 710° angelassen: homogenes α. — Ätzung FeCl$_3$ + HCl. V = 50.

rekturen auf Grund der neuen Fassung des Cu-Zn-Diagramms wiedergegeben. Die Punkte P und E, welche die aus den Schaubildern I und II bekannten Sättigungsgrenzen der Cu-Zn- und Cu-Sn-α-Kristalle darstellen, sind durch die Kurve $ETQP$ verbunden. Innerhalb des Bereiches AEP bestehen also die Legierungen aus homogenen α-Kristallen, in denen sich die Atome der drei Metalle zu einem einheitlichen Kristallgebilde, einem ternären Mischkristall vereinigen. Dies gilt wie stets unter der bekannten Voraussetzung, daß die Strukturen ihren stabilen Zustand erreicht haben. Solches ist unter den üblichen Abkühlungsbedingungen bei den zinnreicheren Legierungen dieses Feldes nicht der Fall. Das Zinn macht auch hier seine Neigung zur Bildung instabiler Strukturen geltend, deswegen finden wir, wenn der Zinngehalt oberhalb der gestrichelten Linie VD liegt, meist den δ-Bestandteil, analog den Zinnbronzen mit 5—13,9% Sn (Abb. 41). Die Lage der Grenzlinie VD gilt nach Tammann u. Hansen für eine Abkühlungsgeschwindigkeit von 1° C auf 2,5 Sec. Durch längeres Anlassen schneller abgekühlter Schmelzen wird δ zum Verschwinden gebracht (Abb. 42). Zwischen *VD* und *E P* liegen fast alle technisch wichtigen Legierungen der Rotguß- oder Maschinenbronzen-Gruppe. Auf die bedeutsame Rolle, welche in diesen das unstabile δ spielt, wird bei späterer Besprechung dieser Werkstoffe einzugehen sein. Im Felde *A V D* besteht kaum mehr Neigung zur δ-Abscheidung, diese zinnärmeren Legierungen weisen meist reine oder nahezu reine α-Mischkristalle auf (Abb. 43).

Bei Legierungen, welche jenseits der Grenzlinie *E T Q P* liegen, werden stets zwei Gefügebestandteile auftreten. Die zinnreicheren

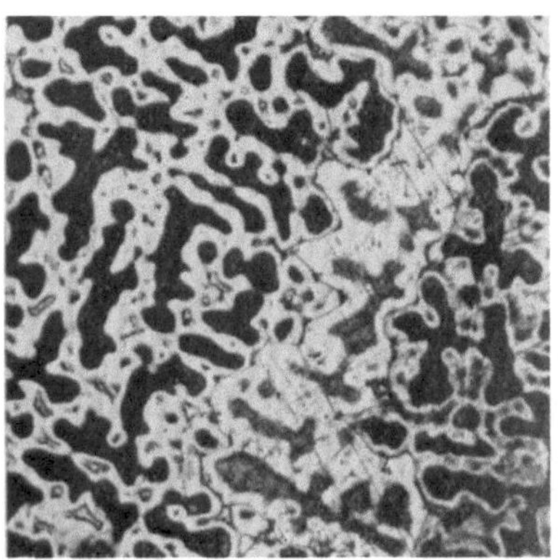

Abb. 43. 94,7% Cu, 3,7% Sn, 1,6% Zn (Münzenbronze) Guß normal erkaltet, fast frei von δ. α in Schichtkristallen ähnlich Abb. 41. — Ätzung FeCl₃ + HCl.　V = 30.

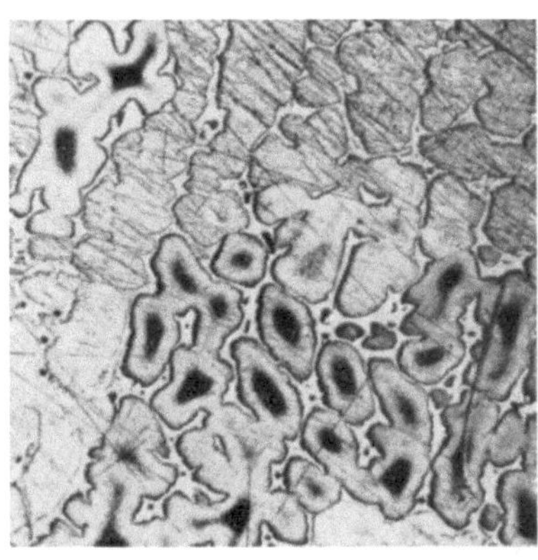

Abb. 44. 80,8% Cu, 9,3% Sn, 9,9% Zn, Gußgefüge. Grundmasse: α z. T. dendritisch, Eutektoid: α + δ netzförmig. — Ätzung FeCl₃ + HCl.　V = 100.

Mischungen enthalten δ, die zinkreicheren γ neben α. Während δ immer die aus dem Kupfer-Zinnsystem bekannte Phase ist, welche die unveränderliche Zusammensetzung Cu₄Sn besitzt, ist γ ein ternärer Mischkristall, also von schwankender Zusammensetzung. Beide Kristallarten sind silberweiß und schwer voneinander zu unterscheiden. Ihre Bereiche lassen sich durch die gestrichelte Linie *TU* ungefähr voneinander abgrenzen. In Abb. 44 u. 45 sind zwei Vertreter dieser Gruppen dargestellt. Legierungen mit erheblichen Gehalten an δ oder γ sind spröde und technisch nicht verwendbar.

Betrachten wir das kleine Feld *K P Q R*, d. h. α/β-Messing mit geringen Zinnzusätzen (1—2%), so finden wir den aus dem Messingschaubilde bekannten β-Kristall, jetzt in ternärer Zusammensetzung, denn Zinn ist in fester Lösung verteilt auf α und β. Eine vom Messinggefüge abweichende Struktur entsteht erst, wenn der Zinnzusatz die Grenze *Q R* überschreitet, alsdann zeigt sich der weißliche γ-Kristall.

Nur innerhalb des Feldes $Q\,R\,S$ sind die drei Kristallarten α, β und γ nebeneinander im stabilen Gleichgewicht. Als Beispiel einer Legierung dieser Art diene Abb. 46. Nach den Angaben von Guillet liegt die Grenze $Q\,R$ bei niedrigeren Zinngehalten und soll z. B. bei der Zusammensetzung 59,7% Cu, 0,7% Sn, 39,6% Zn bereits γ in Spuren auftreten. Dieser Widerspruch mit den Ergebnissen von Tammann u. Hansen ist wohl durch die Verschiedenheit der Anlaßzeiten zu erklären. Letztere Forscher haben ihre Legierungen 6 Stunden lang bei 710⁰ bzw. 430⁰ getempert, während Guillet seine Proben offenbar nicht so lange geglüht hat.

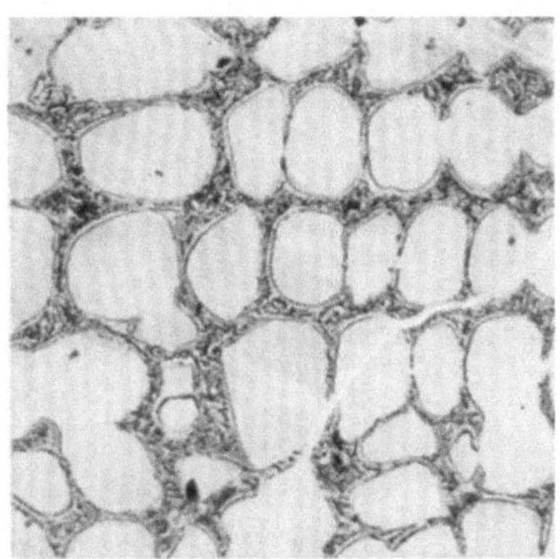

Abb. 45. 64,4% Cu, 3,6% Sn, 32,0% Zn, Gußgefüge. Weiß: α, eutektoidisch: $\alpha + \gamma$.— Geätzt mit Kupferammonchlorid. V = 140.

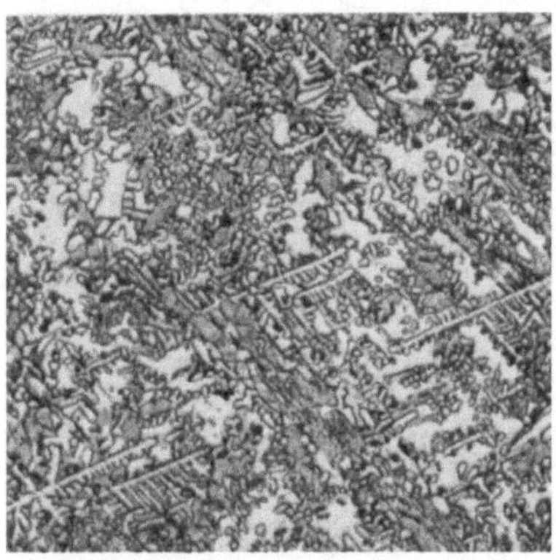

Abb. 46. 56,0% Cu. 4,2% Sn, 39,8% Zn, 2 St. bei 430⁰ geglüht. Weiß: α, grau: β, helle Nadeln u. Inseln: γ. — Ätzung FeCl$_3$ + HCl. V = 100.

Legierungen mit weniger als 55% Kupfer sind vollständig (oder fast vollständig) frei von α. Da sie technisch keine Rolle spielen, bleiben sie hier außer Betracht.

VI. Das Dreistoffsystem Kupfer-Zink-Nickel.

Von technischer Wichtigkeit in dieser Legierungsklasse sind die verschiedenen Neusilberarten und einige mit ihnen verwandte Legierungen. Sie enthalten als Hauptbestandteil Kupfer, meist über 50%, daneben Nickel in Mengen von 7—30%. Im Schaubild Tafel V ist das entsprechende Gebiet des Dreieckfeldes durch Schraffierung gekennzeichnet. Das binäre System Kupfer-Nickel, dem alle gebräuchlichen Legierungen nahe liegen, ist in metallographischer Hinsicht sehr einfacher Natur, da es aus einer ununterbrochenen Reihe von gleichartigen Mischkristallen besteht. Bei den beiden anderen Grenzsystemen ist das nicht der Fall, da bei Kupfer-Zink, wie wir sahen, der α-Bereich in der Kälte bei 39% Zink, in der Schmelzhitze bei 32,5% Zink endet, während bei Nickel-Zink von etwa 44% Zink an eine neue Kristallart auftritt. Die Kurve CP, welche nach dem von Tafel [8] aufgestellten Diagramm diese beiden Punkte verbindet, stellt also die Grenze des homogenen Feldes $CPNiCu$ bei hohen Temperaturen dar. Nach den neueren Unter-

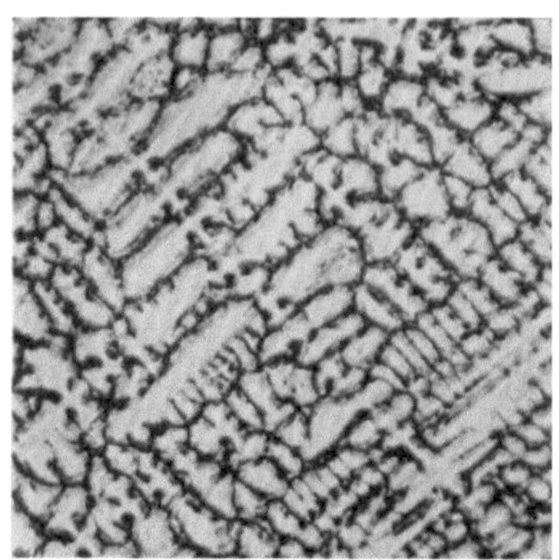

Abb. 47. 60,3% Cu, 17,7% Ni, 22% Zn, Gußgefüge: α dendritisch.   V = 70.

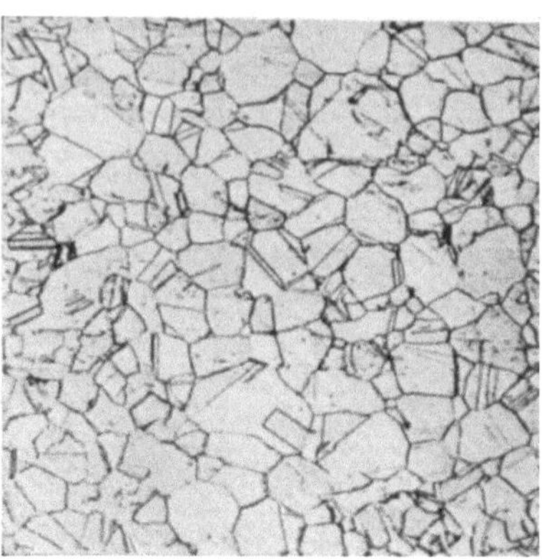

Abb. 48. Wie Abb. 47, gewalzt und geglüht: α homogen.   V = 100.

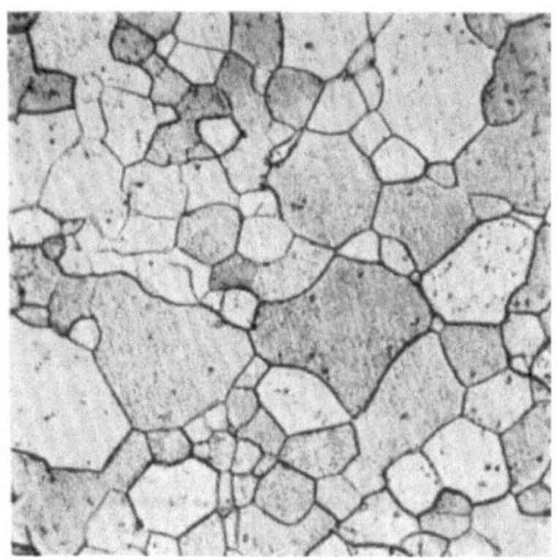

Abb. 49. 47,1% Cu, 6,1% Ni, 46,8% Zn, warm gepreßt: homogenes β.   V = 100.

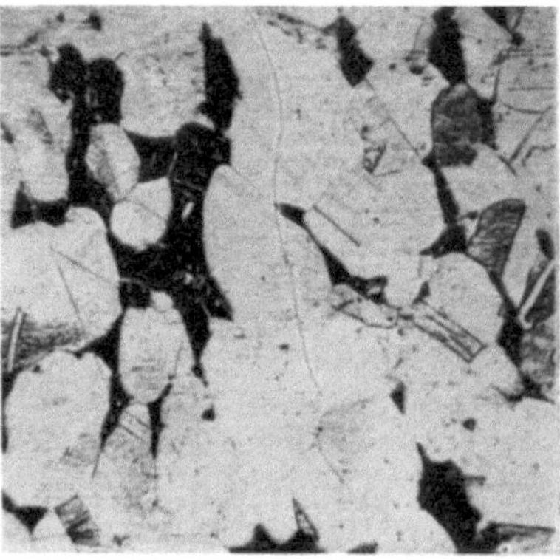

Abb. 50. 56,1% Cu, 7,3% Ni, 36,6% Zn, gegossen, ½ St. bei 850⁰ geglüht und abgeschreckt, hell: α, dunkel: β.   V = 50.

suchungen von Price u. Grant [55] gilt die Linie CP oberhalb etwa 800⁰. Bei Raumtemperatur erweitert sich das Feld etwas gegen die Zn-Ecke. Innerhalb desselben gleicht das Gefüge mit seinen Dendriten (Abb. 47) bzw. nach dem Ausgleich das homogene Polygongefüge (Abb. 48) ganz dem des α-Messings, jedoch ist die Farbe des Metalls schon von etwa 15% Nickelgehalt an silberweiß. Jenseits CP tritt eine β-Kristallart auf, welche ebenfalls alle drei Metalle gelöst enthält. Im Gegensatz zum

überwiegend Cu + Ni-haltigen α-Kristall des Feldes $CPNiCu$ besteht
die β-Phase zur Hälfte aus Zink. Die
Legierung Abb. 49 ist eine solche
von reinem β-Typus. Im Zwischenbereich liegen die Legierungen der
α/β-Klasse. Unter diesen gibt es,
ebenso wie bei Messing, solche, die
durch Anlassen bei niederen Temperaturen in homogenes α über-
gehen, vgl. Abb. 50 und 51. Die
Diffusionsgeschwindigkeit im System Cu-Ni-Zn ist sehr gering, die
α-Zonenkristalle der Gußstücke erfordern vielstündiges Glühen bei 700⁰
zur Herbeiführung des vollständigen Konzentrationsausgleiches.

Abb. 51. Wie Abb. 50, nach dem Abschrecken
2 St. bei 600⁰ angelassen. Homogenes α.
Schwarze Punkte: Poren. V = 50.

B. Die Anwendung der Gefügelehre auf die Werkstoffe der Technik.

I. Kupfer und Kupferoxydul.

Reines Kupfer besteht in geglühtem Zustande aus polygonalen
Kristallen, welche häufig Zwillingsstreifungen aufweisen (Abb. 52).
Gegossenes Kupfer bildet, sofern es
hohe Reinheit besitzt, keine Zonenkristalle. Die Zonenbildung im metallographischen Schliffbilde ist das
Kennzeichen einer Ungleichheit in
der Zusammensetzung, die durch den
verschieden starken Angriff des Ätzmittels sichtbar wird. Zonen- oder
Schichtkristalle haben demnach zur
Voraussetzung das Vorhandensein
wenigstens eines Nebenbestandtei-
les, der die Ungleichmäßigkeit verursachen kann und der in festem
Kupfer löslich ist. Bei Kupfer genügen schon sehr geringe Mengen
einer Beimengung, um deutliche

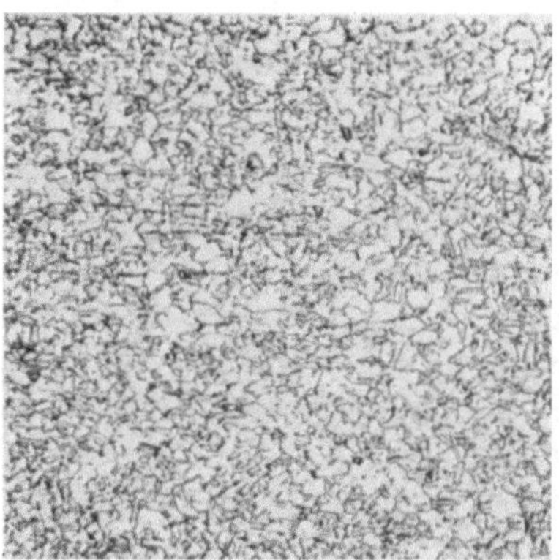

Abb. 52. Geglühtes Kupferblech 1,6 mm dick.
Homogene Kristalle, z. T. mit Zwillingsbildung. V = 45.

Zonen hervorzurufen. Abb. 53 zeigt ein gegossenes Kupfer mit 99,92 %
Reingehalt, welches also nur eine ganz unwesentliche Verunreinigung eines

(nicht bestimmten) fremden Stoffes enthalten kann und somit den Vorschriften für D — Cu laut Normblatt DIN 1708 Blatt 1 (s. Anhang) reichlich entspricht. Trotzdem ist eine gewisse Kristallseigerung erkennbar, wenn auch bei weitem nicht so deutlich wie beispielsweise auf Abb 47. Ob sich die Dendriten bei längerem Verweilen auf Glühtemperatur mehr oder weniger schnell durch Diffusion ausgleichen, hängt davon ab, welcher Art der im Kupfer vorliegende Gemengteil ist. Manche Stoffe, wie z. B. Arsen, verteilen sich äußerst schwierig und lassen noch nach mehreren Stadien der Warmbearbeitung die Überreste der Dendritenstruktur erkennen (s. S. 39). Andere im Kupfer lösliche Metalle wie Zinn oder Zink diffundieren rascher, vgl. die bereits zitierte Arbeit von Bauer u. Piwowarski[2].

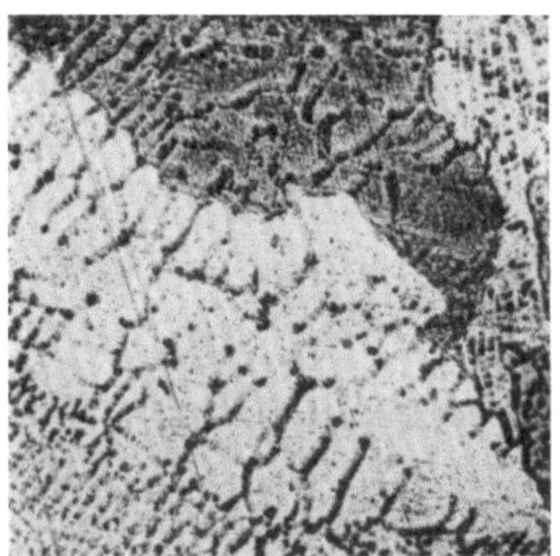

Abb. 53. Gegossenes Kupfer mit 99,92% Reingehalt. Zonenkristalle.   V = 40.

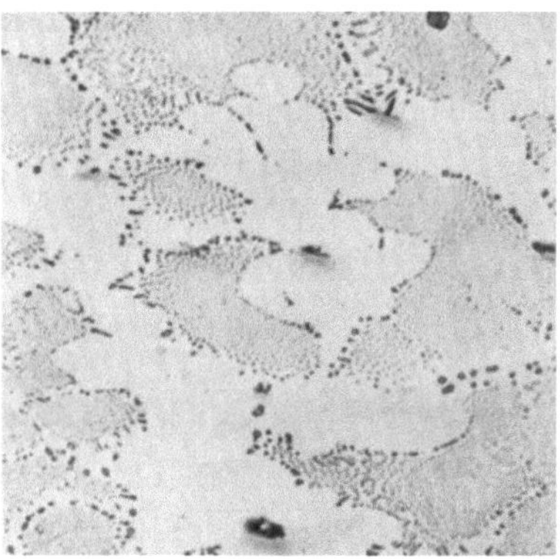

Abb. 54. Sauerstoffreicher Kupfergußblock: 0,25% O. — Ungeätzt.   V = 50.

Technisches Kupfer enthält stets gewisse Beimengungen, unter denen der Sauerstoff in der Gefügelehre eine besonders wichtige Rolle spielt. Analog der Tatsache, daß alle technischen Eisen- und Stahlsorten nicht reines Eisen sondern Legierungen des Eisens mit Kohlenstoff sind, kann man nahezu alle technischen Kupfersorten als Legierungen des Kupfers mit Kupferoxydul auffassen. Wenigstens gilt das für solches Kupfer, das in seiner letzten Erzeugungsstufe einen Schmelzprozeß durchlaufen hat. Bekanntlich lassen sich aus reinem Kupfer keine dichten, blasenfreien Gußstücke erzielen wegen der Neigung dieses Metalles, reduzierende Gase, besonders Wasserstoff, im flüssigen Zustande aufzunehmen und beim Erstarren wieder auszustoßen. Der Raffinations- oder Umschmelzprozeß wird darum stets so geleitet, daß vor dem Vergießen das Metall eine geringe Sauerstoffmenge enthält, andernfalls würde die Absorption von Gasen so reichlich erfolgen, daß das Kupfer schlechte Eigenschaften annimmt. (Überpolung.)

Das Auftreten des Sauerstoffs in Form von Kupferoxydul, die Löslichkeit des letzteren im flüssigen Kupfer und seine vollständige Abscheidung beim Erstarren in eutektischer Form sind durch die bekannten Forschungen von Heyn [9] erschöpfend dargelegt und so häufig beschrieben worden, daß hier nur kurz auf diese Vorgänge einzugehen ist. Im gegossenen Kupfer ermöglicht die eutektische Struktur eine quantitative Bestimmung des Sauerstoffgehaltes aus dem Gefügebild. Abb. 54 möge als Beispiel hierfür dienen. Primär erstarrtes reines Kupfer, im Bilde helle Flächen bildend, ist umgeben von gesprenkeltem Eutektikum Kupfer-Kupferoxydul, welches aus blauen Kügelchen (Cu_2O) in roter Grundmasse (Cu) besteht. Gemäß dem Zustandsschaubild Abb. 55 ist das Eutektikum aus 3,45% Oxydul und 96,55% Kupfer zusammengesetzt. Aus dem Verhältnis der Flächenanteile, die beide Gefügebestandteile im Schliff einnehmen, läßt sich also der Gehalt an Oxydul bzw. Sauerstoff rechnerisch ermitteln. Da Kupfer im festen Zustande kein Oxydul unter Mischkristallbildung aufnimmt, was durch Messung der elektrischen Leitfähigkeit von sauerstoffhaltigem Kupfer bestätigt wird, ist die Methode durchaus genau.

Zur Ausführung derselben werden die Flächen entweder mit Hilfe des Planimeters ausgemessen oder, noch einfacher, man schneidet sie aus der

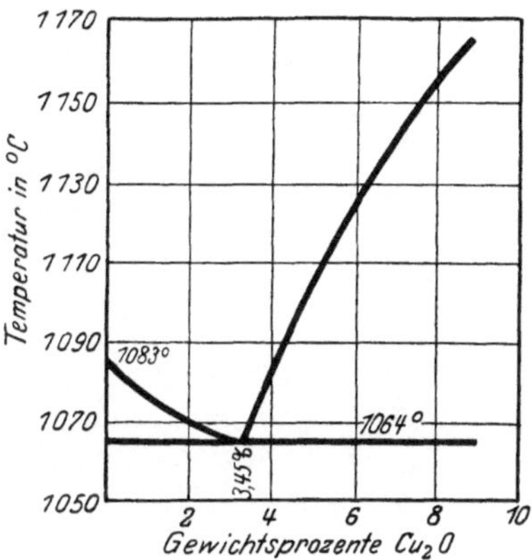

Abb. 55. Zustandsschaubild Kupfer — Kupferoxydul nach Heyn.

Mikroaufnahme heraus und wägt die Papierstückchen auf der analytischen Waage. Bei Abb. 54 (in 50facher Vergrößerung) lieferten die beiden Verfahren folgende Ergebnisse:

1. Planimetrierung:

    Inhalt der gesamten Fläche . . . . . 25,0 cm²
     ,, ,, Kupferflächen . . . . . 9,0 ,,
     ,, ,, Flächen des Eutektikums 16,0 cm²

2. Wägung:

    Gewicht der gesamten Fläche . . . . 0,496 g
     ,, ,, Kupferflächen . . . . . 0,192 ,,
     ,, ,, Flächen des Eutektikums 0,304 g

Der Anteil des Eutektikums in der Legierung beträgt somit nach *1* 64,0% und nach *2* 61,3%*. Einem Teil Sauerstoff entsprechen

---

* Das Verhältnis der Flächen im Querschnitt ist zugleich das Verhältnis der räumlichen Anteile, wie sich durch eine einfache Integration beweisen läßt. Vgl. Martens-Heyn: Materialienkunde Bd. II A, S. 495.

8,95 Teile Kupferoxydul, 1 Teil Kupferoxydul bildet 29 Teile Eutektikum, folglich 1 Teil Sauerstoff = 260 Teile Eutektikum. In vorliegendem Falle ist mithin der Sauerstoffgehalt der Probe = 64,0 : 260 = 0,25% nach dem Ergebnis der Planimetrierung, oder 61,3 : 260 = 0,24% nach dem Ergebnis der Wägung*. Kleine Fehler in der Ausführung sind wegen des niedrigen Umrechnungsquotienten 1 : 260 ohne Bedeutung. Auf Abb. 56 ist die gleiche Schliffprobe wiedergegeben nach Umrandung der Kupferkristalle, welche planimetriert bzw. ausgeschnitten wurden. Zu beachten ist, daß die hellen mit Oxydulpünktchen durchsetzten Adern an den mit Pfeilen bezeichneten Stellen nicht als primäre Kupferkristalle anzusehen sind, da hier lediglich das Oxydul sich zu größeren Kugeln zusammengeballt hat. Die Kupferflächen dieser sogenannten „Entmischungsstreifen" gehören also ihrem Ursprung nach zum Eutektikum.

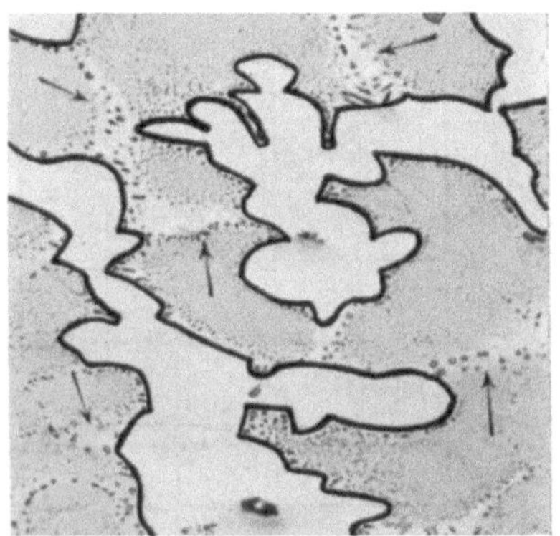

Abb. 56. Wie Abb. 54. Die planimetrierten Flächen umrandet. V = 50.

Heyn führte eine Reihe von Parallelanalysen aus, durch welche die gute Übereinstimmung der mikrographischen mit der chemischen Sauerstoffbestimmung nachgewiesen wurde. Vorsicht ist indessen geboten bei Anwesenheit von Arsen, welches dem Feuerbuchs- und Stehbolzenkupfer oftmals absichtlich zugesetzt wird. Ruhrmann[10] hat festgestellt, daß Arsenzusätze unter 2% nicht mehr wesentlich desoxydierend auf sauerstoffhaltiges Kupfer wirken. Unter Desoxydation ist dabei die Bildung von arseniger Säure (As_2O_3) verstanden, welche als flüchtiger Körper aus der Schmelze entweicht. Dagegen wird ein Teil des als Kupferoxydul vorhandenen Sauerstoffs von Arsen unter Bildung eines dunkelblauen Gefügebestandteils gebunden, der als Kupferarsenat (Kupfer-Arsen-Sauerstoffverbindung) angesprochen wird. In solchen Fällen ist im Schliffbild Arsenat neben Oxydul vorhanden, und die Sauerstoffbestimmung aus dem Gefüge ist nicht mehr möglich. Ähnliches gilt für Nickelgehalte oberhalb 0,4%. Arsen in Mengen unter 0,3% und Nickel unter 0,4% üben jedoch keine wesentlichen Wirkungen mehr aus,

---

* Der Unterschied der spezifischen Gewichte von Kupferoxydul (= 6) und Kupfer (= 8,9) ist bei dieser Berechnung vernachlässigt. Das in Volumprozenten ermittelte Eutektikum müßte streng genommen mit einem spezifischen Gewicht von 8,76 auf Gewichtsprozente umgerechnet werden; die Ergebnisse werden dadurch nur in der 3. Dezimale, also innerhalb der Fehlergrenzen des Verfahrens beeinflußt.

es wird kein Arsenat mehr gebildet, auch sind die Festigkeitseigenschaften solcher Legierungen günstig, sofern der Sauerstoffgehalt 0,06 bis 0,07% nicht übersteigt. In diesem arsen- bzw. nickelarmen Kupfer ist also auch die metallographische Sauerstoffbestimmung wieder ausführbar.

Der wesentliche Vorzug der metallographischen Prüfung auf Oxydul gegenüber der chemischen Analyse besteht darin, daß erstere zugleich über die Art der Verteilung der Beimengung Aufschluß gibt, ähnlich der Ätzung auf Schwefel und Phosphor im Stahl. Daß der Sauerstoff sehr ungleich verteilt sein kann, beweisen die Abb. 57 und 58 aus dem oberen bzw. mittleren Bereich eines amerikanischen Drahtbarrens. Der Barren besteht aus umgeschmolzenen Elektrolytkupfer, welches zunächst

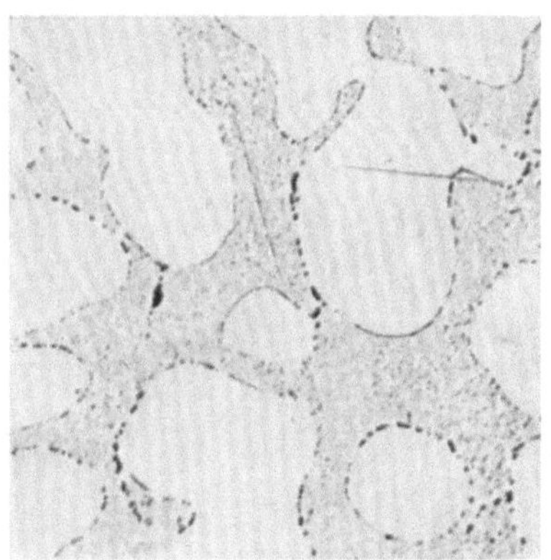

Abb. 57. Kupfer-Drahtbarren, oberer Rand, 0,17% O. — Ungeätzt. V = 200.

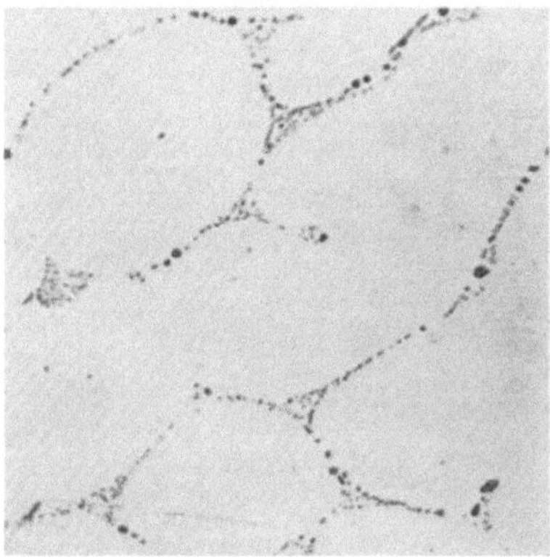

Abb. 58. Gleicher Kupferbarren wie Abb. 57, Mittelzone, 0,04% O. — Ungeätzt. V = 200.

in Kathodenform frei von Sauerstoff ist und diesen erst beim Schmelzprozeß aufnimmt. Aus dem Umstand, daß die obere Schicht des Barrens 0,17% Sauerstoff gegenüber 0,04% im Innern aufweist, geht hervor, daß nach dem Füllen der Barrenform eine Oxydation durch Berührung mit der Luft stattgefunden hat. Durch Abhobeln einer Schicht von 3 mm Stärke ließe sich der Durchschnittsgehalt dieses Barrens an Sauerstoff nicht unerheblich herabsetzen. Bei Walzbarren (cakes), aus denen Kupferfeinbleche gewalzt werden sollen, ist zu beachten, daß die Polierfähigkeit der Blechoberfläche durch Oxydul beeinträchtigt werden kann. Neuerdings läßt sich in Walzbarren aus den Vereinigten Staaten eine zunehmende Sauerstoffanreicherung feststellen, wobei bisweilen die Oberschicht 10 bis 15 mm Dicke annimmt. Die Erscheinung hängt vermutlich mit Veränderungen in der amerikanischen Gießpraxis zusammen und führt häufig zu der Notwendigkeit, erhebliche Materialmengen durch Abhobeln zu entfernen. Über weitere technische Nachteile der oxydulreichen Zone vgl. Abschnitt C I.

Daß auch in Kathoden geringe Mengen Sauerstoff auftreten können, erklärt Abb. 59. In der Mitte des Querschnitts einer Kathodenplatte erscheint deutlich das Mutterblech, welches stark mit Oxydul durchsetzt ist, während das beiderseits elektrolyltisch abgeschiedene Kupfer davon frei ist.

Unterliegt das gegossene Kupfer einer Wärmebehandlung oder einer Formgebung im warmen Zustande bei Temperaturen von 800° und darüber, so geht das eutektische Gefüge verloren. In Abb. 60 ist das Eutektikum des Schliffes Abb. 58 aufgelöst durch Schmieden bei etwa

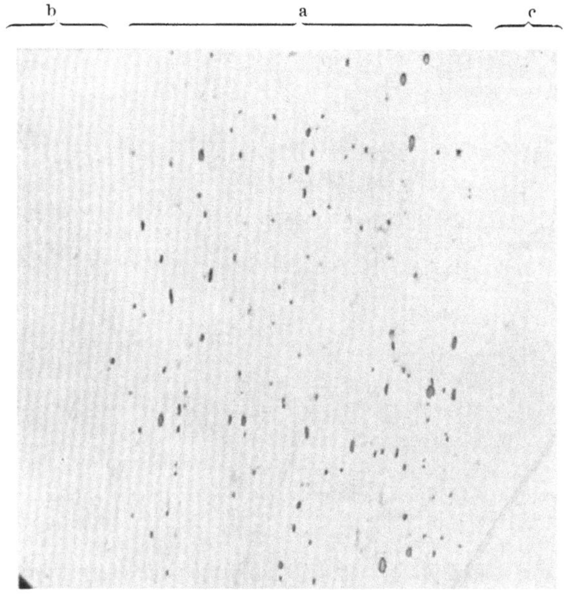

Abb. 59. Kupferkathode, Längsschliff durch die Mitte mit dem Mutterblech. a: Mutterblech, b und c: Kathodenkupfer. — Ungeätzt. V = 100.

800°. Die Oxydulteilchen haben sich zusammengeballt und sind regellos in der Masse des Kupfers verteilt. In diesem Zustande ist eine mikrographische Analyse nicht mehr möglich. Man kann nach Heyns Vorschlag eine solche Probe unter Fernhaltung des Luftsauerstoffs umschmelzen und erhält dann von neuem das Eutektikum, jedoch verlangt dieses Verfahren eine erhebliche Übung, da es nicht ganz einfach ist, jede Veränderung des Sauerstoffgehaltes beim Schmelzvorgang auszuschließen. Beim Glühen oberhalb 1000° nimmt Walzkupfer nach Beobachtungen von Siebe[11] Sauerstoff aus der Luft auf, und zwar bildet sich hierbei eine eutektische Struktur, obwohl das Metall nicht zum Schmelzen kommt.

Für fast alle technischen Verwendungszwecke sowie für die Warm-

und Kaltbearbeitung des Kupfers sind Sauerstoffgehalte bis zu 0,05%
in keiner Weise nachteilig. Auch die besten amerikanischen Handels-
marken erreichen, wenn sie in Form von Walz- oder Drahtbarren
(cakes oder wire bars) auf den Markt kommen, häufig diese Grenze,
ohne daß die elektrische Leitfähigkeit, diese hinsichtlich der Beimengungen empfindlichste Eigenschaft, beeinträchtigt wird. Bei Kupfersorten, die zur Erschmelzung hochwertiger Legierungen dienen sollen,
ist ein Überschreiten der Grenze von 0,05% deswegen unerwünscht, weil
der Sauerstoff an den anderen Legierungsbestandteil übergeht und als
Zinkoxyd, Aluminiumoxyd oder Zinndioxyd in äußerst feiner Verteilung
suspendiert bleibt. Die damit verbundene Beeinträchtigung der mechani-

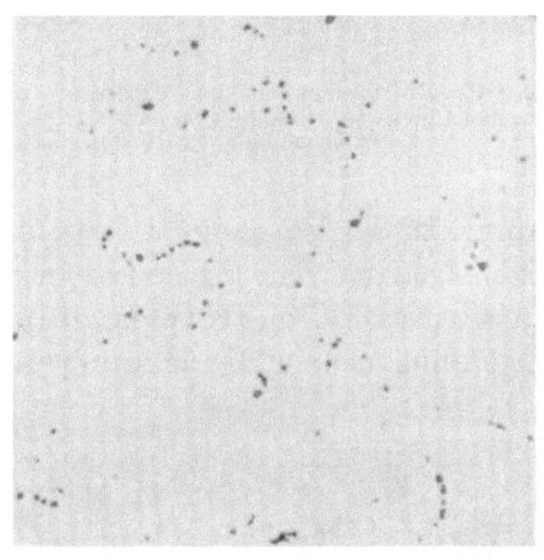

Abb. 60. Wie Abb. 58, warm geschmiedet:
Zerstörung des Eutektikums. — Ungeätzt.
V = 100.

schen Eigenschaften ist auch durch
kräftig wirkende Sauerstoffverzehrer
(Desoxydationsmittel) wie Phosphor
nicht völlig zu beheben. Für andere
Verwendungszwecke darf bei Abwesenheit sonstiger Verunreinigungen der Sauerstoffgehalt ohne Be-
denken etwa 0,1% erreichen. Nächst
der Leitfähigkeit wird die Schlagfestigkeit am empfindlichsten vom
Sauerstoff beeinflußt. Indessen ist die
Abnahme der spezifischen Schlagar-
beit bei 0,1% Sauerstoff noch gering
(Hanson, Marryatt u. Ford[12])
und unterhalb von 0,08% nicht
mehr meßbar (Baucke[13]). Einen
günstigen Einfluß soll dagegen Oxydul auf das Verhalten des
Kupfers beim Drehen, Bohren und Fräsen ausüben, indem es die
Schnittbearbeitbarkeit des im reinen Zustande sehr zähen Metalls
verbessert. Die Entstehung eines grobkörnigen Gefüges beim Glühen,
welches besonders bei weichen Blechen für Tiefziehbearbeitung unerwünscht ist, wird durch einen geringen Oxydulgehalt merklich hintan-
gehalten. Mathewson und Caesar[14] haben beobachtet, daß bei Anwesenheit von 0,05% Sauerstoff nach Kaltbearbeitung und Anlassen
auf 925° etwa viermal soviel Körner je Flächeneinheit entstehen als
bei sauerstofffreiem Kupfer. Allerdings werden Zugfestigkeit und Härte
etwas erhöht, und Bleche mit mehr als 0,08% bis 0,10% Sauerstoff versagen
bei hoher Ziehbeanspruchung (Altwicker[15]). Im allgemeinen wird in
den technischen Kupfererzeugnissen nur selten die Grenze von 0,1% Sauerstoff überschritten, und da fast immer eine Warmbearbeitung erfolgt ist,
befindet sich das Oxydul, wie oben beschrieben, nicht mehr in der
eutektischen Form, sondern in gleichmäßiger Verteilung, welch letztere

3*

auf die mechanischen Eigenschaften einen geringeren Einfluß ausübt als das Eutektikum. Eine Zusammenstellung der bis 1925 erschienenen Arbeiten über den Einfluß des Kupferoxyduls auf die mechanischen und elektrischen Eigenschaften des Kupfers bringt Johnson [16].

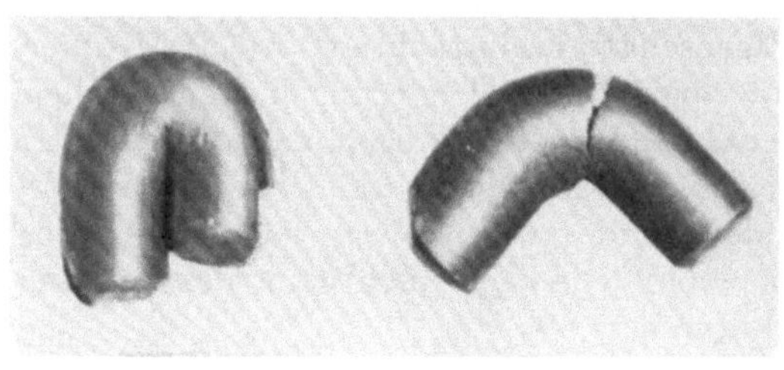

Abb. 61. Kaltbiegeproben mit Kupferdraht 9 mm $\varnothing$, links: unbehandelt, um 180° biegbar, rechts: im Wasserstoffstrom geglüht, brüchig. V = 1.

Wird oxydulhaltiges Kupfer bei Gegenwart von Wasserstoffgas geglüht, also z. B. in der offenen Generatorgasflamme, welche noch unverbrannten Wasserstoff enthält, so dringt letzterer durch Diffusion in das Kupfer ein und reduziert das Oxydul unter Bildung von Wasserdampf. Dieser Vorgang ist stets mit einer Schädigung der mechanischen Eigenschaften des Kupfers verbunden, weil Wasserdampf nicht wie Wasserstoff durch Kupfer diffundieren kann, er wird vielmehr im Augenblick seiner Entstehung ausgeschieden und verursacht dadurch

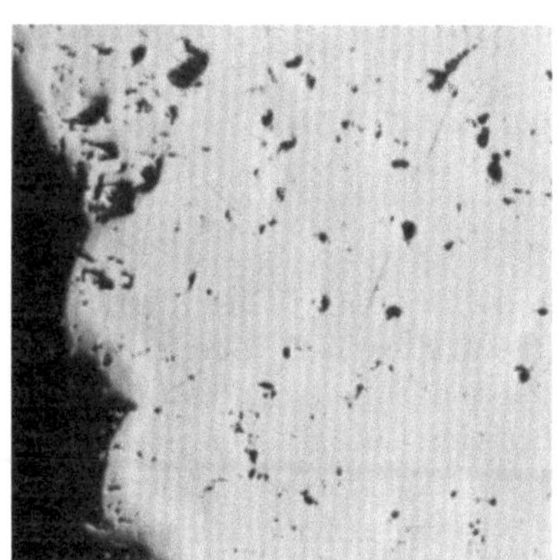

Abb. 62. Bruchstelle von Abb. 61. Schwarze Punkte: Poren entstanden durch Einwirkung von Wasserstoff auf Kupferoxydul. — Ungeätzt. V = 100.

zahlreiche feine Risse im Innern des Metalls. Abb. 61 stellt zwei Kaltbiegeproben* mit einem 0,05 % Sauerstoff enthaltenden Kupferdraht dar, wovon die erste Biegung im Anlieferungszustande, die zweite nach Glühung im Wasserstoffstrom ausgeführt wurde. Letztere ist bei Erreichung eines Biegewinkels von etwa 90° gebrochen. An der vergrößerten Bruchstelle, Abb. 62, ist zu erkennen, wie das Kupfer von feinen Löchern durchsetzt ist, die an den Stellen der vorher vorhandenen Oxydulkörnchen entstanden sind. Diese Erscheinungen sind zuerst von Heyn [17] erforscht und von ihm als „Wasserstoffkrankheit des Kupfers" bezeichnet worden. Ein dem vorstehenden Fall ähnliches Beispiel haben Bauer und Vollenbruck beschrieben [18]. Auf die gleiche Ursache ist das ungünstige Verhalten sauerstoffhaltigen Kupfers beim Schweißen mit

* Die Proben wurden dem Verfasser von Herrn Direktor Dr.-Ing. Nielsen, Ilsenburg, freundlichst überlassen.

der Wasserstoffflamme zurückzuführen. Die näheren Bedingungen des Vorganges sind seitdem eingehender untersucht worden. Zur Zeit sind die Meinungen noch geteilt hinsichtlich der Frage, ob jedes technische Kupfer, auch das mit geringstem Sauerstoffgehalt (unter 0,01% O) durch Wasserstoff verdorben werden kann, oder ob hier eine Grenze besteht. Moore u. Beckinsale[19] fanden, daß gut desoxydiertes Kupfer, besonders solches mit geringen Gehalten an Zink, Mangan, Aluminium oder Phosphor, vollkommen unempfindlich gegen Wasserstoff oder Generatorgas war. Bei 0,026% O trat eine sehr schwache, bei 0,04% O bereits eine deutliche Einwirkung bei 600° ein. Der Abhandlung von Moore u. Beckinsale ist ein ausführlicher Nachweis der

über diesen Gegenstand bis 1921 erschienenen Literatur beigegeben. Von großer Bedeutung ist, wie einige spätere Arbeiten erwiesen haben, die Zeitdauer, während welcher das Kupfer mit Wasserstoff in Berührung steht. Versuche von Bamford[20] mit handelsüblichem Rundkupfer ergaben bei einem Sauerstoffgehalt von 0,013% keine Verschlechterung der mechanischen Eigenschaften nach halbstündiger Einwirkung von Wasserstoff bei 900°. Hanson u. Marryatt[21] stellten unter gleichen Verhältnissen nach dreistündigem Glühen vollständige Sprödigkeit fest. Über die Möglichkeit,

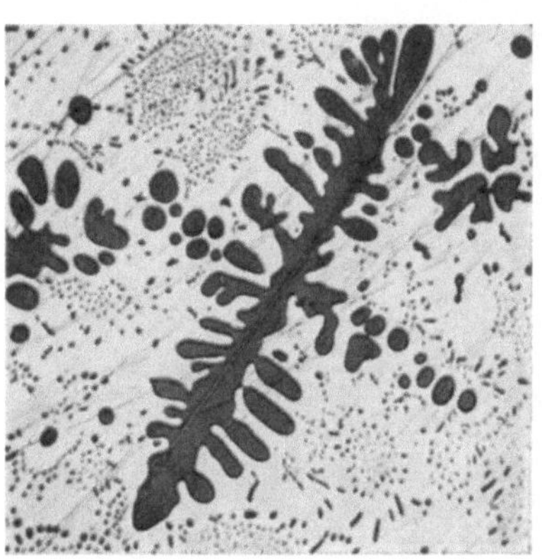

Abb. 63. Kupfer ÷ Kupferoxydul übereutektisch. Cu₂O in großen Primärkristallen. Schöpfprobe von der Rohgare des Raffinationsprozesses. — Ungeätzt. V = 200.

wasserstoffkrankes Kupfer wieder herzustellen, berichten Smith u. Hayward[22].

Während für technische Kupfersorten Sauerstoffgehalte in der Höhe des Eutektikums (0,385% O) oder übereutektische Schmelzen nicht in Betracht kommen, ist solches wohl der Fall bei hüttenmännischen Prozessen. Bezüglich der Rolle des Oxyduls beim Flammofen-Raffinieren hat Heckmann[23] eingehende Untersuchungen angestellt. Das primär ausgeschiedene Oxydul der übereutektischen Konzentrationen tritt in einer charakteristischen Kristallform auf, wie Abb. 63 erkennen läßt.

II. Kupfer und Arsen.

Die Legierungen des Kupfers mit Arsen finden praktische Anwendung bei der Herstellung von Feuerbuchsen, Stehbolzen und Siederohren für Lokomotiven. Allerdings handelt es sich hier um arsenarme Legierungen mit weniger als 1% Arsen. Der Normenausschuß der deutschen Industrie hat für diesen Verwendungszweck die Kupfermarke „Hüttenkupfer A" (vgl. Normblatt Din 1708 Blatt 1 im Anhang) festgelegt, welche Arsen, evtl. neben Nickel, als absichtlichen Zusatz enthalten darf. Die britischen „Standard Specifications" (Report Nr. 24) schreiben 0,3 bis 0,5% As vor als Zusatz zu Kupferstangen, -Blechen und -Rohren im Lokomotivbau, in einigen anderen Ländern bestehen ähnliche Bestimmungen.

Der Zusatz von Arsen erfolgt hauptsächlich aus gießtechnischen Gründen, da er nach dem Raffinieren die Erzielung eines dichten Gusses erleichtert und damit die Zähigkeit des Kupfers erhöht. Von Vorteil ist

Abb. 64. Gußgefüge von Kupfer mit 0,87% Arsen. Arsenarme Dendriten in arsenreicher dunkler Grundmasse. — Ätzung $FeCl_3 + HCl$. V = 5.

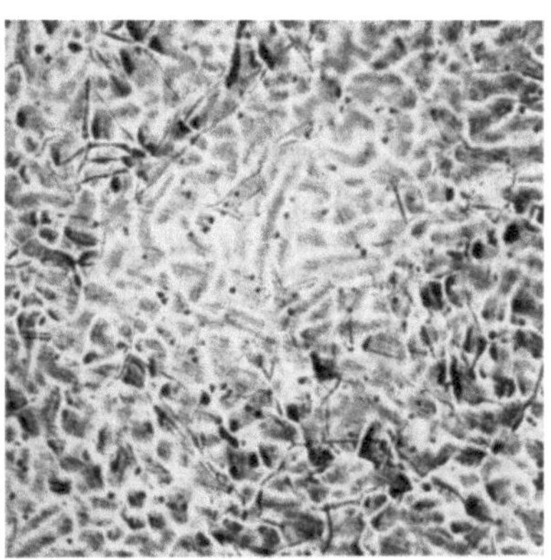

Abb. 65. Stehbolzenkupfer mit 0,63% As, Zonenkristalle. Unscharf durch zu weite Einstellung. V = 50.

dabei ein geringer Sauerstoffgehalt, der etwa $^1/_{10}$ des Arsengehaltes betragen darf (Hanson u. Marryatt[21]). Bei den Temperaturen, welche die Feuerbuchse im Betriebe annimmt, d. h. 300 bis 400°, findet keine merkliche Verflüchtigung von Arsen statt. Die jetzt etwa vierzigjährigen Erfahrungen mit arsenhaltigem Kupfer haben vielmehr gezeigt, daß dieses den Wirkungen der Feuergase durchaus standhält. Andererseits ist auch nicht eindeutig erwiesen, ob und welche Vorteile betriebstechnischer Art durch einen Arsenzusatz erzielt werden. Zwecks Erhöhung der Festigkeit, die durch Arsen nur in geringem Maße gesteigert wird, fügt man dem Stehbolzenkupfer in der Regel einige Zehntelprozente Nickel, Mangan oder Zinn zu. Mit reinem Kupfer werden die vorgeschriebenen Mindestfestigkeiten von 22 bzw. 23 kg/mm² im geglühten Zustande nicht erreicht.

Die kupferreichen Legierungen der Kupfer-Arsenreihe bestehen nach Hanson u. Marryatt bis zu 7,25% As aus reinen Mischkristallen. In

den technischen Erzeugnissen ist demnach ein charakteristischer Gefügebestandteil nicht zu erwarten. Trotzdem ist Kupfer mit mehr als
0,2% Arsen meist von arsenfreiem Kupfer mikroskopisch zu unterscheiden, weil ersteres zur Bildung von stark ausgeprägten Schichtkristallen neigt. Gegossenes Kupfer mit 0,87% Arsen, s. Abb. 64, zeigt
nach der Ätzung schon bei fünffacher Vergrößerung das typische
Tannenbaumgefüge in schönster Ausbildung. Die Diffusion von Arsen
in Kupfer geht sehr langsam vor sich, so daß sich die Dendriten auch
nach wiederholter Warmbearbeitung nicht gänzlich verlieren. Eine Steh-
bolzenstange (s. Abb. 65) mit 0,63% Arsen, welche durch Warmpressen
auf der Strangpresse erzeugt, dann kalt gezogen und geglüht wurde, zeigt

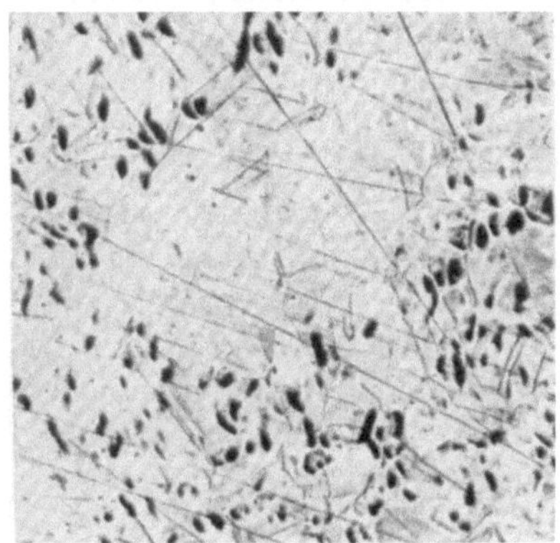

Abb. 66. Wie Abb. 65, jedoch scharf einge-
stellt. V = 50.

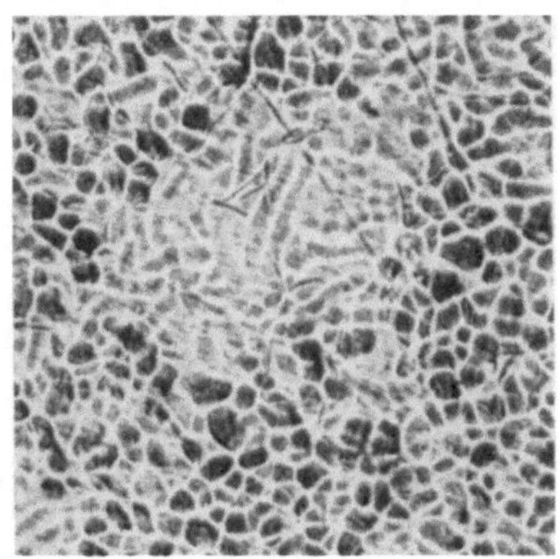

Abb. 67. Wie Abb. 65, unscharf durch zu
nahe Einstellung. V = 50.

noch immer deutliche Reste des zonalen Aufbaus der Kristalle, was besonders bei etwas unscharfer Einstellung des geätzten Schliffes hervortritt.

Die arsenreichen Kristallzonen bilden infolge ihrer größeren Härte
beim Polieren des Schliffs ein feines Relief, welches ein ganz verschiedenartiges Aussehen bietet, je nachdem man den Abstand der Schlifffläche
vom Objektiv des Mikroskops einstellt. Auf Abb. 65 ist dieser Abstand
ein wenig zu groß, Abb. 66 zeigt scharfe Einstellung, Abb. 67 ist bei zu
kurzer Entfernung aufgenommen. Die Bilder sind zugleich ein Beispiel
dafür, wie weitgehend ein Gefügebild durch solche geringfügigen, rein
optischen Veränderungen beeinflußt werden kann. Es handelt sich in
allen drei Fällen um genau dieselbe Stelle des Schliffs, wie an dem hellen
Fleck in der Bildmitte und an den Schleifrissen zu erkennen ist. Oberhoffer[24] konnte beim Warmwalzen eines Feuerbuchsbleches mit
0,23% As die Dendriten nach dem Auswalzen des Blocks von 200 mm
Stärke auf 15 mm noch im fertigen Blech, wenn auch verwaschen und
in stark gestreckter Form, beobachten.

Merkwürdigerweise findet sich in einem Bericht der Prüfungsstation der Paris-Lyon-Méditeranée-Bahn[25] die Behauptung, daß der Arsengehalt in Feuerbuchsplatten nach dem Ätzen des Schliffs mit Salpetersäure so deutlich erkennbar sei, daß eine Schätzung des Gehaltes zwischen 0,06 und 0,6 % As erfolgen könne. Die Zahl und Größe der vom Ätzmittel erzeugten schwarzen Flecken soll im direkten Verhältnis zum Arsengehalt stehen. Leider sind die dem Bericht beigegebenen Mikroaufnahmen nicht geeignet, eine Vorstellung davon zu geben, was die Beobachter ermittelt haben. Die schlechte Übereinstimmung der Schätzungsergebnisse mit der chemischen Analyse in über 25 % der Fälle wird durch „ungleichmäßige Verteilung des Arsens" erklärt. Verfasser hat versucht, die Gefügebilder zu reproduzieren, und dabei rundliche grubenartige Vertiefungen festgestellt, die durch die Einwirkung der Salpetersäure hervorgerufen waren und anscheinend mit den beschriebenen Resten der Dendritenstruktur zusammenhängen. Das Ätzmittel scheint die arsenarmen, auf Abb. 64 hell hervortretenden Kristallachsen weniger stark anzugreifen als die arsenreiche Grundmasse, so daß der Schliff des gewalzten Bleches ein schwarzgeflecktes Bild bietet, ähnlich wie es auch nach Ammonpersulfat-Ätzung gemäß Abb. 66 erhalten wurde. Die Anzahl der dunklen Flecke, d. h. der Ätzgruben, mag also mit dem Arsengehalt zunehmen, wird aber daneben durch die Wärmebehandlung, die stets mehr oder weniger homogenisierend wirkt, beeinflußt und kann infolgedessen kaum als zuverlässige Schätzungsgrundlage dienen.

In sauerstoffreichem Kupfer geht Arsen, sofern mehr als 0,1 % Sauerstoff und mehr als 0,3 % As vorhanden sind, teilweise in oxydische Formen über unter Bildung einer Arsen-Kupfer-Sauerstoffverbindung, des Kupferarsenats. Die Verbindung ist, wie bereits in Abschnitt B I beschrieben, im Gefüge des ungeätzten Schliffs als dunkelblauer Bestandteil zu erkennen. Auf die Festigkeitseigenschaften übt das Arsenat eine nachteilige Wirkung aus (Ruhrmann[10]). Es ist also bei mit Arsen legiertem Kupfer darauf zu achten, daß der Sauerstoff unterhalb der 0,1 %-Grenze bleibt.

Eine Ausnahme von dieser Regel findet statt, wenn Kupfer durch Wismut verunreinigt ist. Nach einer Untersuchung von Stahl[26] sind geringe Arsenmengen imstande, einige hundertstel Prozent des dem Kupfer so verderblichen Wismuts unschädlich zu machen, sofern der Sauerstoffgehalt des Kupfers eine Bildung von Wismutarsenat zuläßt, d. h. mindestens 0,08 % beträgt. Da Wismut im festen Zustande im Kupfer gänzlich unlöslich ist, lagern sich bei Abwesenheit von As die geringsten Mengen von Bi zwischen den Kupferkristallen ab und bilden Trennungsschichten, die infolge der Sprödigkeit und des niedrigen Schmelzpunktes des Wismuts Kalt- und Rotbruch hervorrufen. Nach

Hanson und Marryatt[21] liegt die Löslichkeit des Bi im Cu unterhalb 0,002%. Mikroskopisch erkennbar sind noch Mengen von 0,005%. Stahl hat weiterhin festgestellt, daß das in Verbindung mit Arsen und Sauerstoff gebildete Wismutarsenat durch zu langes Polen bei der Kupferraffination reduziert wird. Nach Zerfall der Verbindung tritt die Wirkung des Wismuts wieder hervor.

Der schädliche Einfluß reduzierender Gase auf sauerstoffhaltiges Kupfer wird durch einen Arsengehalt nicht vermindert.

III. Kupfer und Zink.

1. Alpha-Messing.

Gemäß dem Zustandschaubild der Kupfer-Zinklegierungen in der neuesten Fassung nach Bauer und Hansen umfaßt das Gebiet der reinen α-Mischkristalle die Legierungen beginnend beim reinen Kupfer bis zur Zusammensetzung 61% Cu 39% Zn. Es wurde bereits im Abschnitt A I erläutert, daß Schmelzen mit weniger als 70% Cu zunächst bei der Erstarrung neben α auch β abscheiden, welch letzteres durch

nachfolgende Wärmebehandlung wieder in Lösung geht. Im Bereich von etwa 63 bis 61% Cu verläuft dieser Gefügeausgleich jedoch sehr träge. Die technisch erzeugten Halbfabrikate aus Ms 63* (s. Normblatt Din 1709 Blatt 1 im Anhang) enthalten daher häufig geringe Mengen β, besonders wenn sich der Kupfergehalt der unteren Toleranzgrenze von 62% nähert. Obwohl sie im Verlauf des Herstellungsganges durch Warmpressen, Warmwalzen bzw. Kaltwalzen, Kaltziehen mit Zwischenglühungen oder durch Kombination dieser Verfahren längere Zeit hohen Tem-

Abb. 68. Messingrohr mit 62,5% Cu, warm vorgepreßt u. kalt fertig gezogen, 1½ St. bei 400° geglüht. α mit geringen Mengen β. V = 170.

peraturen ausgesetzt sind, wird der Idealzustand, den das Schaubild darstellt, sehr selten erreicht (Abb. 68). Durch einen geringen β-Gehalt werden die charakteristischen Eigenschaften der α-Phase, nämlich Zähigkeit beim Verformen in der Kälte, chemische Widerstandsfähigkeit und gelbe Farbe, nicht merkbar beeinträchtigt, so daß man

---

* Das Kurzzeichen Ms wurde anläßlich der Normung der Kupfer-Zinklegierungen eingeführt, seine Anwendung sollte deshalb auf die genormten Messinge beschränkt bleiben.

Ms 63 praktisch mit voller Berechtigung zu den α-Messingen rechnet. Unterhalb 62% Cu kann sich dagegen die β-Phase schon recht deutlich im Gefüge sowohl wie in den technologischen Eigenschaften bemerkbar machen.

Gefügeaufbau und Werkstoffeigenschaften.

Von den technisch bedeutungsvollen Eigenschaften des Messings wird die chemische Widerstandskraft durch zunehmenden β-Gehalt am empfindlichsten beeinflußt. Es ist also nicht ratsam, für Gegenstände, welche korrodierenden Einflüssen ausgesetzt sind, Kupfergehalte unter 63% zu wählen. Man fertigt deshalb Kondensator- und Kühlerrohre,

Abb. 69. Messingblech mit 60,2% Cu. α mit reichlichen Mengen β. V = 100.

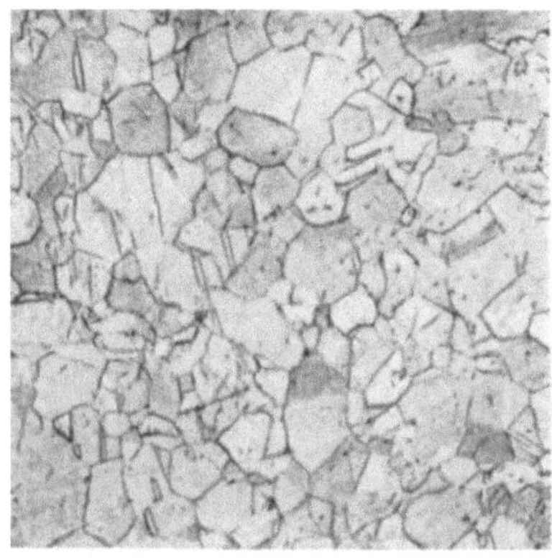

Abb. 70. Messingblech mit 64,0% Cu. Reines α-Gefüge, geeignet für gewerbl. Metallätzung. V = 100.

welche mit Seewasser oder sonstigen salzhaltigen Wassern in Berührung kommen, nicht aus der sonst für Messingrohre viel benutzten Legierung 62/38 an, sondern bevorzugt höhere Kupfergehalte (meist 70%), durch welche ein reines α-Gefüge unbedingt gewährleistet ist. Wird Messing durch chemische Verfahren bearbeitet, was beispielsweise im Wege der Tiefätzung bei kunstgewerblichen Arbeiten und in der Schilderfabrikation geschieht, so lassen sich saubere Ätzungen nur mit α-Messing erzielen. Ein Blech gemäß Abb. 69 liefert einen unebenen Ätzgrund, weil die β-Kristalle von den lösenden Chemikalien rascher angegriffen werden als die α-Grundmasse. Ein Gefüge wie Abb. 68 würde brauchbar sein, man verwendet aber, um sicher zu gehen, für die genannten Zwecke häufig höher legiertes Blech mit reiner α-Struktur. Abb. 70 zeigt ein typisches Ätzblech mit 64% Cu.

Die Beziehungen zwischen Aufbau und chemischem Verhalten, die sich hier an Messingen verschiedener Konstitution zeigen, können bis zu einem gewissen Grade verallgemeinert werden. Die Erfahrung hat gelehrt (vgl. Gürtler[27]), daß zwei bestimmte Klassen von Legierungen das günstigste Verhalten gegenüber korrodierenden Einflüssen beweisen: 1. solche, die ganz oder hauptsächlich aus chemischen Verbindungen der Metalle bestehen, 2. homogene feste Lösungen. Die ersteren sind stets mehr oder weniger spröde, daher selten zum technischen Gebrauch geeignet und kommen höchstens gelegentlich für Gußstücke in Betracht. Die zweite Klasse wird vertreten durch die α-Legierungen des Kupfers, durch Monelmetall, die rostsicheren Stähle usw. Bassett u. Davis[28] benutzten zu ihren Korrosionsversuchen, bei welchen 21 verschiedene

außen

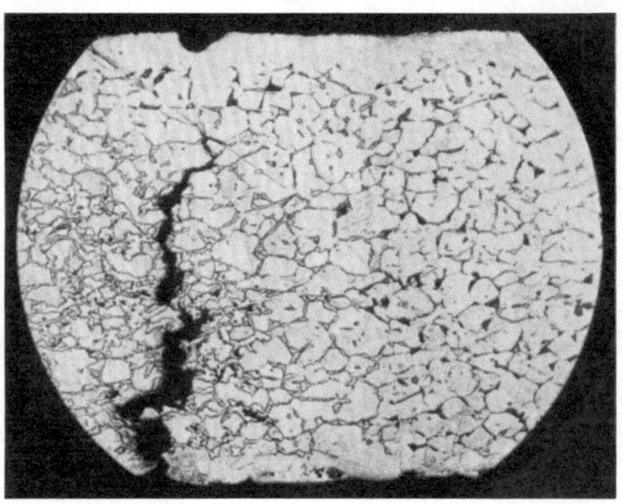

innen

Abb. 71. Seewasser-Korrosion von α/β-Messing (Kondensatorrohr) 61,5 % Cu. Helle Grundmasse: α. Dunkles Netz in der rechten Bildhälfte: unverändertes β. Helles Netz in der Umgebung des Bruches: entzinktes β. V = 60.

Legierungen 10 Jahre lang fließendem Seewasser ausgesetzt wurden, Rohre und Bleche aus Messing, Aluminiumbronze, Kupfer-Zinnbronze, Kupfer-Nickel und Neusilber. Die größte Standfestigkeit bewiesen die aus homogenen Mischkristallen aufgebauten Legierungen. Von den aus zwei Kristallarten bestehenden Werkstoffen lieferte lediglich ein zinnhaltiges α/β-Messing befriedigende Resultate (vgl. Abschnitt „Sondermessing"). Auf das Verhalten von Muntz-Metall wird in dem Kapitel „Alpha-Betamessing" näher einzugehen sein.

Die Erscheinung der Korrosion sei an dieser Stelle näher besprochen, weil die Art ihres Auftretens im homogenen Gefüge Verwandtschaft mit einigen Vorgängen anderer Art erkennen läßt. Während ein Gefüge aus 2 Kristallarten in der Weise angegriffen wird, daß infolge galvanischer Vorgänge die unedlere Kristallart zuerst zerstört wird (Abb. 71,

Entzinkung der β-Kristalle durch Seewasser in einem Kondensatorrohr mit 61,5% Cu), dringt im homogenen α-Gefüge die Anfressung längs der Korngrenzen vor (Abb. 72). Ob auch im letzteren Falle innere galvanische Wirkungen vorliegen, ist noch nicht mit Sicherheit nachgewiesen; möglich ist dies wohl, denn die Berührungsflächen der Kristalle bestehen aus einer sehr dünnen Substanzschicht, die in ihrer Zusammensetzung von den Kristallindividuen in der Regel etwas abweicht*. Nach Ansicht v. Wurstembergers[29] sollen sich an den Korngrenzen Reste der β-Phase in feinster Verteilung erhalten. Da aber auch einphasige Legierungsreihen und reine Metalle verwandte Erscheinungen zeigen, dürfte die Erklärung eher in der Feststellung Tammanns zu suchen sein, nach welcher sich in der Korngrenzenmasse die Beimengungen des Metalls in Form einer außerordentlich dünnen Schicht ansammeln. Es bilden sich also beim Korrosionsvorgang zunächst längs der Kristallbegrenzungen kupferfarbige Adern als Folge der Zinkauflösung, bei weiter fortschreitender Korrosion verbreitet sich der Vorgang durch die ganze Kristallmasse. Im mikroskopischen Bild zeigen sich häufig blaugraue Zersetzungsprodukte. Schließlich verbleibt an der angefressenen Stelle nur noch eine kupferige Masse, deren Zusammenhalt gelockert ist und die bei geringer Beanspruchung zu Bruch geht. Ein anderes Aussehen zeigt das Rohr,

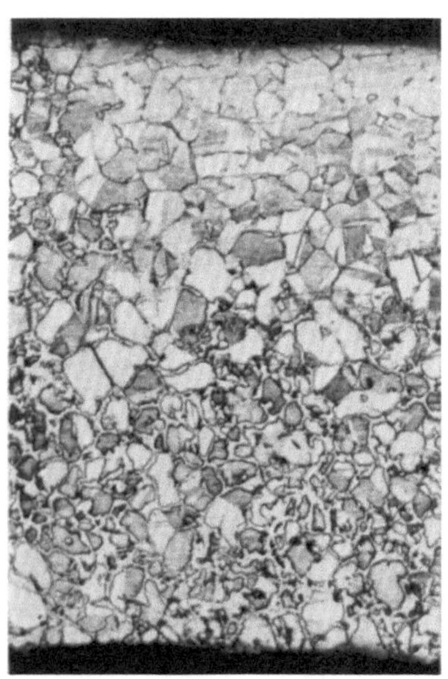

Abb. 72. Seewasser-Korrosion von α-Messing (Kondensatorrohr) 68,4% Cu. Helles Netz: von der Rohrinnenwand eindringende Entzinkung an den α-Korngrenzen. V = 70.

wenn die Korrosion durch Luftwirbel im Kühlwasserstrom verursacht ist. In diesem Falle werden Kupfer und Zink zugleich gelöst und entfernt, an den betroffenen Stellen fehlen kupferige oder sonstige Zerfallsprodukte (Abb. 73). Die metallographische Prüfung bietet demnach ein Mittel, diese besondere Korrosionsart von anderen zu unterscheiden. Rohranfressungen infolge vagabundierender Ströme zeigen wiederum andere Merkmale: Die Metalloberfläche ist stellenweise blank, messingfarben und mehr oder weniger pockennarbig. Zuweilen ist die Wandung

---

* Tammann: Lehrbuch der Metallographie, 3. erw. Aufl., S. 3 u. 107 bis 118. Leipzig: Leopold Voß 1923.

gleichmäßig geschwächt und erscheint wie mit einem starken Ätzmittel behandelt. O. Lasche hat diese Korrosion durch abirrende
Ströme zum Gegenstand besonderer Untersuchungen gemacht*.

Vorstehende Beispiele mögen hier als Hinweise auf das Gebiet
der Korrosionsvorgänge genügen, denn der Schwerpunkt dieses
Forschungsbereiches beruht weniger auf metallographischen als vielmehr auf elektrochemischen Grundlagen**.

Wir kehren zurück zu dem Verhalten der Korngrenzensubstanz.
Mitunter läßt sich beobachten, daß mit Weichlot behandelte Kupferlegierungen an der Lötstelle brüchig werden. Diese von Diegel [30]
untersuchte und von ihm als „Legierungsbrüchigkeit" bezeichnete Er-

außen

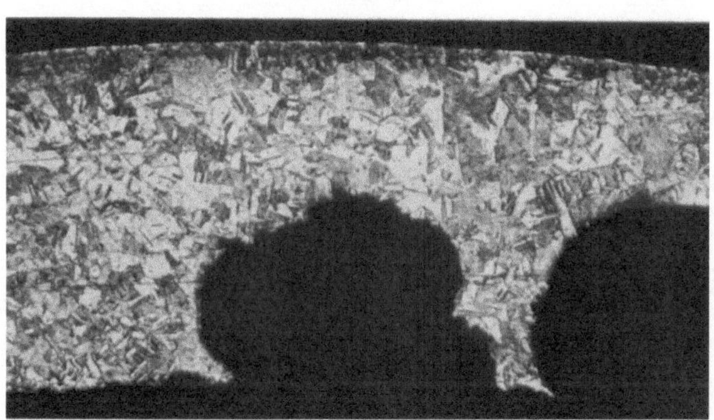

innen

Abb. 73. Luftblasen-Korrosion von α-Messing (Kondensatorrohr) 70,7% Cu. Keine Entzinkung
im Gefüge. V = 40.

scheinung kann dann eintreten, wenn der Werkstoff mit einem Lot
benetzt wird, mit welchem er eine in der Wärme spröde Legierung
bildet. Es läßt sich nun nachweisen, daß das Lot zwischenkristallin
eindringt, d. h. es folgt den Korngrenzen ebenso wie eine korrodierende
Flüssigkeit. Werden die betreffenden Teile bei der Temperatur des
flüssigen Lotes durch Biegung oder Zug beansprucht oder enthalten
sie innere Spannungen, so entstehen Risse. Sofern jedoch derartige
Beanspruchungen ferngehalten werden, bis vollständige Abkühlung
eingetreten ist, so ist auch die Bruchgefahr in der Regel beseitigt,
denn die aus Grundmetall und Lot gebildete Legierung ist normaler-

---

* Lasche-Kieser: Konstruktion und Material im Bau von Dampfturbinen
und Turbodynamos. Berlin: Julius Springer 1925.
** Die z. Zt. vollständigste Übersicht über die Kondensatorrohrfrage gibt die
Schrift von Bengough u. May: Notes on the corrosion and protection of
condensortubes (The Institute of Metals, Corrosion Research Committee, London).

weise bei Raumtemperatur nicht mehr spröde. Die Gefahr der Legierungsbrüchigkeit ist verschieden groß je nach der Zusammensetzung

Abb. 74. Geglühtes Messingblech 1,45 mm dick Ms 67, mit Quecksilbernitratlösung behandelt, bei leichter Biegung gebrochen. V = 14.

des Lotes. Hartley[31] gibt an, daß mit zunehmendem Zinngehalt der Angriff des Lotes auf Messing stärker wird. Eine Untersuchung von Genders[32] befaßt sich mit dem Eindringen von Hartlot in

Abb. 75. Zwischenkristalline Brüche durch Quecksilber in Ms 67 nach schwacher Biegung. Dunkle Flächen messingfarbig, helle Flächen weiß durch Quecksilber. V = 45.

Flußeisen und weist auch hier den zwischenkristallinen Verlauf des Vorganges nach. Beide Autoren ziehen den Vergleich mit der Wirkung des Quecksilbers auf Messing. Bei Quecksilber macht sich die Eigentümlichkeit geltend, daß seine Legierungen mit Messing auch in der Kälte empfindlich sind. Diegel erwähnt einen Fall, in dem ein mit Zinnoberfarbe (Quecksilbersulfid) gestrichenes Bronzerohr nach längerem Betriebe unter wechselnder Beanspruchung geplatzt ist. Das bekannte Verfahren, Reckspannungen in kaltbearbeiteten Kupferlegierungen durch Behandlung mit Quecksilbernitratlösung nachzuweisen, ist eine Nutzanwendung dieser Vorgänge. Beim Eintauchen in die Nitratlösung scheidet sich Quecksilber auf der Metalloberfläche ab, legiert sich mit den äußeren Schichten, lockert die Kornzusammenhänge und verursacht Rißbildung, sobald auch nur geringe Reckspannungen vorhanden sind. Der Effekt ist deshalb so stark, weil die Schwächung der Korngrenzen einer Kerbwirkung gleichkommt.

Dickenson [33] beobachtete den zwischenkristallinen Verlauf der Lotwirkung bei Weichlötungen an Messing mit homogener α- bzw. β-Struktur, Hartley [31] außerdem bei Kupfer und an α/β-Messing. Die Wirkung des Quecksilbers ist veranschaulicht durch die Abb. 74 bis 76. Ein geglühtes Blech von 1,45 mm Dicke aus Ms 67 wurde mittels Nitratlösung verquecksilbert und danach gebogen. Der Bruch trat schon nach ganz schwacher Biegung ein und folgt durchaus den Korngrenzen (Abb. 74). In der Schlifffläche der stärker vergrößerten Abb. 75 hat das Quecksilber die Risse weiß umrandet.

Abb. 76. Das gleiche Blech wie auf Abb. 74 u. 75, nach Verflüchtigung des Quecksilbers wieder biegefähig. V = 14.

Erwärmt man das Blech so lange, bis alles Quecksilber wieder vollkommen verflüchtigt ist, so ist auch die Zähigkeit wieder hergestellt, die Probe läßt sich ohne jeden Riß fest zusammenbiegen (Abb. 76).

Ein besonderer Feind des Kupfers und seiner Legierungen ist bekanntlich das Ammoniak. Sowohl als Gas wie in wässeriger Lösung, ebenso in Form von Ammonsalzen wirkt es chemisch stark angreifend und ist infolgedessen ein noch schärferes Reagens auf Reckspannungen als Quecksilber. So entwickeln sich z. B. in den zur Zuckerfabrikation dienenden Apparaten stets geringe Mengen von Ammoniak, welches die in den Vorwärmern, Verdampfern und Saftkochern befindlichen Messingrohre zum Reißen bringen kann, sobald letztere nicht spannungsfrei sind. Die Art des Angriffes ist die gleiche wie in den vorbeschriebenen

Fällen. Abb. 77 zeigt ein hartgewalztes Messingblech, welches durch Berührung mit ammoniakhaltigen Düngesalzen korrodiert und gebrochen ist. Die Risse schlängeln sich an den Korngrenzen entlang.

Es erweist sich somit die Korngrenzensubstanz als angreifbar durch chemische Agenzien sowohl wie durch flüssige legierungsfähige Metalle (Korrodierbarkeit und Legierungsbrüchigkeit). Als dritte technologische Schwierigkeit, die mit der Korngrenzensubstanz aufs engste zusammenhängt, tritt hinzu die verringerte Kohäsion bei hohen Temperaturen (Warmbrüchigkeit). In Abschnitt C I ist an Hand der Abb. 165 und 166 im einzelnen dargelegt, welche Rolle die Begrenzungsflächen der Kristalle bei Warmbrüchen spielen. Neuere Untersuchungen von Sauerwald und Elsner[34] bestätigen, daß im α-Messing bei höheren Temperaturen der Bruch bei statischer und dynamischer Überanspruchung zwischenkristallin ist. Die Ergebnisse der gleichzeitig auch an Eisen, Aluminium und Kupfer ausgeführten Versuche lassen indessen eine allgemeine Gesetzmäßigkeit in dem Sinne, daß bei hohen Temperaturen

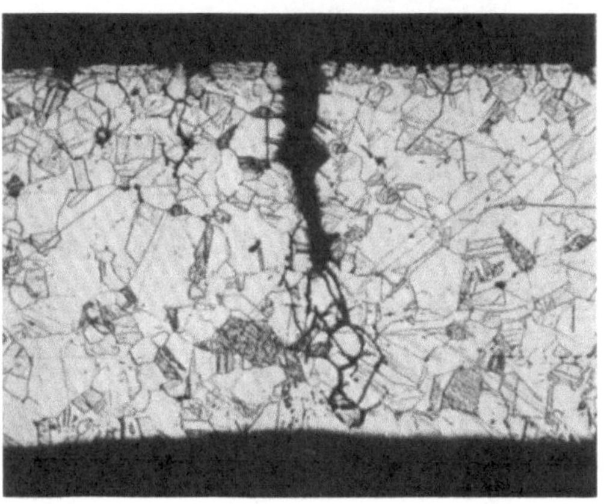

Abb. 77. α-Messingblech mit 63,2 % Cu, hart gewalzt, durch Berührung mit Düngesalzen korrodiert und gerissen. V = 100.

zwischenkristalliner Bruch, bei niedrigen Temperaturen innerkristalliner Bruch eintritt, nicht erkennen.

Ungeachtet der in der Hitze geringeren Kohäsion sind die meisten α-Messinge, genügende Reinheit der Legierung und Einhaltung bestimmter Temperaturen vorausgesetzt, gut warm walz- und preßbar. Das Verhalten dieser Werkstoffe bei der Formgebung in höheren Temperaturbereichen ist allein mit Hilfe der Gefügelehre nicht zu erklären. Die von einigen Autoren gegebenen Erklärungsversuche sind sämtlich anfechtbar. Wir können vorerst nur die Tatsache feststellen, daß sich die plastischen Eigenschaften des Mischkristalls mit Verschiebung der Konzentration und der Temperatur in charakteristischer Weise ändern.

Verformung und Rekristallisation.

Wird ein kaltbearbeitetes Metall geglüht, so geht die ihm verliehene Verfestigung wieder verloren, es wird weich. Dieser Vorgang ist von einer Veränderung des Gefügeaufbaues begleitet, die man Rekristallisation nennt. Durch die Kaltreckung werden die Kristalle zunächst verformt, gestreckt oder bei starker Bearbeitung auch zerteilt, ihr Inneres ist von Gleitlinien oder richtiger Gleitflächen durchsetzt (Abb. 78). Bei nachfolgender Erwärmung baut sich das Gefüge neu auf, es entwickeln sich an Stelle der bisherigen neue Kristallindividuen, die keine Merkmale der Verformung aufweisen. Das kaltgereckte Gefüge kennzeichnet sich also als ein instabiler oder Zwangszustand des Metalls, das gegossene und das rekristallisierte Gefüge als stabile Zustände. Zwischen Verfestigung und Erweichung einerseits sowie Kornverformung und Rekristallisation andererseits bestehen unmittelbare Zusammenhänge, um deren restlose Aufklärung die neuzeitliche Metallkundc eifrig bemüht ist. Wir können diesen Forschungen, die auf das Gebiet der feinbaulichen Theorien führen, hier nicht nachgehen, sondern beschränken uns auf die Grundgesetze der Rekristallisation, welche folgendes besagen:

1. Zeitlich läßt sich die Rekristallisation in zwei Vorgänge zerlegen: Während des ersten erfolgt die Bildung neuer Körner, deren Menge zunimmt, bis das Kaltreckungsgefüge vollständig aufgezehrt ist. Hierauf beginnen sich immer mehr kleine Körner

Abb. 78. Grobkörniges Blech aus Ms 67, kalt gewalzt von 1,45 auf 1,0 mm. Körner durch Gleitlinien schraffiert. V = 50.

zu größeren Individuen zu vereinigen. Der Vorgang des Wachsens größerer Kristalle auf Kosten der benachbarten kleineren wird nach Gürtler als „Einformung" bezeichnet.

2. Je stärker die Kaltverformung war, um so tiefer liegt die Temperatur des Rekristallisationsbeginns und um so feinkörniger wird das rekristallisierte Gefüge.

3. Je höher die Temperatur und je länger die Dauer der Wärmewirkung, um so grobkörniger wird das Gefüge, bis sich schließlich ein der jeweiligen Temperatur und der vorangegangenen Verformung entsprechender Gleichgewichtszustand einstellt.

Mit Hilfe eines dreiachsigen Koordinatensystems lassen sich die beschriebenen Beziehungen zwischen Verformungsgrad, Glühtemperatur und Korngröße schaubildlich zur Darstellung bringen, ein Verfahren, welches erstmalig von Czochralski[35] für Zinn durchgeführt und von Baß u. Glocker[36] auf α-Messing angewandt wurde (vgl. Abb. 87).

Am deutlichsten zeigen sich die Gesetzmäßigkeiten der Rekristallisation an reinen Metallen und einphasigen Legierungen, daher sollen die praktischen Auswirkungen derselben an einigen Beispielen des α-Messings erläutert werden. Eingehende Forschungsarbeiten von Grard[37] und Körber u. Wieland[38] haben die Gültigkeit der Rekristallisationsgesetze für die Kupfer-Zinklegierungen an Hand zahlreicher Gefügebilder (auch von α/β-Messing) nachgewiesen, eine nochmalige systematische Darstellung an dieser Stelle erscheint also entbehrlich. An nachstehendem Beispiel eines Messingtiefziehbleches werden die Vorgänge in den Hauptzügen veranschaulicht. Wird ein Blech durch Ziehen verformt, so erscheint die Oberfläche desselben nach der Bearbeitung weniger glatt als zuvor (abgesehen von denjenigen Prozessen, wo infolge Durchziehens durch eine Matrize eine Glättung im Werkzeug durch Druck herbeigeführt wird). Das mehr oder weniger starke Rauhwerden steht in unmittelbarem Zusammenhang mit der Korngröße des Bleches, der Vorgang ist der gleiche wie das „Knitterigwerden" des Zerreißstabes beim Zugversuch. Eine solche „knitterige" oder „poröse" Oberfläche bei einem aus grobkörnigem Blech gezogenen Teil ist in den meisten Zweigen der metallverarbeitenden Technik eine höchst unerwünschte Erscheinung, weil die Erzeugnisse dadurch unansehnlich werden und für Polier-, Vernickelungs-, Versilberungszwecke usw. nur durch kostspieliges Schleifen verwendbar gemacht werden können. Das Rauhwerden ist eine Folge der Reckung der Kristalle, bei welcher die Abgrenzungen der an der Oberfläche liegenden Individuen hervortreten und zahllose kleine Narben verursachen. Sind die Körner verhältnismäßig klein, so werden die Unebenheiten für das unbewaffnete Auge nicht mehr erkennbar, der Gegenstand erscheint nicht porös, sondern lediglich mattiert und kann mit geringer Mühe geschliffen werden. Im letzteren Falle stand die Glühtemperatur im Einklang mit der vorangehenden Walzung des Bleches. Wird das Erzeugnis rauh und narbig, so war entweder die Glühtemperatur zu hoch im Verhältnis zum Abwalzgrad, oder der letztere war so gering, daß schon bei niederer Temperatur ein grobes Kristallkorn entstehen mußte. Von den 3 Messingblechen verschiedener Korngröße gemäß Abb. 79 sind die Bleche A und B nach dem Tiefen im Erichsenapparat noch gut bzw. leidlich glatt, wogegen die Probe C völlig rauh und überglüht ist. Die Oberflächenbeschaffenheit ist am deutlichsten in der Nähe der Reflexstellen erkennbar, bei Probe C auch auf dem ringförmigen Rand. In den Schliffbildern Abb. 80 A bis C, die denselben Blechen wie die Tiefungsproben entnommen sind, zeigen sich die Körnungsunterschiede.

Zu beachten ist, daß mit abnehmender Blechdicke der Einfluß der Korngröße immer schärfer hervortritt. Ein Gefüge wie das von Blech B, welches bei 1 mm Dicke noch brauchbar wäre, ist für ein

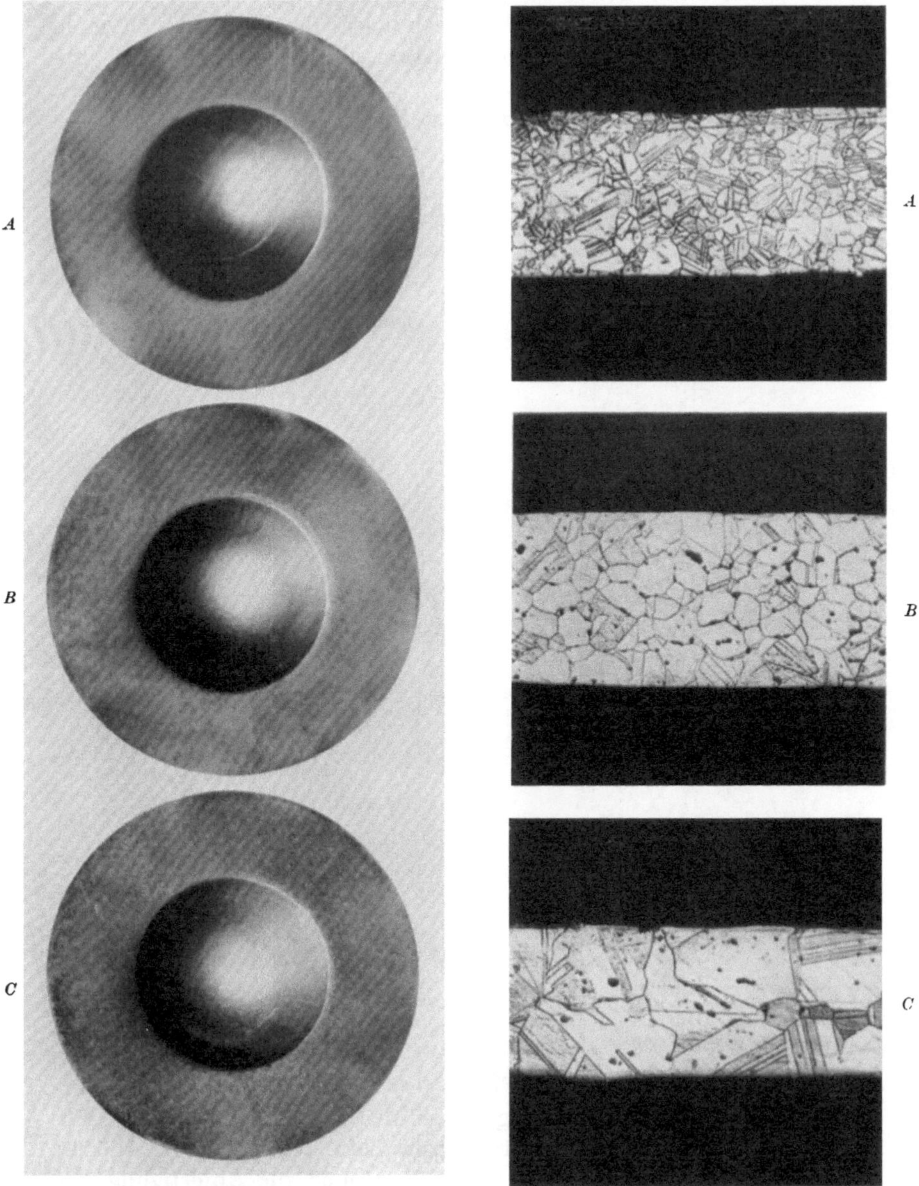

Abb. 79. Tiefungsproben nach Erichsen, Bleche
Ms 63, 0,4 mm dick. *A* schwach geglüht, Kuppe
glatt, *B* stärker geglüht, Kuppe etwas rauh, *C* überglüht, Kuppe und Rand stark rauh. V = 0.9.

Abb. 80. Die gleichen Bleche wie Abb. 79,
im Querschnitt verschiedene Korngrößen
zeigend. V = 50.

4*

0,4-mm-Blech schon etwas zu grobkörnig. Wichtig ist also das Verhältnis von Korndurchmesser zu Blechdicke. Bei Blechen von mehr als 3 mm Dicke spielt das Kornwachstum technisch kaum noch eine Rolle.

Die praktischen Folgen der Rekristallisationserscheinungen bei der Formgebung auf kaltem Wege sind nicht auf Tiefziehbleche beschränkt. Auch ein mehr

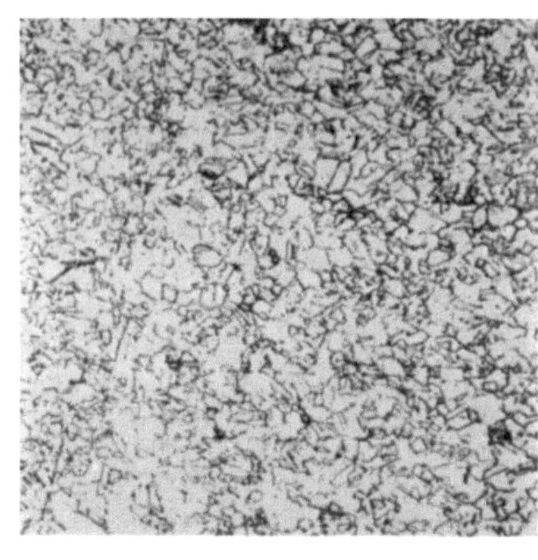

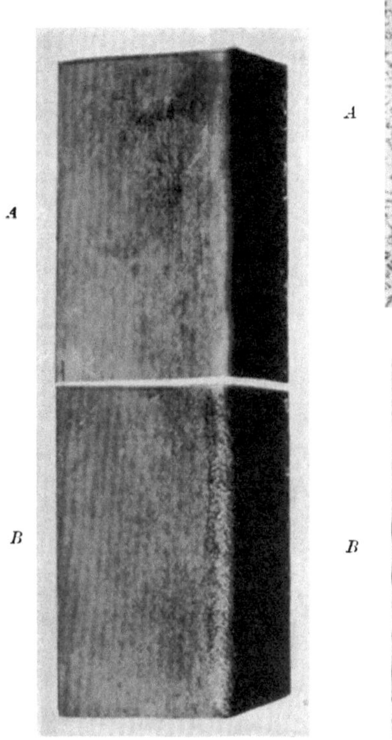

Abb. 81. Biegekanten von ¼ hart gewalzten Blechen Ms 67. *A* vor dem Festigwalzen normal geglüht, *B* desgl. überglüht. V = 1.

Abb. 82. Querschliffe durch die Bleche von Abb. 81. V = 60.

oder weniger hart gewalztes Blech verrät beim Biegen, besonders wenn die Biegung scharfwinklig ausgeführt wird, in welchem Glühzustande es sich vor dem Fertigwalzen befunden hat (vgl. Abb. 81 u. 82 *A* und *B*). Drähte aus Ms 72, bestimmt zur Anfertigung von Bolzen mit angestauchten Köpfen, verhielten sich beim Stauchen ganz verschieden, je nach der Glühbehandlung, welcher sie unterzogen wurden. Der glatte Kopf, Abb. 83 u. 84 *A*, entsteht bei einem mäßig geglühten Draht von feinkörnigem Gefüge. Bei *B* ist der Rand des Kopfes rauh, bei *C* vollkommen uneben und knitterig ausgefallen, entsprechend dem durch höhere Glühtemperaturen unzulässig gesteigerten Kornwachstum.

Das erste Stadium der Rekristallisation, die Bildung neuer Körner, ist auf Abb. 85 festgehalten. Der

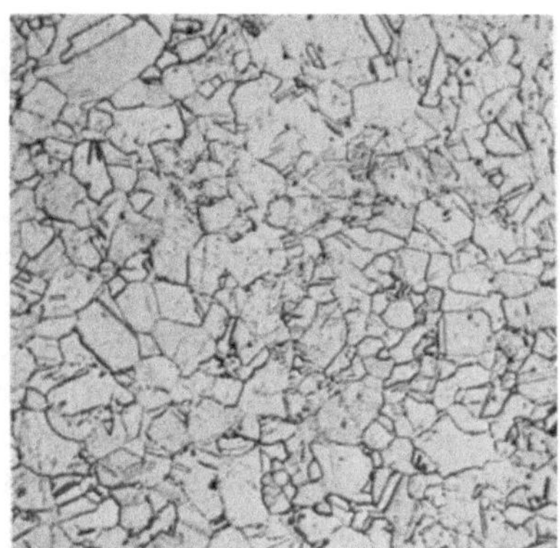

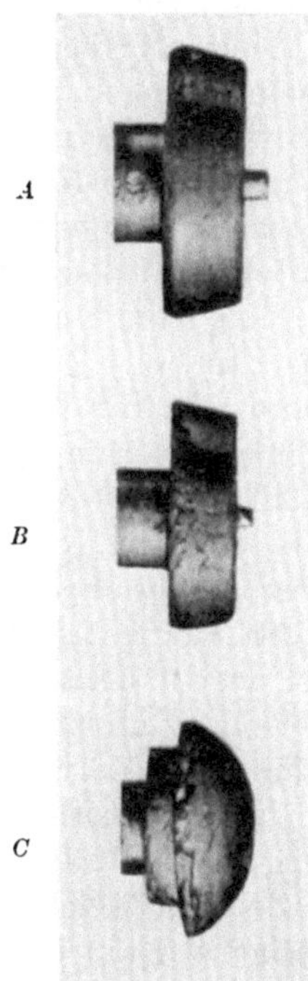

Abb. 83. Bolzenköpfe aus Strauchdraht Ms 72. *A* richtig geglüht, *B* etwas überglüht, *C* stark überglüht. V = 2.

Schliff entstammt einem kaltgewalzten Blech aus Ms 72, dessen Glühung gleich nach Beginn unterbrochen wurde. Die Körner tragen noch die Kennzeichen der Kaltverformung in Gestalt paralleler Gleitlinien, zugleich sind aber, teils an den Korngrenzen, teils an den Gleitlinien, die

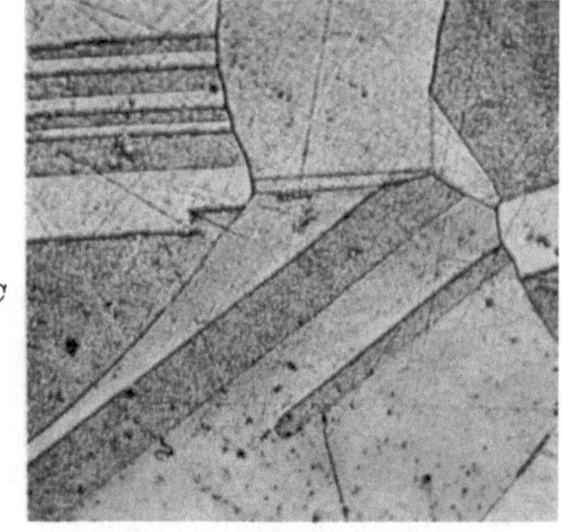

Abb. 84. Korngrößen der Stauchdrähte gemäß Abb. 83. V = 100.

ersten Neubildungen winziger rekristallisierter Körnchen erkennbar.

Nach beendeter Rekristallisation findet man im α-Messing, ebenso in Kupfer, Neusilber, α-Zinnbronze und α-Aluminiumbronze, sehr häufig breite Parallelstreifungen (Abb. 84 C), welche sich durch ihre Gestalt und Anordnung als kristallographisch definierte Gebilde kennzeichnen. Diese sogenannten Zwillingsstreifen sind ihrem Wesen nach den aus der Mineralogie bekannten Zwillingsbildungen verwandt, sie entstehen durch eine gesetzmäßig veränderte Lagerung der Kristallebenen. Man denke sich etwa eine parallelflächige Scheibe aus dem Kristallkorn herausgetrennt, um 180° gedreht und wieder eingefügt. Die Lage der Scheibe ist jedoch nicht beliebig, sondern durch die Symmetrieverhältnisse des Kristalls bedingt. Aus diesem Grunde finden wir die Lagerung der Zwillingsstreifen von Korn zu Korn wechselnd je nach der Orientierung, dagegen innerhalb desselben Korns immer gleichartig.

Abb. 85. Kalt gewalztes Blech 2,4 mm dick Ms 72, kurze Zeit bei schwacher Hitze geglüht, Rekristallisationsbeginn an den Korngrenzen. V = 200.

Zur Bestimmung der Korndurchmesser zählt man den Schliff am einfachsten auf der Mattscheibe des Mikroskopes mit Hilfe eines Fadenkreuzes aus. In einer gestreckten Struktur kann man auf diese Weise die Hauptdimensionen in zwei aufeinander senkrechten Richtungen ermitteln. Bei grobem Korn nimmt man die Vergrößerung so gering, daß mindestens 10 Körner nach jeder Richtung in das Bildfeld fallen, da sonst die Fehler infolge der am Rande geschnittenen Körner zu groß werden. Bei feinem Korn ist hohe Vergrößerung (200- bis 250fach) notwendig, um deutliche Korngrenzen zu erhalten. Zwillingslamellen gelten nicht als selbständige Kristalle. Auf Abb. 86 zählen wir auf dem wagerechten Faden etwa 18, auf dem senkrechten 20 Körner. Das Bildfeld ist 50 × 50 mm, die Vergrößerung 42fach, folglich der mittlere Korndurchmesser $= \dfrac{50}{19 \times 42} = 0{,}063$ mm. Nach praktischer Erfahrung gilt ein Korn von durchschnittlich etwa 0,05 mm Durchmesser als hinreichend fein in dünnen Blechen und schwachwandigen Rohren. Bei stärker dimensionierten Erzeugnissen, wie Blechen, Rohren, Drähten über 3 mm Dicke, kann der Korndurchmesser unbeschadet der technischen Verwendbarkeit um ein Vielfaches größer sein.

Mit der Rekristallisation geht die Entfestigung des kaltgehärteten Werkstoffes Hand in Hand. Die durch Walzen bzw. Ziehen erhöhten Werte der Elastizitäts-, Streck- und Bruchgrenze, der Kugeldruck- und Sprunghärte sinken steil ab bei Anlaßtemperaturen, die ungefähr der unteren Rekristallisationsgrenze, d. h. der Bildung feiner Körner entsprechen; das ist bei α-Messing etwa der Bereich von 250° bis 450° (Harris[39], Bunting[40]). Zugleich findet ein rasches Ansteigen der Bruchdehnung und der Kerbzähigkeit statt. Durch Anlassen bei höheren Temperaturen verändern sich die genannten Eigenschaften im gleichen Sinne weiter, jedoch in geringerem Ausmaße. Ein gesetzmäßiger Zusammenhang zwischen Entfestigung und Kornwachstum in Form einer einfachen mathematischen Beziehung ist nicht vorhanden. Man hat sich bemüht, die Kugeldruckhärte in ihren Beziehungen zum Kornwachstum zu erfassen. Nach Bassett u. Davis soll bei Messing mit 68% Cu eine lineare Abhängigkeit der Brinellhärte von den Summen der Körneroberflächen per cm³ bestehen. Eine gleiche Gesetzmäßigkeit fanden

Angus u. Summers[41] bei gewalztem und geglühtem Kupfer und einer Bronze mit 4,5% Sn. Im übrigen sind unsere Kenntnisse von zahlenmäßigen Zusammenhängen des inneren Aufbaus mit den mechanischen Eigenschaften der Werkstoffe noch gering.

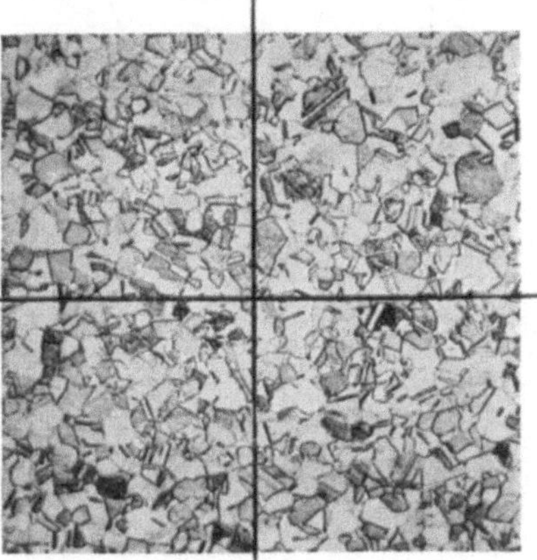

Abb. 86. Geglühtes Blech Ms 67. Messung der Korngröße mit Hilfe des Fadenkreuzes. V = 42.

Bisher war ausschließlich von Rekristallisation nach Kaltverformung die Rede. Naturgemäß finden auch in warm gewalzten bzw. gepreßten oder gestauchten Metallen Rekristallisationsvorgänge statt. Hier spielt die Temperatur eine zweifache Rolle, nämlich einmal bei der Formgebung selbst, sodann bei einer evtl. nachfolgenden Wiedererhitzung. Die Untersuchung der hier obwaltenden Gesetze wurde erstmalig von Hanemann[42] über den gesamten Temperaturbereich unternommen, und zwar für Kupfer und Stahl. Hanemann ging in der Weise vor, daß er Probekörper bei bestimmten Temperaturen unter dem Fallwerk verschieden stark stauchte und die Proben sofort wieder in den Ofen zurückbrachte, um sie bei der Temperatur des Stauchens vollständig rekristallisieren zu lassen. Die Ergebnisse lehren, daß bei geringen Stauchgraden eine Rekristallisation nicht eintritt. Je tiefer die Temperatur ist, um so stärker kann man stauchen, ohne Rekristallisation zu erzeugen. Wird jedoch ein gewisser Stauchgrad überschritten, so kann plötzlich ein sehr grobkörniges Rekristallisationsgefüge entstehen.

Aufbauend auf den Methoden von Hanemann und Lucke hat später Wittneben[43] an verschiedenen α-Messingen die Rekristallisation nach Warmverformung studiert. Er gelangte zu folgenden Ergebnissen: Die Rekristallisationsschaubilder haben alle den gleichen Grund-

charakter und ähneln denjenigen für Kupfer und Weicheisen. Die
Geschwindigkeit der Rekristallisation ist bei α-Messing weit größer als

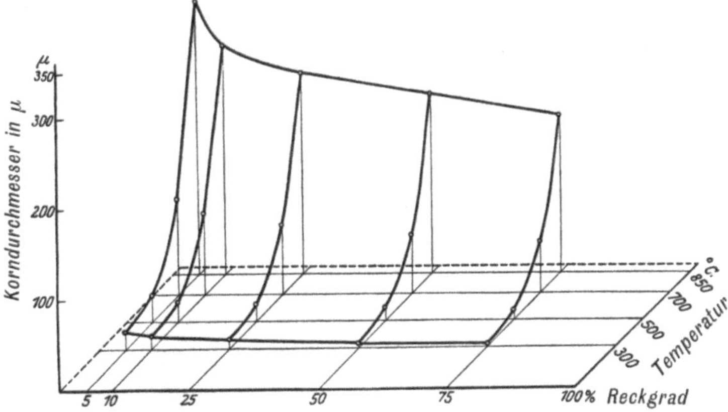

Abb. 87. Rekristallisationsschaubild von Messing 70 30 bei Kaltverformung. Nach Baß u. Glocker.

bei Weicheisen und wächst mit dem Zinkgehalt. Die unterste Re-
kristallisationstemperatur steigt ebenfalls mit dem Zinkgehalt der

Legierungen. Oberhalb 700⁰ schließt sich an die Rekristallisation ein starkes Kornwachstum an. Die Korngröße im rekristallisierten Gefüge ist unabhängig von der ursprünglichen Korngröße.

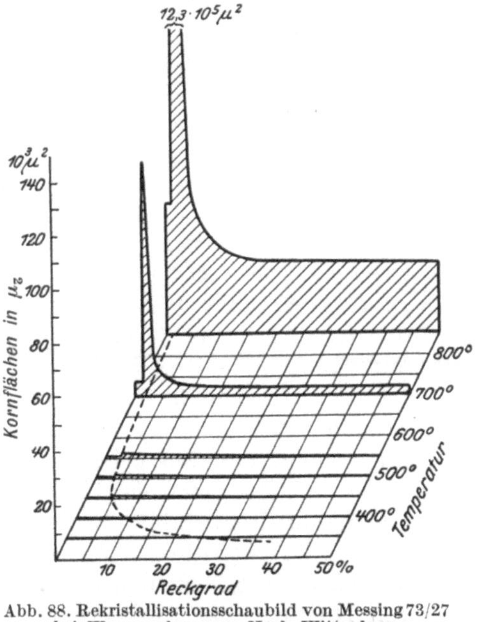

Um die grundsätzlichen Unterschiede in den Rekristallisationsvorgängen nach Kalt- und nach Warmverformung zu verdeutlichen, sind in den Abb. 87 und 88 die Diagramme zweier α-Messinge gegenübergestellt. Die Schaubilder sind den zitierten Arbeiten von Baß u. Glocker (für Kaltverformung) und von Wittneben (für Warmverformung) entnommen. Da die Verfasser verschiedene Methoden zur Darstellung der Korngrößen benutzt haben, sind die Kurvenzüge nicht direkt miteinander vergleichbar.

Abb. 88. Rekristallisationsschaubild von Messing 73/27
bei Warmverformung. Nach Wittneben.

größen benutzt haben, sind die Kurvenzüge nicht direkt miteinander vergleichbar.

Mit Hilfe der metallographischen Forschung und ihrer jüngsten Hilfswissenschaft, der Röntgenographie, ist es möglich geworden, Einblick in den innern Mechanismus der Verfestigung und Entfestigung

Abb. 89. Blech 0,5 mm dick, 63,5% Cu, von 625° an der Luft abgekühlt: α-Gefüge. V = 100.

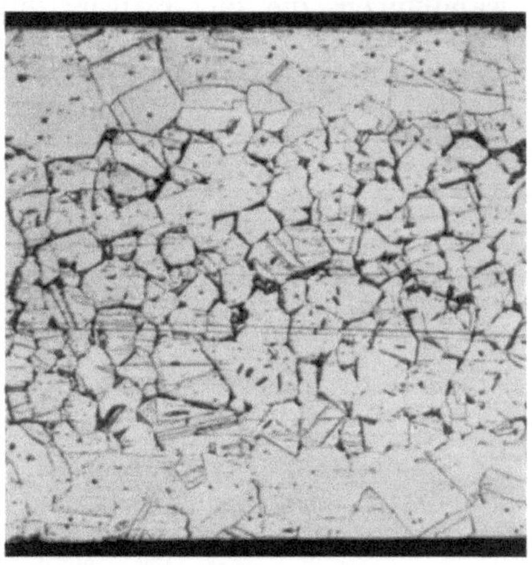

Abb. 90. Wie Abb. 89, jedoch von 750° an der Luft erkaltet: Randzonen α, Mittelzone α + β instabil. V = 100.

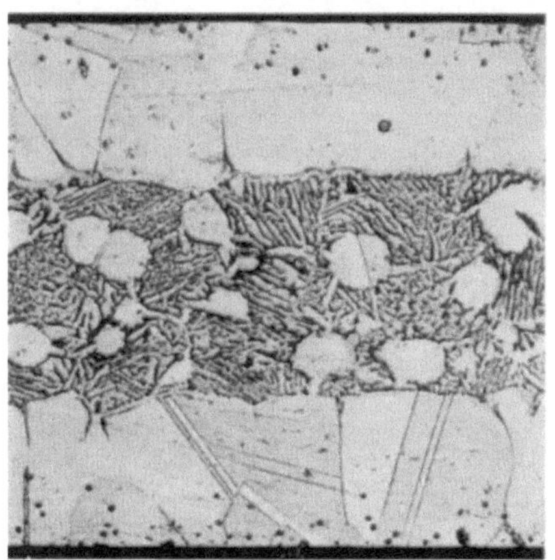

Abb. 91. Desgl. von 850° an der Luft erkaltet. Randzonen: α mit Poren, Mittelzone α + β. V = 100.

Abb. 92. Desgl. nach der Behandlung gemäß Abb. 91 geglüht bei 625°: Wiederherstellung des α-Gefüges. V = 100.

der Metalle zu gewinnen. Als Folge der durchgreifenden Veränderungen, die im technischen Arbeitsverfahren mit der Zerstörung und dem Neuaufbau des Gefüges oft in mehrmaliger Aufeinanderfolge vor sich gehen, erhalten wir jene kennzeichnende Vergütung der mechanischen Eigenschaften, welche den bearbeiteten Werkstoffen im Gegensatz zum ursprünglichen Gußzustande eigen ist. Die hier am Beispiel des α-Messings dargelegten Vorgänge spielen sich in ähnlicher Weise in allen plastischen Metallen und Legierungen ab. Vergegenwärtigen wir uns die Strukturwandlungen, die mit Kalthärtung und Rekristallisation, mit Homo-

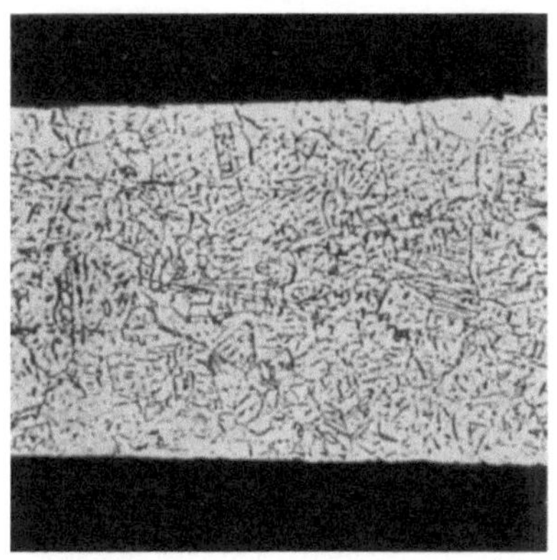

Abb. 93. Blech 0,6 mm dick, 64,1 % Cu. Gefüge nahe einer Hartlötstelle: β instabil. V = 50.

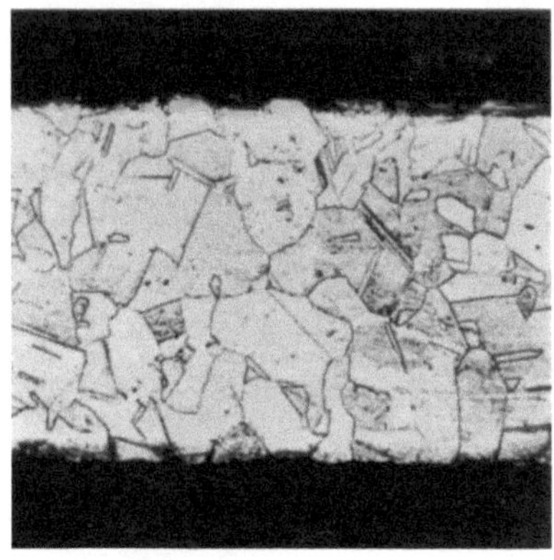

Abb. 94. Wie Abb. 93, β durch Anlassen bei 550⁰ gelöst. V = 50.

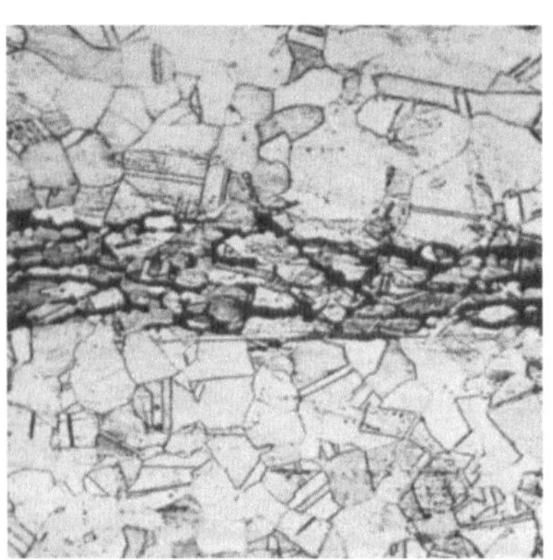

Abb. 95. Walzplatte 5 mm dick, 67,2 % Cu. Unvollständig homogenisiertes Gußgefüge. Dunkle Adern: instabiles β. V = 100.

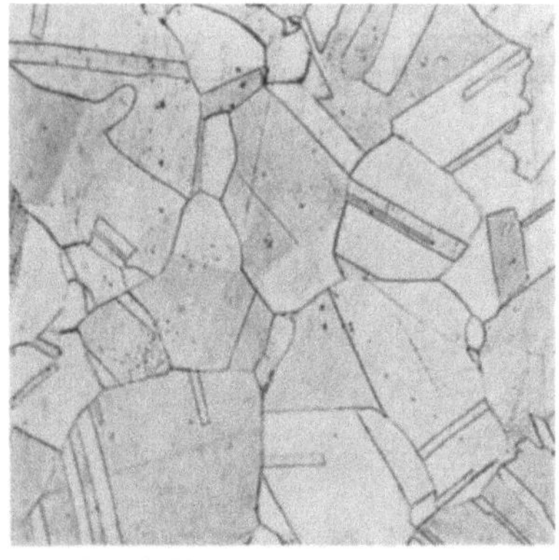

Abb. 96. Wie Abb. 95, β durch 2½ stündiges Glühen bei 650⁰ gelöst. (Die gleiche Stelle des Schliffs wie auf Abb. 95.) V = 100.

genisierung der Schichtkristalle, Zerstörung und Wiederverschweißung der Kornverbände, Zerteilung der Verunreinigungen und Hohlräume und besonders mit der Kornverfeinerung verbunden sind, so ergibt sich ein anschauliches Bild von dem, was man früher mehr gefühlsmäßig als „Durcharbeitung" des Metalls zu bezeichnen pflegte. Der oft mißverstandene Begriff „Verdichtung" erfaßt die Vorgänge nur zum geringsten Teil.

Gefügeumwandlungen.

Bei Messing mit ca. 63 bis 65 % Kupfer ist, wie schon im Abschnitt A I erläutert, das Gefüge von der Temperatur insofern abhängig, als bei höheren Wärmegraden β neben α auftritt. Maßgebend ist die Kurve bme des Schaubildes. Ein Blech mit 63,5 % Cu erfährt demzufolge bei Erwärmung auf 625⁰ noch keine Veränderung seiner α-Struktur (Abb. 89). Ein Abschnitt dieses Bleches 5 Stunden im Laboratoriumsofen bei 750⁰ geglüht, darauf an der Luft schnell erkaltet, weist im Innern die dem Zustandsfelde $bcnm$ entsprechende α/β-Struktur auf (Abb. 90). Die Außenzonen sind frei von β, da infolge der langen Erhitzung auf 750⁰ Zink in erheblichen Mengen von der Blechoberfläche verdampft ist.

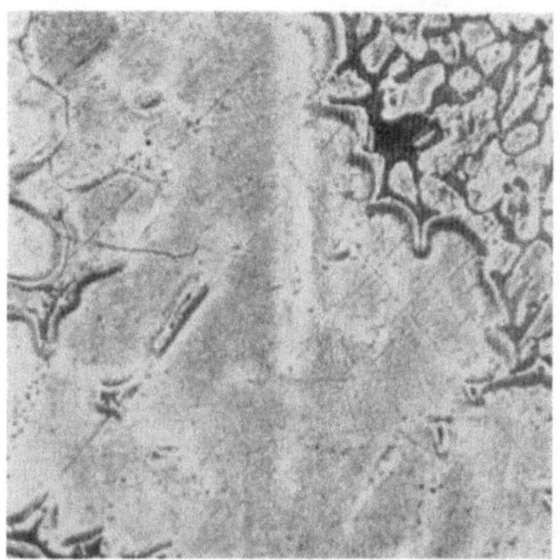

Abb. 97. Gußplatte 50 mm dick, 67,2 % Cu, in kalter Kokille vergossen. β peritektisch, nesterartig verteilt. V = 100.

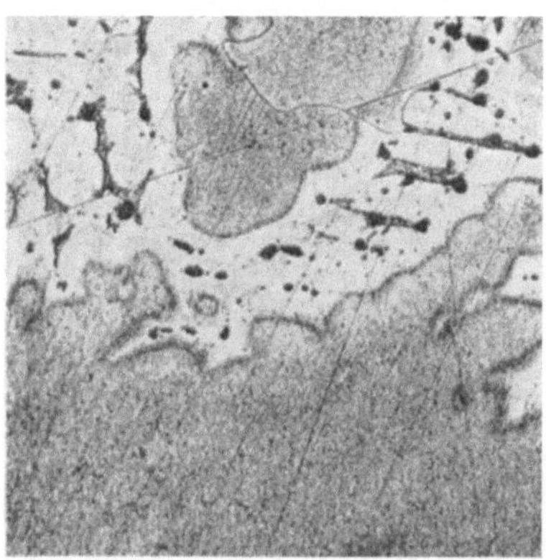

Abb. 98. Wie Abb. 97. 20 Min. bei 650⁰ geglüht. In der oberen Bildhälfte β z. T. noch vorhanden in Form grauer Inseln, z. T. gelöst unter Zurücklassung von Poren. V = 100.

Die α-Randstreifen zeigen an, bis zu welcher Tiefe sich die durch die Zinkverflüchtigung bewirkte Erhöhung der Kupferkonzentration erstreckt. Eine weitere Probe 10 Stunden bis auf 850⁰ (Abb. 91) geglüht, besitzt innen ein an Ms 58 erinnerndes α/β-Gefüge, während sich die α-Ränder durch stärkeren Zinkverlust noch breiter ausgebildet haben. Ganz außen an der Oberfläche zeigen sich Poren als Folgen der abnorm hohen Erhitzung („Verbrennung"). Die durch rasche Abkühlung von 850⁰ festgehaltene Verwandlung von α in $\alpha + \beta$ ist von einer Steigerung der Härte begleitet, was sich aus der höheren Härte der β-Phase ohne weiteres erklärt. Da der Effekt verhältnismäßig gering ist, kommt eine technische Ausnützung dieses Vorganges kaum in Betracht. Schließlich wurde die gleiche Blechprobe nochmals bei 625⁰ geglüht (Abb. 92), um zu zeigen, daß durch Anlassen im α-Feld die ursprüngliche Struktur wieder hergestellt werden kann. Geblieben sind nur die von der Verbrennung herrührenden Poren, während sich das instabile $(\alpha + \beta)$-Gefüge aufgelöst hat.

Bleche mit etwas geringerem Kupfergehalt unterliegen diesen Gefügeveränderungen schon bei niedrigerer Temperatur, so daß bei unrichtig geleiteter Erwärmung leicht das instabile α/β-Gefüge auftreten kann. Solches kommt insbesondere bei Hartlötungsarbeiten häufig vor. Wenn dünne Bleche oder daraus hergestellte Erzeugnisse nach hoher Erhitzung in üblicher Weise an der freien Luft erkalten, so ist, wie wir sahen, die Abkühlungsgeschwindigkeit groß genug, um als Abschreckung zu wirken. Dabei nimmt die β-Phase eine charakteristische stäbchenförmige Gestalt an, welche für die vorangegangene Wärmebehandlung ein untrügliches Kennzeichen ist. Abb. 93 zeigt ein 0,6 mm starkes Blech aus Ms 63 in der Nähe einer Hartlötstelle, Abb. 94 den gleichen Schliff,

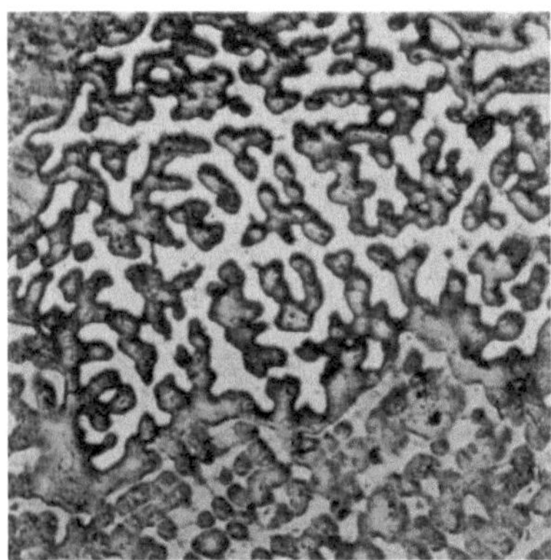

Abb. 99. Gußplatte 50 mm dick, 71,9 % Cu, α-Zonenkristalle. V = 30.

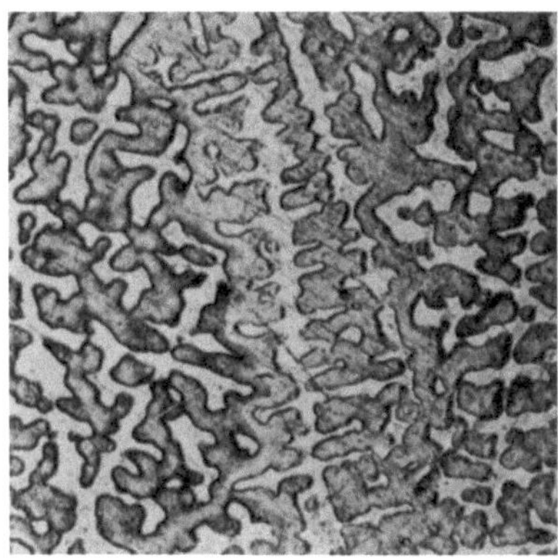

Abb. 100. Wie Abb. 99, im Glühofen 6 Std. bei ca. 600° erhitzt, Zonenkristalle unverändert. V = 30.

nachdem durch Glühen bei 550° das stabile Gleichgewicht wieder hergestellt ist. Blech mit solchem Abschreckgefüge besitzt gegenüber normalem Blech erheblich verringerte Tiefziehfähigkeit. Bei Drähten aus Ms 63 tritt unter der Einwirkung einer ähnlichen Wärmebehandlung eine Verschlechterung der Dehnung auf, die nach Ostermann[44] ihre Ursache gleichfalls in der beschriebenen β-Abscheidung findet.

Ms 67 erstarrt beim Gießen, wie oben gezeigt, peritektisch (vgl. Abb. 8 und 10). Bei nachfolgender Glühung geht β in Lösung, wobei der Vorgang von der Oberfläche des Werkstückes nach dem Innern fortschreitet. Ist die Glühdauer nicht ausreichend, so verbleiben im Innern ungelöste Reste von β. Dies ist geschehen bei der auf Abb. 95 dargestellten warmgewalzten Platte, in deren Mitte sich eine Kette von β-Kristallen erhalten hat. Die Platte ist infolgedessen unhomogen und in der Mittelzone etwas spröde. Beim Zerteilen auf der Schere zeichnete sich die β-Zone im Schnitt als rötlicher feiner Streifen ab,

und durch den Druck des Messers war die Platte längs der β-Zeilen
brüchig geworden. Der auf Abb. 95 dargestellte Probeabschnitt hat
nach längerer Glühung bei 650⁰ völlig homogenes α-Gefüge angenommen
(Abb. 96), zugleich ist das Korn beträchtlich gewachsen.

Nach der Homogenisierung eines peritektischen Gefüges treten
häufig Poren hervor an Stellen, wo zuvor keine solchen sichtbar waren.
Ob diese Poren von Gaseinschlüssen herrühren, die, wie Comstock[45]
annimmt, unmittelbar nach der Erstarrung in Gestalt sehr flacher
Hohlräume längs der Korngrenzen vorhanden sind und sich erst beim
Glühen infolge der Oberflächenspannung rundlich zusammenziehen,
erscheint fraglich. Eher dürfte die Erscheinung mit Verschiebungen
der spezifischen Volumina beim
Übergang der einen Phase in die
andere zusammenhängen. Die Poren
entstehen nämlich an den Stellen
des peritektisch abgeschiedenen β,
dessen Anordnung dadurch zuweilen
noch im stabilen α-Gefüge erkennbar bleibt. Abb. 97 zeigt ein gegossenes Ms 67 mit nesterartig ver-
teiltem Peritektikum. Nach kurzer
Glühung bei 650⁰ entstehen Poren,
welche dem in Lösung gehenden β
unmittelbar benachbart sind (Abb.
98). Nach Beseitigung der β-Phase
durch längeres Glühen verbleiben
die Poren als Kennzeichen der-

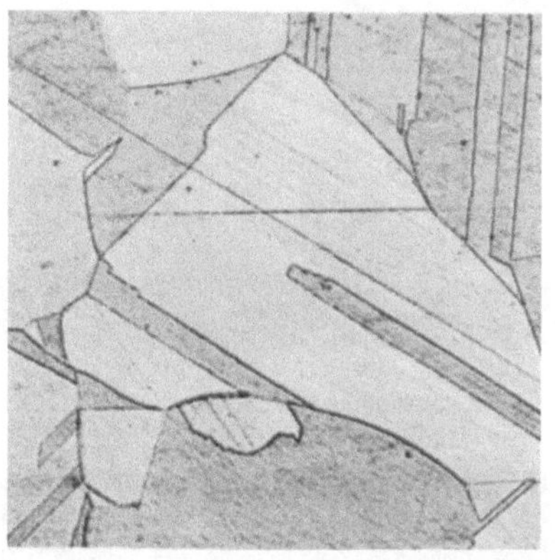

Abb. 101. Desgl. im Glühofen 6 Std. bei ca.
750⁰ erhitzt: ausgeglichene α-Kristalle. V = 30.

jenigen Stellen, an denen sich zuvor β befand. Vgl. hierzu auch Abb.
8 mit 9, 23 mit 24 und 50 mit 51.

Bei weiterer Verarbeitung durch Kalt- oder Warmformgebung verschwinden diese mikroskopischen Hohlräume wieder, ebenso wie feine
Gaseinschlüsse, Schwindungsporen und andere Undichtheiten des Gußstückes durch Zusammenpressung verdichtet werden. Mit diesem Vorgang hat die Verdichtung des Werkstoffes ihr Ende gefunden, denn
eine weitere Komprimierung der Masse findet nicht statt. Sobald das
für den bearbeiteten Zustand charakteristische spezifische Gewicht des
Metalles erreicht ist, was in der Regel schon beim ersten Arbeitsgang
eintritt, gibt es keine weitere „Verdichtung" mehr. Dies sei als allgemein gültiges Gesetz besonders hervorgehoben, denn man begegnet
nicht selten der irrigen Vorstellung, als sei ein Metall durch fortgesetztes
Walzen oder Ziehen in immer steigendem Maße zu verdichten.

Ms 72 enthält selbst bei beschleunigter Erstarrung kein peritektisches
β, sondern baut sich aus dendritischem α auf. Der Ausgleich der Kon-

zentrationen erfolgt bei späteren Glühungen, und zwar um so schneller, je höher die Temperatur. Abb. 99 bis 101 zeigen das Verhalten einer Guß-

Abb. 102. Messingtiefziehblech .64,1% Cu, 0,02% Pb. Blei im Gefüge nicht sichtbar. — Ungeätzt. V = 100.

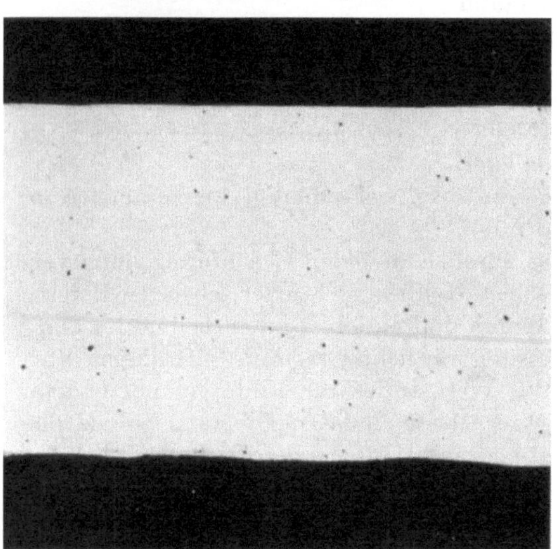

Abb. 103. Messingtiefziehblech 64,0% Cu, 0,42% Pb. Blei in dunklen Pünktchen. — Ungeätzt. V = 100.

platte mit 71,9% Cu in einem ungleichmäßig arbeitenden Gasglühofen, der im hinteren Teil heißer war als im vorderen. Die Platte wurde in zwei Hälften geteilt und diese an den extremen Stellen des Ofens geglüht. Während die höher erwärmte Hälfte in verhältnismäßig kurzer Zeit vollständig homogenisiert war, hatte sich die andere Hälfte noch kaum verändert. Die Schliffproben sind an der Trennungsstelle der Platte entnommen, waren also ursprünglich dicht benachbart.

Alpha-Messing mit Zusätzen.

Für gewisse Verwendungszwecke, bei denen es die chemische oder mechanische Beanspruchung des Werkstoffes verlangt, werden α-Messinglegierungen mit Zusätzen von Zinn, Blei oder Aluminium hergestellt. Obwohl es sich hier also um Dreistofflegierungen handelt, pflegt man diese im allgemeinen nicht der Gruppe „Sondermessing" zuzuzählen, da letztere Bezeichnung nur bei den Mehrstofflegierungen des α/β-Bereiches gebräuchlich ist (s. Abschnitt „Sondermessing"). Während das Zinn weder in der Kondensatorrohrlegierung aus 70% Cu, 29% Zn, 1% Sn noch in den Kontaktfedermessingen aus ca. 87% Cu, 7 bis 10% Zn und 3 bis 6% Sn im Gefüge des fertigen Rohres bzw. Bleches erkennbar ist, tritt das Blei im ungeätzten Schliff in Gestalt von feinen grauen Punkten hervor, sobald sein Mengenanteil etwa 0,2% erreicht. Die Abb. 102 bis 104 mögen einen ungefähren Anhalt dafür geben, wie sich in ungeätzten Schliffen von Ms 63 oder Ms 67 steigende Bleizusätze bemerkbar machen. Eine Abschätzung des Bleigehaltes nach dem

Schliffbild ist schwierig, da die Verteilung oft unregelmäßig und die Größe der Bleikörnchen sehr verschieden ist. Absichtliche Bleizusätze in α-Messing werden vorgenommen bei Drähten und Blechen, die hohe Geschmeidigkeit mit guter Bohr- und Fräsbarkeit verbinden sollen, sowie bei den Gußlegierungen G Ms 63 und G Ms 67, ebenfalls mit Rücksicht auf die Bearbeitung mit spanabhebenden Werkzeugen.

Abb. 104. Messingtiefziehblech 63,6% Cu, 0,65% Pb. Bleikörnchen zahlreicher und größer als auf Abb. 103. — Ungeätzt. V = 100.

2. Alpha-Beta-Messing.

Gefügeaufbau und Werkstoffeigenschaften.

Die β-Phase, der wir in geringen Mengen bereits im Ms 63 häufig begegnen, nimmt mit sinkendem Kupfergehalt linear zu, bis bei 54,3% Cu die Legierung wieder einphasig, nämlich reines β ist. An Hand der Bilderreihe 105 bis 113 läßt sich diese Verschiebung des α/β-Verhältnisses im Bereich von 64% bis 54% Cu verfolgen. Die Parallele mit der Zunahme des Perlits in den Eisen-Kohlenstofflegierungen zwischen 0 und 0,9% Kohlenstoff ist augenscheinlich, und in gleicher Weise wie der Perlitanteil im Gefügebilde eine Schätzung des Kohlenstoffs zuläßt, ermöglicht die β-Menge einen annähernden Rückschluß auf den Kupfergehalt des α/β-Messings. Allerdings ist hier die Trägheit der Gleichgewichtseinstellung zu beachten, welche keine sonderliche Genauigkeit zuläßt. Zunächst muß jeder Schliff, der zu einer solchen metallographischen Kupferbestimmung dienen soll, mit Rücksicht auf die β-Umwandlung bei 453⁰ längere Zeit bei etwa 425⁰ angelassen werden.

Abb. 105. 64,0% Cu. Homogenes α-Gefüge.
V = 100.

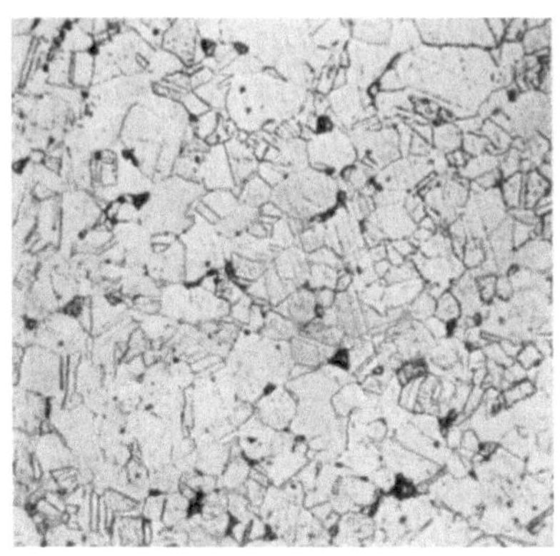

Abb. 106. 62,5% Cu, 1½ Std. bei 400⁰ angelassen. Geringe Mengen β. V = 170.

Abb. 107. 60,2% Cu, 1 Std. bei 425⁰ angelassen. Größere Mengen β.
V = 100.

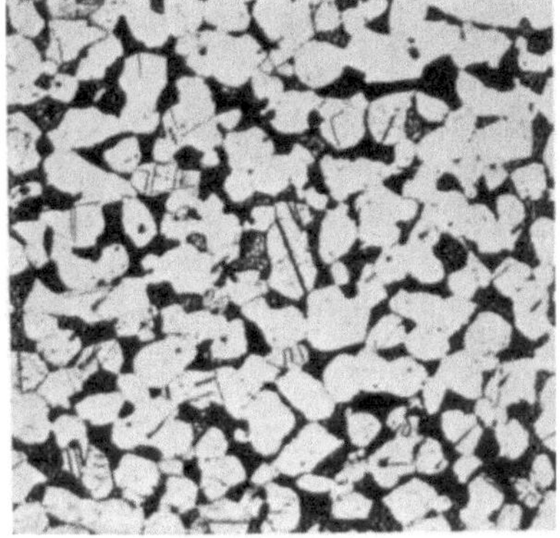

Abb. 108. 59,0% Cu, 1 Std. bei 440⁰ angelassen. Flächenanteile: α ca. 75%, β ca. 25%. V = 100.

Andernfalls kann man, da die Struktur wahrscheinlich von der letzten Wärmebehandlung her instabil ist, Schätzungsfehler bis zu 2% begehen. Ist der α-Bestandteil nicht rundlich sondern nadelig abgeschieden, so ist die Bestimmung noch schwieriger. Es ist deshalb zwecklos, sich mit einer Schätzung des Kupfergehaltes auf Zehntelprozente Mühe zu geben. Eine ungefähre Bestimmung auf halbe Prozente, die sich bei einiger Übung erreichen läßt, wird immerhin oftmals von großem Wert sein, besonders bei der Untersuchung von Proben, die nicht zwecks chemischer Analyse zerstört, wohl aber geglüht und an einer geeigneten Stelle angeschliffen werden dürfen. Man achte auf die Wahl einer passenden Vergrößerung, bei der nicht zu viel und nicht zu wenig Körner im Blickfelde erscheinen. Bis zur Erzielung einer hinlänglichen

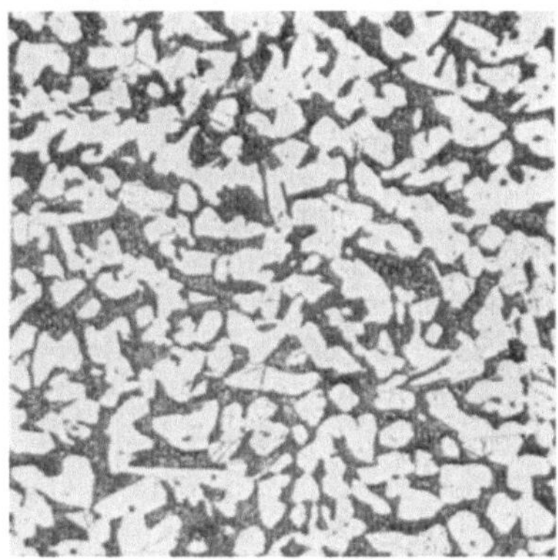

Abb. 109. 58,0% Cu, 2 Std. bei 420° angelassen. Flächenanteile: α ca. 60%, β ca. 40%. Die α-Kristalle bilden noch ein zusammenhängendes Netz. V = 200.

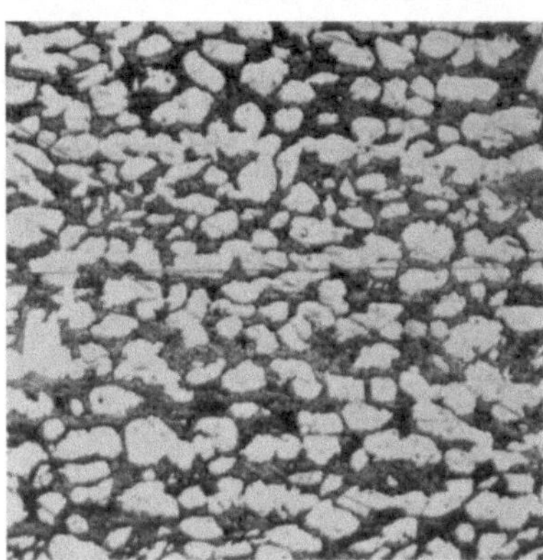

Abb. 110. 57,2% Cu, 2 Std. bei 420° angelassen. Flächenanteile: α ca. 50%, β ca. 50%. α-Körner nicht mehr zusammenhängend. V = 50.

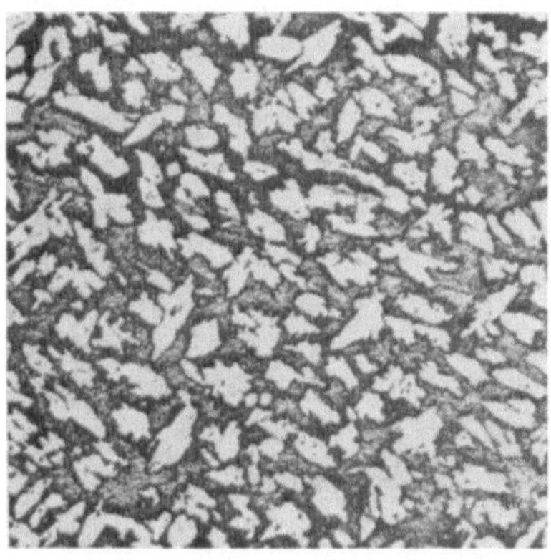

Abb. 111. 56,3% Cu, 2 Std. bei 420° angelassen. Flächenanteile: α ca. 33%, β ca. 67%. V = 90.

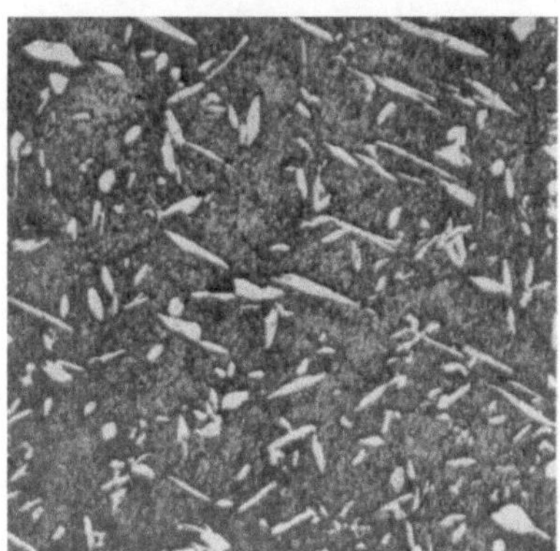

Abb. 112. 54,9% Cu, 2 Std. bei 440° angelassen. Geringe Mengen α. V = 100.

Sicherheit in der Ausübung des Verfahrens ist auf jeden Fall Kontrolle durch chemische Analyse erforderlich.

Die β-Phase besitzt einen rötlichen Schimmer im Gegensatz zu den gelben zinkgesättigten α-Kristallen. Hierin liegt ein Grund für die eigenartige Farbenskala der Kupfer-Zink-Legierungsreihe, die beginnend beim roten Kupfer über die dunkel- bis hellroten Tombaksorten, die grünlichgelben Töne des Ms 72 und 67, schließlich bei Ms 60 und 58 aufs neue rötlich gefärbt ist und mit 55% Cu wieder dem Tombak Ms 85 ähnelt. In ungeätzten Schliffen der α/β-Reihe ist eine Unterscheidung der beiden Kristallarten nach Farben in der Regel nicht möglich, wahrscheinlich deshalb, weil der Polierprozeß die oberste Haut des Schliffs „verschmiert". Erst durch die Ätzung wird diese Haut wieder entfernt. Nur in Ausnahmefällen, wenn β in örtlicher Anhäufung vorkommt, wird es ohne Ätzung sichtbar, wie z. B. in dem auf Abb. 95 dargestellten Plattenabschnitt.

Bruchfestigkeit und Dehnung verändern sich in dem Sinne, daß mit zunehmendem β-Gehalt erstere ansteigt und letztere sinkt. Es bleibt sich dabei in der Wirkung gleich, ob die β-Zunahme durch höheren Zinkgehalt oder durch Abschrecken bewirkt ist. Ms 60 verliert durch Abschrecken von 600° noch nicht an Dehnung, dagegen merklich durch Abschrecken von 700°, da es im letzteren Falle bedeutend β-reicher wird.

Die Härte im α/β-Gebiet steigt von ca. 63% bis 55% Cu linear an, sie ist also eine einfache Funktion der Zusammensetzung aus den beiden Phasen. Beim Guß in eiserne Formen (Kokillen) ist aus den in Abschnitt A I erläuterten Gründen der β-Gehalt infolge rascher Abkühlung

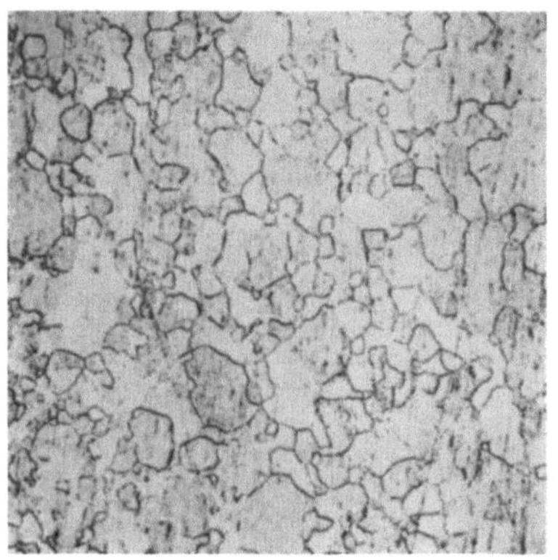

Abb. 113. 53,8% Cu. Homogenes β-Gefüge. V = 45.

größer als bei Sandgüssen. Hierdurch erklärt sich nach Harris[39] die Beobachtung, daß Kokillenguß höhere Härte besitzt. Innerhalb des einzelnen Gußstückes ist wiederum infolge der Abkühlungsvorgänge die Außenhaut härter als das Innere. Bekanntlich liegen die Verhältnisse beim Gußeisen ganz ähnlich, auch dort sind die Ursachen metallographisch nachweisbar. Über den Einfluß des Abschreckens auf die Brinellhärte der Kupfer-Zinklegierungen vgl. die Studie von Bauer u. Vollenbruck[46].

Die Unterlegenheit des α/β-Messings gegenüber α-Messing in bezug auf chemische Beständigkeit wurde bereits im vorigen Abschnitt erwähnt. Schraubenmessing Ms 58 und Muntzmetall Ms 60 (vgl. Normblatt Din 1709 Blatt 1 im Anhang) besitzen häufig infolge oberflächlicher Zinkverdampfung eine α-Haut (Abb. 114), welche korrodierenden Einflüssen anfangs einen erhöhten Widerstand entgegensetzt. Sobald aber diese Schutzschicht durchbrochen ist, schreitet die chemische Entzinkung längs der β-Kristalle (s. Kondensatorrohr Abb. 71) rascher vorwärts. Über die Erhöhung des Korrosionswiderstandes von α/β-Messing

durch Zusätze anderer Metalle vgl. Abschnitt „Sondermessing". Welchen
Einfluß die α-Haut auf die Färbung der Oberfläche ausüben kann,
wird durch Abb. 115 erläutert. Die obere Fläche des im Querschnitt
dargestellten Bleches aus Ms 58 besteht infolge von Zinkverlust aus
α-Körnern, nach dem Polieren ist die Farbe hellgelb wie bei einem
Ms 63. An der unteren Seite ist die Deckschicht abgehobelt, die Politur-
farbe ist ausgesprochen rötlich durch das Zutagetreten der β-Phase.
Bei den technischen Glühprozessen verdampft Zink am stärksten,
wenn die Atmosphäre des Ofens reduzierend oder neutral ist, der Zinkverlust nimmt dabei zu mit Glühtemperatur und Glühdauer sowie mit
dem Zinkgehalt der Legierung. Bei Gegenwart von Sauerstoff bildet
sich eine Oxydschicht, welche die Zinkverdampfung verzögert.

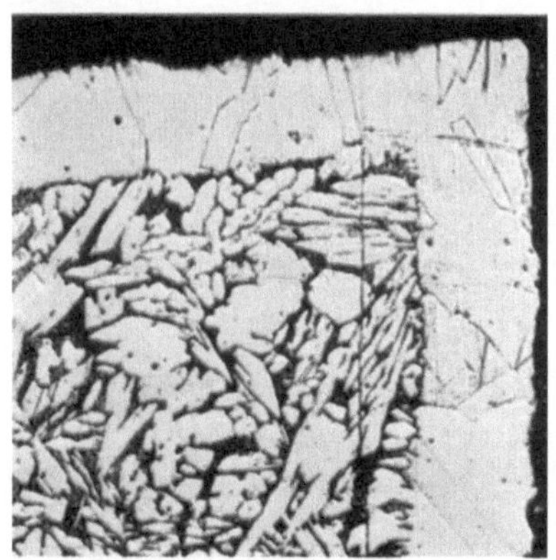

Abb. 114. Rohr aus Ms 60. Im Innern α/β-
Gefüge, außen durch Zinkverdampfung ent-
standene α-Zone (Rohrende).
V = 100.

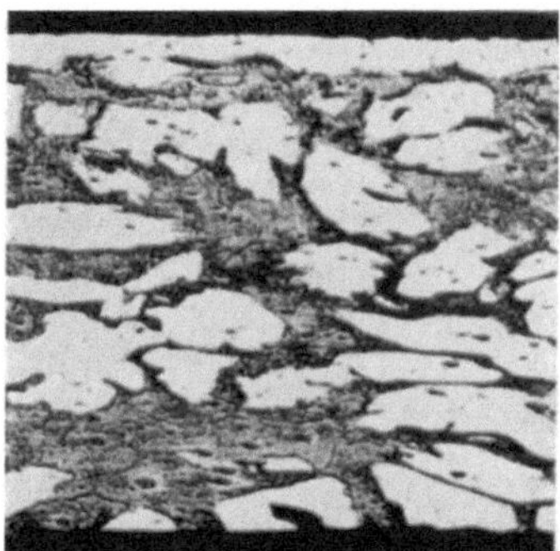

Abb. 115. Blech aus Ms 58. Obere Kante:
ursprüngliche Walzfläche, α. Untere
Kante: Walzfläche abgehobelt, α + β.
V = 40.

Ms 58 und andere handelsübliche α/β-Messinge erhalten einen Zusatz von Blei, um die Bearbeitung des Werkstoffs mit schneidenden
Werkzeugen zu erleichtern. Dieser Effekt des Bleis ist keineswegs auf
α/β-Messing beschränkt, sondern erstreckt sich auch auf α-Messing,
Neusilber, Bronze und Rotguß. Schon ein geringer Bleigehalt von nur
0,2%, der im Gefüge noch nicht als Sonderbestandteil auftritt, übt
z. B. im α-Messing eine bemerkenswerte Wirkung auf die Schnitt-
bearbeitbarkeit aus. Die Hauptanwendung findet indessen statt bei
Ms 58, welches mit Bleizusätzen von 2% und mehr der leistungsfähigste
Werkstoff für Revolver- und automatische Drehbänke ist. Mit zu-
nehmender Menge tritt Blei im Gefüge immer stärker hervor. Die
Grenzen der Löslichkeit sind noch nicht ganz genau bekannt. Nach
Bunting[40] findet sich im α-Messing Blei in geringerer Menge im
Schliffbild als im β-Messing bei gleichem analytischem Gehalt. Hier-

nach wäre also die Löslichkeit in den beiden Phasen verschieden. Jedenfalls ist sie in keinem Falle weit von 0,3% entfernt. Wenn auch eine genaue Bleibestimmung aus dem Schliffbild nicht möglich ist, so kann man doch bei genügender Praxis den Gehalt einigermaßen richtig

Abb. 116. Stange aus Ms 58, 0,7% Pb. — Ungeätzt. V = 50.

Abb. 117. Desgl. mit 2,1% Pb. Blei in Punkten und kleinen Zeilen. — Ungeätzt. V = 50.

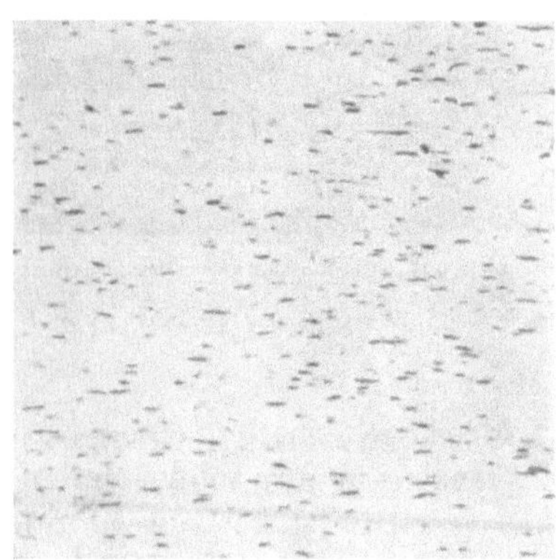

Abb. 118. Walzplatte aus Ms 58, 3,0% Pb. — Ungeätzt. V = 50.

Abb. 119. Stange aus Ms 58, 2,5% Pb. Blei in feiner Verteilung. — Ungeätzt. V = 50.

abschätzen. Die Abb. 116 bis 118 dürften sich als Richtschnur hierfür eignen. Befindet sich Blei in sehr feiner Verteilung (Abb. 119), so wird die Schätzung unzuverlässig, weil die zahlreichen kleinen Einschlüsse leicht einen zu hohen Bleigehalt vortäuschen. Im ungeätzten Schliff erscheint Blei in dunkelblaugrauer Färbung, die durch Ätzung mit Ammoniumpersulfat aufgehellt wird. Als leicht schmelzendes Metall sammelt sich das Blei bei der Erstarrung an den Korngrenzen, so daß diese in bleireichen Güssen zuweilen schon ohne Ätzung hervortreten (Abb. 120).

Mehr als 3 % Pb wird den Messingfabrikaten im allgemeinen nicht hinzulegiert, weil sonst beim Guß oder bei der Warmbearbeitung leicht Ausseigern des spezifisch schweren Bleis eintreten kann. Bei den Gußerzeugnissen, die aber im Kupfergehalt fast niemals 63 % unterschreiten, geht man wohl ausnahmsweise bis zu 4 % Pb. Eine Verminderung der Festigkeit tritt bei einem derartig hohen Bleigehalt unverkennbar ein; ist zugleich Zinn in Mengen von über 0,5 % anwesend, so ist die Dehnung des Werkstoffs nur noch mittelmäßig (Hanser [47]). Solches zinn- und bleihaltiges Material ist außerdem nach Beobachtungen des Verfassers ungewöhnlich kerbempfindlich. Ritzt man z. B. am Zerreißstab die Marken für die Meßlänge mit einer Stahlnadel ein, so genügt u. U. diese geringe Verletzung, um einen Bruch in der Marke herbeizuführen.

Verformung, Rekristallisation, Gefügeumwandlungen.

Jedes Erzeugnis aus α/β-Messing hat im Laufe seiner Entstehung eine Warmformgebung durch Pressen, Walzen oder Schmieden durchgemacht. Besondere Bedeutung besitzt in der heutigen Technik das Warmpressen von Stangen der verschiedensten Querschnittsformen sowie von Rohren und Hohlprofilen auf der hydraulischen Strangpresse. Eine Reihe von

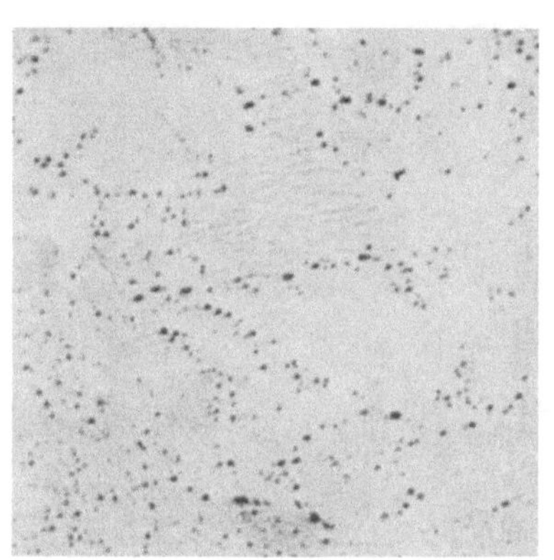

Abb. 120. Gußblock aus Ms 58, 3,0 % Pb. Korngrenzen durch netzartig ausgeschiedenes Blei angedeutet. — Ungeätzt. V = 50.

Forschungsarbeiten haben gelehrt, daß der Preßprozeß in mehrfacher Beziehung von interessanten und z. T. bisher noch nicht völlig geklärten Eigentümlichkeiten begleitet ist. Während sich die Untersuchungen von Schweißguth [94], Doerinckel und Trockels [95], Genders [93, 96] und Unckel [97] mit der Mechanik des Fließvorganges beim Pressen beschäftigen (vgl. Abschnitt C I), haben Obermüller [48], Köster [49] und Hinzmann [50] die Gefügeeigenschaften des Werkstoffs nach dem Pressen studiert. Als allgemein gültig ist festgestellt worden, daß das vordere, d. h. zuerst ausgepreßte Ende einer Stange aus Ms 58 grobkörniges Gefüge aufweist, wohingegen sich im später ausfließenden Material eine feine, gleichmäßig zeilenförmige α/β-Anordnung ausbildet. Da Ms 58 beim Beginn des Pressens bis ins Gebiet der reinen β-Phase, also oberhalb der Diagrammlinie cn erhitzt ist, so bilden sich im vorderen Teil der Preßstange durch sofortige Rekristallisation polygonale β-Körner von beträchtlicher Größe, aus denen sich bei der Abkühlung nadeliges α ausscheidet

(Abb. 121). Sinkt im weiteren Verlauf des Preßvorganges die Temperatur unter 700°, so scheidet sich α bereits im Gußbarren ab und wird, da sich ja der Barren im fortwährenden Fließen befindet, in feine rundliche Körnchen zerteilt (Abb. 122). Das Vorderende läßt durch die Anordnung der α-Nadeln deutlich die Formen der ursprünglichen β-Körner (Grundkörner) erkennen. Innerhalb eines Grundkorns liegen die α-Kristalle gleichmäßig orientiert, ihre parallele Lagerung tritt je nach der Ebene, in welcher der Schnitt die Körner trifft, mehr oder weniger deutlich hervor. Am Hinterende derselben Stange unterscheidet man nur noch rundliche in β eingelagerte α-Körner, ein Grundkorn ist nicht zu bemerken. Die Schliffe Abb. 121 und 122 sind in

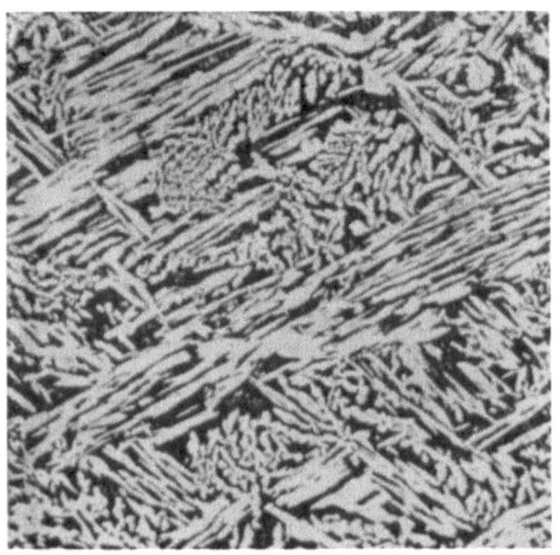

Abb. 121. Gepreßte Stange 15 mm $\varnothing$, 57,7% Cu. Vorderes, zuerst ausgepreßtes Ende. Nadeliges α, die Gestalt der ursprünglichen β-Grundkörner kennzeichnend. V = 50.

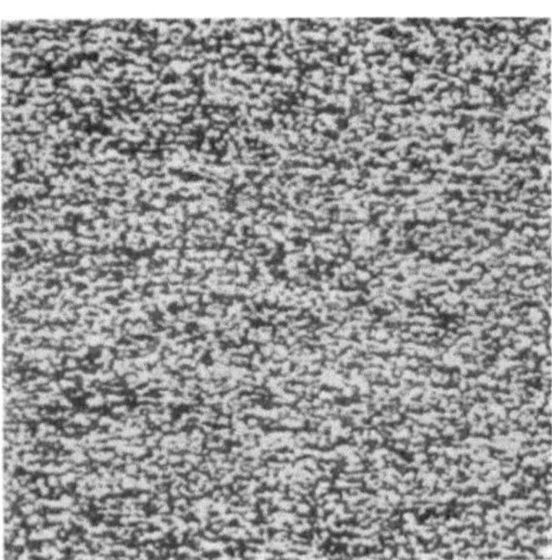

Abb. 122. Die gleiche Stange wie Abb. 121, hinteres Ende. α teils gerundet, teils in Zeilen. Keine Grundkörner. V = 50.

Richtung der Stangenachse entnommen, daher kennzeichnet sich in Abb. 122 die Streckrichtung (Preßrichtung) durch zeilenförmige Struktur. Infolge dieser Gefügeunterschiede ist das Bruchaussehen der Stange vorn und hinten verschieden.

Die Grundkörner gemäß Abb. 121 erweisen sich als ein stabiles Gefüge, welches durch Anlassen nicht umgestaltet wird. Der feinkörnige Zustand befindet sich im Gegensatz hierzu nicht im Gleichgewicht. Infolge der niederen Preßtemperatur hat die Verformung schon Merkmale der Kaltbearbeitung angenommen, beim Anlassen treten daher Rekristallisationserscheinungen auf. Im α/β-Messing verläuft die Rekristallisation nach weniger einfachen Gesetzen als im α-Messing. Die Gefügeumbildung ist hier nicht nur von dem Grade der Kaltverformung, der Glühtemperatur und Glühdauer abhängig, sondern auch davon, ob die Linie cn überschritten wird und mit welcher Geschwindigkeit die Abkühlung vor sich geht. Sogar die Erhitzungsgeschwindigkeit dürfte eine Rolle spielen, denn bereits unterhalb cn

kann die Wirkung der Kaltbearbeitung aufgehoben werden. Das Verhalten des instabilen Gefüges beim Erhitzen in das homogene β-Feld wird verschieden sein, je nachdem, ob vor dem Erreichen der Grenzlinie genügend Zeit zur Aufhebung der Kalthärtung gelassen wurde oder nicht. Beim Anlassen im α/β-Feld beginnt die Rekristallisation in den α-Körnern, und zwar nach kräftiger Kaltbearbeitung bereits bei 300° (Clark[51]), während sich β nicht oder erst bei höheren Temperaturen verändert.

Gepreßte Messingstangen aus Ms 58 dienen als Ausgangsmaterial für im Gesenk geschmiedete Formteile. Das Verhalten der Stangenabschnitte beim Schmieden ist bis zu einem gewissen Grade von der Struktur abhängig, indem das feinkörnige Gefüge mit rundlichen α-Körnern gemäß Abb. 122 für starke Formänderungen weniger geeignet ist als das grobkörnige mit nadeligem α, Abb. 121. Beim Erwärmen

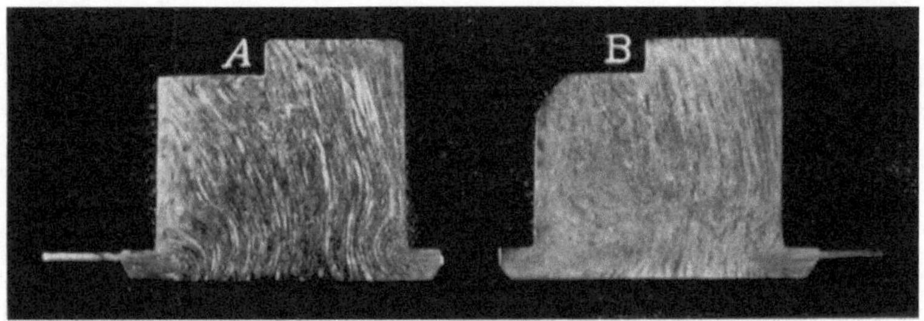

Abb. 123. Im Gesenk geschmiedete Teile aus Ms 58. *A* vom Stangenanfang, vgl. Abb. 121. *B* vom Stangenende, vgl. Abb. 122. V = 0,9.

des Stangenabschnittes auf Schmiedetemperatur tritt, wie Hinzmann[50] nachwies, im feinkörnigen Preßgefüge teilweise Rekristallisation ein, welche die plastischen Eigenschaften ungünstig beeinflußt. Von den in Abb. 123 dargestellten Preßteilen (Schloßkappen) stammt *A* aus dem Stangenanfang, *B* aus dem Endabschnitt derselben Stange. Ersteres Stück ist einwandfrei, letzteres ließ sich schlecht pressen, so daß der Werkstoff in der oberen linken Ecke das Gesenk nicht völlig ausgefüllt hat. Ein Verfahren, gepreßte Stangen zu homogenisieren, ist noch nicht gefunden.

Bei sehr niedriger Temperatur entstehen äußerst feinkörnige Gefüge. Abb. 124, ein Schliff von einem verhältnismäßig kalt gepreßten Fensterrahmenprofil aus Ms 58 in 400facher Vergrößerung, stellt das feinste Gefüge dar, das vom Verfasser in einem technischen Messingerzeugnis bisher beobachtet wurde. Der durchschnittliche Korndurchmesser beträgt 0,004 mm. Durch Glühen bei 650° vergröberte sich das Korn auf 0,014 mm, vgl. Abb. 125. Eine erhebliche Kornvergrößerung ist ausgeschlossen, solange die Glühung ca. 50° unterhalb cn vor sich geht, denn durch das Nebeneinander der beiden Kristallarten sind diese wechselseitig im Wachstum behindert. Überglühungserscheinungen wie bei Blechen aus α-Messing (Abb. 80 C, 82 B) kommen daher bei Blechen aus Ms 60 kaum vor. Wird dagegen nahe oder oberhalb der Linie cn geglüht, ein Fall, der um so leichter eintritt, je kupferärmer

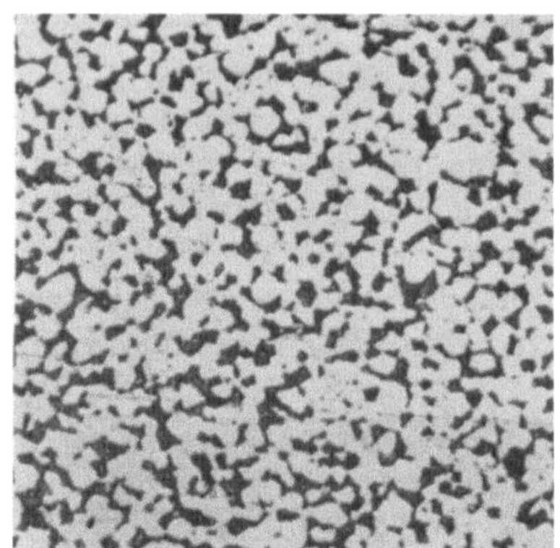

Abb. 124. Profilstange aus Ms 58, bei niederer Temperatur gepreßt, sehr feinkörnig. V = 400.

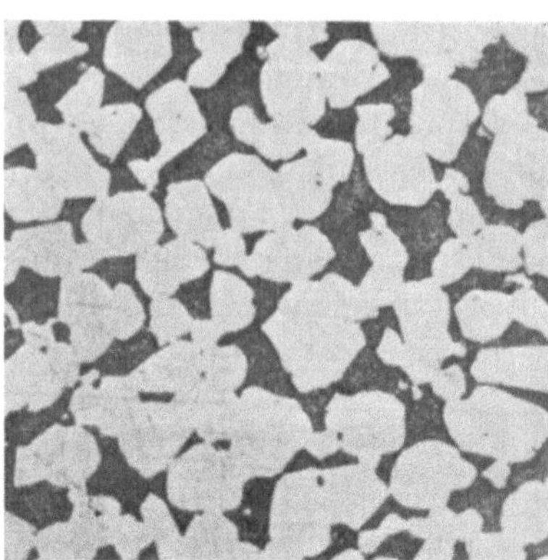

Abb. 125. Wie Abb. 124, ½ Std. bei 650° geglüht. Rekristallisation und Kornwachstum. V = 400.

die Legierung ist, so können die β-Kristalle ungestört wachsen und bisweilen unerwünschte Dimensionen annehmen. Ein warm gewalztes Blech mit 56,5% Cu enthielt so grobe Grundkörner (Abb. 126), daß sich diese nach dem Beizen bereits für das bloße Auge als Marmorierung bemerkbar machten. Die Erscheinung hängt mit dem unbeabsichtigt

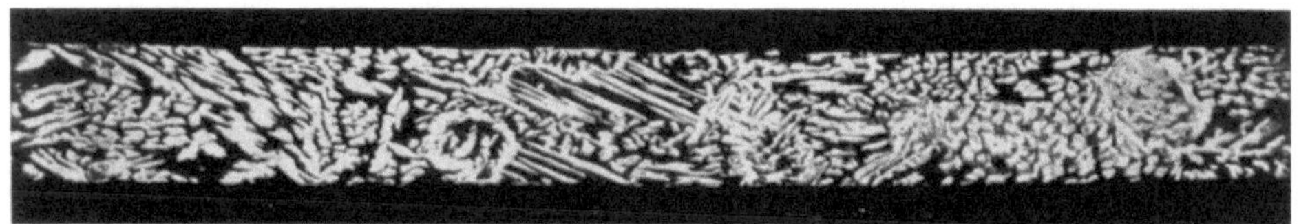

Abb. 126. Blech mit 56,5% Cu, beim Warmwalzen grobkörnig geworden. V = 16.

niedrigen Kupfergehalt zusammen, da bei der Temperatur des Warmwalzens sich diese Konzentration bereits hoch im β-Felde befindet.

Ähnlich ist die Wirkung der Wärmebehandlung in warm gepreßten Rohren mit 60 bis 62% Cu. Nach Ostermanns Beobachtungen[52] steht die narbige oder streifige Oberfläche, die zuweilen beim Biegen an Messingrohren auftritt, im Zusammenhang mit dem Mengenanteil der β-Phase. Ist dieser groß, sei es infolge des noch vom Erstarrungsvorgang herrührenden instabilen Gefüges, sei es durch niedrigen, nahe an 60% liegenden Kupfergehalt, so können beim Warmpressen die bereits beschriebenen großen β-Grundkörner (Abb. 121) mit nadeligem α entstehen. Diese lassen sich, wenn der Kupfergehalt zwischen 60 und 61% beträgt, durch Glühen nur schwer beseitigen, bei 61 bis 62% Cu dagegen wird durch Erhitzen auf 500° bis höchstens 600° die α-Phase derartig vermehrt, daß β keine zusammenhängende Grundmasse mehr bilden kann. Damit ist die Möglichkeit des Auftretens grober β-Körner und rauher Biegungen ausgeschaltet. Hohe Glühtemperaturen verursachen aber hier wie bei α-Messing starkes Kornwachstum.

Aus dem Verlauf der Linie cn ist ersichtlich, wie sich das Verhältnis von α zu β oberhalb 453° mit steigender Temperatur zugunsten von β verschiebt. Eine gezogene Stange mit 58,9% Cu, im Anlieferungszustand

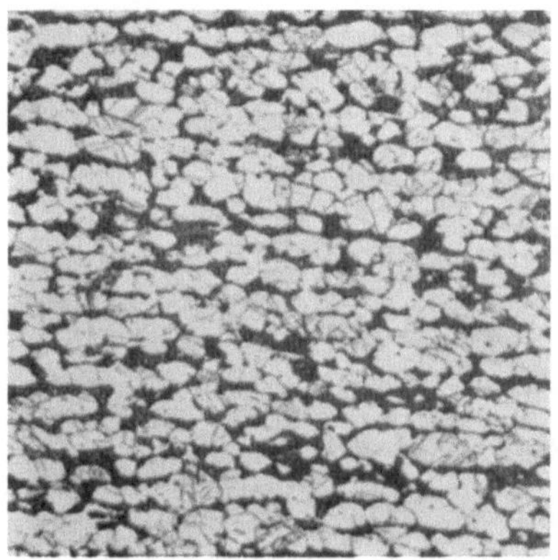

Abb. 127. Stange 12 mm $\varnothing$ mit 58,9% Cu. Anlieferungszustand, Längsschliff. V = 50.

Abb. 128. Derselbe Stangenabschnitt wie Abb. 127, ½ Std. bei 700° geglüht und in Wasser abgeschreckt. α zur Hälfte von β aufgezehrt. V = 50.

gemäß Abb. 127 beschaffen, zeigt nach ½ stündigem Glühen bei 700° und Abschrecken im Wasser, daß das ursprünglich vorherrschende α vom β weitgehend aufgezehrt worden ist (Abb. 128). Ein anderer Abschnitt derselben Stange wurde nach ½ stündiger Glühung von 750° abgeschreckt (Abb. 129). Hier sind vom α-Bestandteil nur noch unregelmäßig verstreute Reste übriggeblieben. Wäre die Erhitzung länger fortgesetzt worden, so wären, dem Schaubild entsprechend, auch die letzten α-Reste noch in Lösung gegangen. Das Bild zeigt außerdem noch eine andere interessante Veränderung: der β-Bestandteil bildet nicht mehr eine homogene dunkle Grundmasse, sondern ist größtenteils bereits wieder von feinen weißen α-Nadeln durchsetzt. Die Erklärung hierfür ist folgende. Bei 750° liegt die Legierung nur wenig oberhalb der Grenzkurve. Die Beweglichkeit der Atome ist infolge der Wärme schon so lebhaft, daß auch das Abschrecken in Wasser die Entmischung bei Rückkehr in das heterogene Feld nicht völlig unterdrücken kann. Es geht hier sozusagen im kleinen vor sich, was Abb. 121 im großen zeigte, nur mit dem Unterschied, daß das letztere Gefüge stabil ist. Auf Abb. 129 ist hingegen ein Übergangszustand festgehalten. Lassen wir diese Legierung von 750° an der Luft abkühlen (Abb. 130), so finden wir keine Entmischungsnadeln. Die α-Phase hat sich zu rundlichen Körnern zusammengeballt, es ist wieder eine starke Annäherung an den Ausgangszustand Abb. 127 eingetreten. Ein Vergleich der mechanischen Eigenschaften lehrt, daß die Bruchfestigkeit der abgeschreckten Proben (45,7 kg/mm²) fast die gleiche ist wie die der gezogenen Stange (45,9 kg/mm²), während das langsam erkaltete Stück auf 40,7 kg/mm² zurückgegangen ist, ein Beweis, daß bei 750°

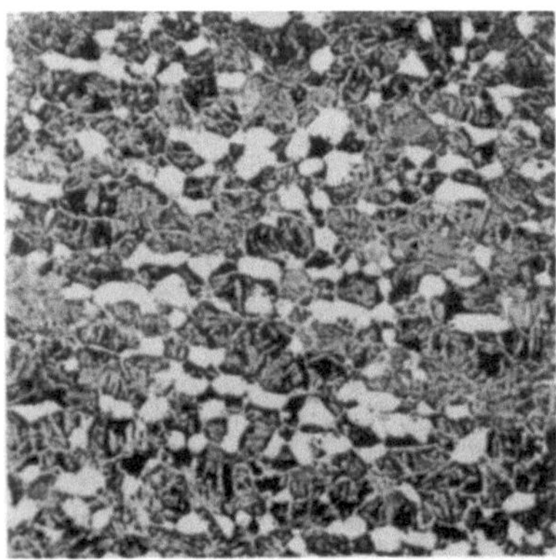

Abb. 129. Desgl. von 750° abgeschreckt. α weiter vermindert, β z. T. nadelig entmischt. V = 50.

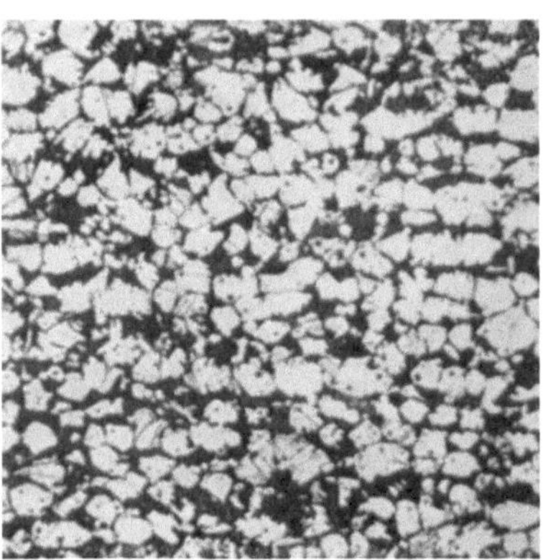

Abb. 130. Desgl. von 750° an der Luft erkaltet, Gefüge ähnlich dem Anlieferungszustand Abb. 127. V = 50.

eine Entfestigung erfolgt ist und die hohe Festigkeit des abgeschreckten Materials nur in dem Vorwiegen der β-Phase begründet sein kann.

Das Verhalten von Ms 60 hinsichtlich der Veränderung des Gefüges und der mechanischen Eigenschaften nach Abschrecken und Anlassen wurde von Homerberg u. Shaw[53] untersucht. Die Ergebinsse dieser Arbeit erläutern den Einfluß der Abschreckgeschwindigkeit sowie der damals noch nicht hinlänglich geklärten β-Umwandlung bei 453°. Insbesondere ergab sich eine vergütende Wirkung als Folge einer sehr feinen α-Abscheidung, wie sie durch Anlassen des instabilen Abschreckgefüges bei niedriger Temperatur erzielt wird.

3. Sondermessing.

Unter Sondermessing im allgemeinen Sinne versteht man diejenigen Legierungen, welche neben Kupfer und Zink als Hauptbestandteilen ein weiteres Metall oder deren mehrere als beabsichtigte Zusätze enthalten. Die zugefügten Metalle sollen der Grundlegierung bestimmte Eigenschaften wie erhöhte Härte, Festigkeit, Korrosionsbeständigkeit, Widerstand gegen Ermüdung, Standfestigkeit gegen Verschleiß usw. verleihen, ohne zugleich ihren Messingcharakter und ihr Verhalten bei der Formgebung grundsätzlich zu verändern. Aus letzteren Gründen geht die Menge der Zusätze in der Regel nicht über einige Prozente hinaus (vgl. Normblatt Din 1709 Blatt 1 im Anhang). Sondermessinge im engeren Sinne sind Legierungen der beschriebenen Art mit 55 bis 62% Cu, sowohl für Guß- wie für Warm- und Kaltbearbeitungszwecke, die in Form von Gußstücken oder als gepreßte und gezogene Stangen und Profile, ferner als Preßteile, weniger oft als Rohre und Bleche in den Handel kommen. Die hauptsächlichsten Verbraucher von Sondermessing sind Maschinenbau, Schiff- und Automobilbau.

Von fast allen größeren Messingwerken werden unter besonderen Markenbezeichnungen Sondermessinge erzeugt, deren Namen häufig mit dem Wort „Bronze" kombiniert werden. Da sich die Eigenschaften von Sondermessing in mancher Beziehung denen der eigentlichen Bronzen nähern und z. T. sie übertreffen, hat sich die Gepflogenheit herausgebildet, Sondermessing als eine „Zinkbronze" zu betrachten. Gegen diese Auffassung haben sich allerdings in letzter Zeit sowohl der Deutsche Normenausschuß wie der Handelsschiffnormenausschuß gewandt, welche in ihren Normblättern den Namen „Bronze" ausschließlich den Legierungen mit mehr als 78% Cu vorbehalten haben. Auch im Ausland, wo sich die Verhältnisse ähnlich entwickelt haben, wird angestrebt, als Messing zu bezeichnen, was tatsächlich Messing ist. In der englischen Fachliteratur hat man demgemäß, einer Anregung des Institute of Metals folgend, das bisher übliche „Manganese bronze" neuerdings in „Manganese brass" umgewandelt.

Der weitaus größte Teil der am Markt befindlichen Sondermessinge enthält mehr als einen veredelnden Zusatz. Die Gesamtmenge derselben beträgt häufig 1 bis 4%, seltener 5 bis 7%; bei noch höherem Gehalt an fremden Gemengteilen entstehen Speziallegierungen, die nicht mehr unter den Begriff Sondermessing in dem oben definierten Sinne fallen.

Um die Wirkung der einzelnen Metalle auf Gefüge und physikalische Eigenschaften des Messings kennenzulernen, betrachten wir zunächst die wichtigsten ternären Gemische. Man kann die Zusatzmetalle einteilen in solche, welche innerhalb des hier in Frage kommenden Bereichs vollständig in fester Lösung aufgenommen werden (Nickel, Mangan, Aluminium) und solche, die neue Gefügebestandteile bilden können (Eisen, Zinn). Es sei vorweggenommen, daß Blei als Veredelungsmittel nicht in Betracht kommt, da es lediglich als ein die Schnittbearbeitbarkeit verbessernder Zusatz in Ms 58 und anderen allgemeinen handelsüblichen Legierungen Anwendung findet, denen im übrigen besondere Gütemerkmale fehlen. Im Sondermessing ist Blei nach Möglichkeit zu vermeiden, denn es beeinträchtigt in Mengen von mehr als 0,7 bis 0,8% die Zähigkeit und Geschmeidigkeit. Die Wirkung von Blei auf zinnhaltiges Messing mit 60% Cu ist u. a. von Hanser[47] studiert worden.

Nickel. Dieses Metall ist als Messingzusatz wertvoll, weil es die mechanischen Eigenschaften günstig beeinflußt. Da es vollkommen gelöst wird, macht es sich im Gefügebild nicht unmittelbar bemerkbar, wohl aber indirekt, indem es den β-Bestandteil zurückdrängt. Messing mit 60% Cu nimmt nach Zusatz von 2,5% Ni reines α-Gefüge an (Abb. 131). Diese Wirkung des Nickels ist eingehend von Guillet[54] studiert worden, ebenso das ähnliche oder entgegengesetzte Verhalten anderer dem Messing zugefügter Metalle. Um einen rechnerischen Anhalt für die Gefügebeschaffenheit zu gewinnen, die bei Einführung beliebiger Mengen dieser Metalle in Kupfer-Zinklegierungen zu erwarten ist, hat Guillet die von ihm als „Austausch-Koeffizienten" bezeichneten Zahlen ermittelt, welche angeben, wieviel Prozent Zink die betreffenden Körper strukturell zu ersetzen vermögen. Ist A der wirkliche Kupfergehalt der Legierung, q die Menge des zugefügten Elements und t der Austauschkoeffizient des letzteren, so ergibt sich der scheinbare Kupfergehalt y aus der Formel:

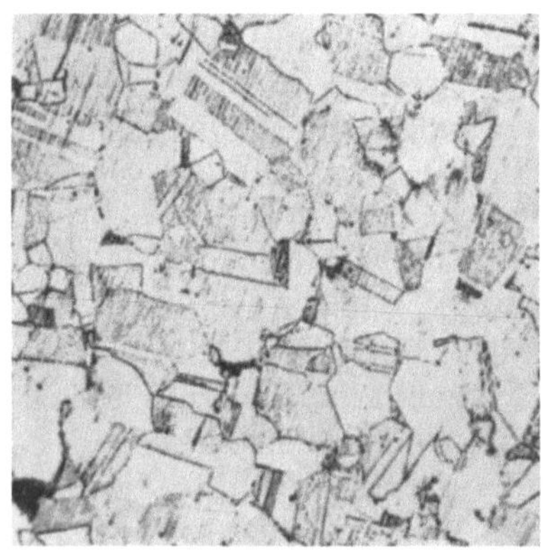

Abb. 131. Nickelmessing warm geschmiedet. 60,2% Cu, 2,5% Ni. Reines α-Gefüge. V = 30.

$$y = \frac{100\,A}{100 + q(t-1)}.$$

Ist der Koeffizient t größer als 1, so wird die neue Legierung scheinbar weniger Kupfer enthalten als ein gleich hoch legiertes Messing. Ist t kleiner als 1, so erhalten wir den umgekehrten Fall.

Die Arbeiten Guillets wurden zu einer Zeit durchgeführt, als das Kupfer-Zink-System noch nicht so genau durchforscht war wie heute. Insbesondere war, wie in Abschnitt A I (s. Seite 10) erläutert, die Grenzlinie bme in den früheren Schaubildern nach links zu höheren Kupfergehalten verschoben. Die Koeffizienten Guillets sind daher für die nach jetziger Kenntnis stabilen Gefügezustände nicht exakt gültig; immerhin kann man sich derselben mit Nutzen bedienen, wenn man die Ergebnisse auf die Verhältnisse der Praxis bezieht. Es muß immer wieder darauf hingewiesen werden, daß ja die endgültige Stabilisierung des

Gefüges nur mit sozusagen künstlichen Mitteln erzielt wird. Nach Zusatz von ca. 1% Ni zu 60%igem Messing erhält man ein α/β-Gefüge gemäß Abb. 132, welches vom stabilen Zustande des Ms 60 (vgl. Abb. 107) nicht sehr verschieden ist; gegenüber dem nichtstabilen Gefüge der technischen Fabrikate aus Ms 60 erscheint es demgemäß α-reicher.

Aus den Gefügebildern der nickelhaltigen Schliffe geht hervor, daß der Nickelkoeffizient kleiner als 1 sein muß. Er hat negativen Wert und wurde experimentell zu $-1,1$ ermittelt (Price u. Grant[55]). Nach obiger Formel finden wir für die Zusammensetzung von Abb. 131, gemäß welcher 2,5% Zink durch Nickel ersetzt sind:

$$y_1 = \frac{100 \cdot 60{,}2}{100 + 2{,}5\,(-1{,}1 - 1{,}0)}$$

$$= \frac{6020}{94{,}75} = 63{,}5 \,.$$

Im zweiten Falle, Abb. 132:

$$y_2 = \frac{100 \cdot 60{,}7}{100 + 1{,}1\,(-1{,}1 - 1{,}0)}$$

$$= \frac{6070}{97{,}7} = 62{,}1 \,.$$

Diese Berechnungsart ist insofern von Wert, als sie gestattet, das Gefüge einer Legierung dieser Klasse mit einiger Sicherheit im voraus zu ermitteln. Durch Vergleich mit reinem Messing von derselben Struktur

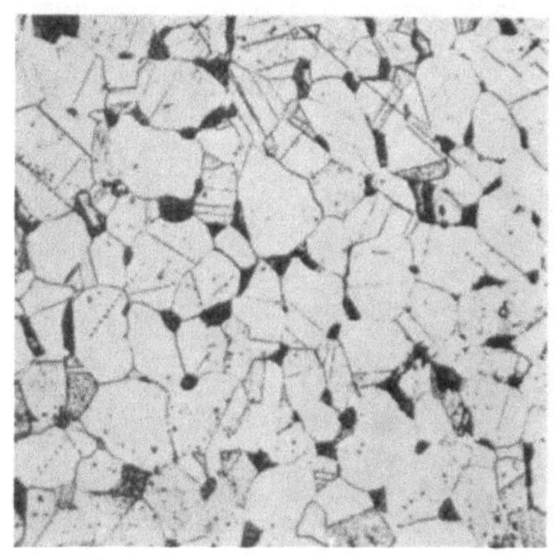

Abb. 132. Nickelmessing warm geschmiedet, 60,7% Cu, 1,1% Ni. V = 100.

kann man ein annäherndes Urteil über das technologische Verhalten gewinnen. Auf Grund der negativen Austauschzahl des Nickels darf in nickelreichen Sondermessingen der Kupfergehalt entsprechend niedrig (evtl. unter 55%) gehalten werden.

Mangan. Ähnlich wie Nickel, wenn auch in geringerem Maße, wirkt Mangan verbessernd auf die Festigkeitseigenschaften und die Warmbearbeitbarkeit des Messings, ohne die Verarbeitung in der Kälte erheblich zu beeinträchtigen. Es erhöht ferner die Standfestigkeit gegen Seewasser, Chloride, Salzsäure und überhitzten Dampf. Mangan wird in England und Amerika allgemein als der kennzeichnende Zusatz für Sondermessing angesehen und hat dort dieser Legierungsklasse den Namen gegeben („Manganese brass"), obwohl es fast immer gemeinsam mit anderen Metallen gebraucht wird und in der Menge oft gegen diese zurücktritt. Manchmal dient es überhaupt nur als Desoxydationsmittel. Der beste Effekt wird etwa bei 1,5% Mn erzielt, bei höheren Gehalten gehen Dehnung und Schlagfestigkeit merklich zurück. Hart gezogene

Drähte aus Manganmessing erreichen Festigkeitswerte von über 100 kg/mm².

Der Austauschkoeffizient des Mangans ist nach Guillet = 0,5, nach Smalley = 0,8. Ein Messing mit 56% Cu, 1,5% Mn, 42,5% Zn hat nach Smalley einen scheinbaren Kupfergehalt von

$$y = \frac{100 \cdot 56}{100 + 1,5\,(0,8 - 1)} = \frac{5600}{99,7} = 56,2\,.$$

Die Verschiebung des α/β-Gleichgewichts durch Mangan ist demgemäß viel weniger ausgeprägt als bei Nickel. Das auf Abb. 133 dargestellte Manganmessing obiger Zusammensetzung unterscheidet sich kaum von einem manganfreien 56%igen Messing.

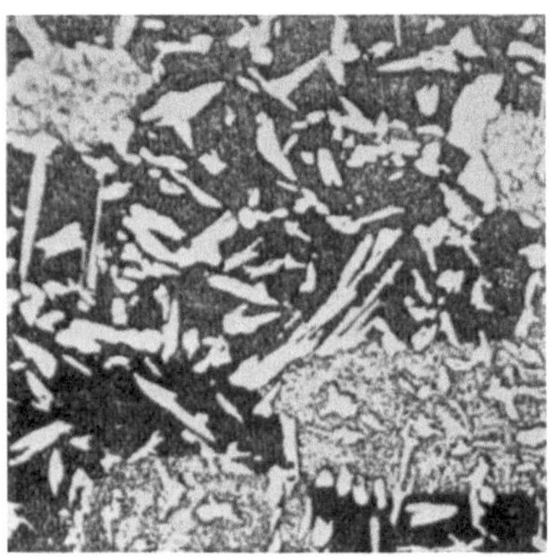

Abb. 133. Manganmessing warm geschmiedet, 56,0% Cu, 1,5% Mn. Weiße Nadeln: α, Grundmasse β in teils hellen, teils dunkeln Kristallen. V = 200.

Nach Smalley[56] ist in mechanischer Beziehung im gegossenen Material mit α/β-Struktur kein erheblicher Unterschied zwischen Manganmessing mit 1% bis 2% Mn und gewöhnlichem Messing vorhanden. Auf kaltbearbeitete Erzeugnisse kann diese Feststellung, wie Verfasser durch Versuche an gezogenen Stangen nachgeprüft hat, nicht übertragen werden, vielmehr ist bei solchen eine verfestigende Wirkung des Mangans zweifellos vorhanden. Guillet stellte auch im Gußmaterial, besonders im β-Gefüge, eine Verbesserung der Gütezahlen fest.

Aluminium. Kein anderes Metall beeinflußt die Festigkeits- und Gefügeeigenschaften des Messings so weitgehend wie Aluminium. Neben einer auffallenden Steigerung der Härte sowie der Bruch- und Streckgrenze bei gleichzeitiger Abnahme der Dehnung findet eine erhebliche Verschiebung des α/β-Verhältnisses statt, jedoch im entgegengesetzten Sinne wie bei Nickel und Mangan, indem der α-Gehalt durch Aluminium vermindert wird. Der Austauschkoeffizient ist $t = 6$, d. h. durch Einverleibung von je 1% Al wird die Struktur so verändert, als ob statt dessen 6% Zn zugefügt worden wären. Die Legierung bestehend aus 70% Cu, 2,5% Al, 27,5% Zn enthält bereits etwas β, entsprechend der Gleichung

$$y = \frac{100 \cdot 70}{100 + 2,5\,(6 - 1)} = \frac{7000}{112,5} = 62,3\,.$$

Steigt bei gleichem Kupfergehalt der Aluminiumzusatz auf 5,8%, so ergibt die Formel einen scheinbaren Kupfergehalt von $y = 54,3\%$, das

Gefüge ist in Übereinstimmung hiermit die reine β-Phase. Nach Versuchen des Verfassers mit warm gewalztem Aluminiummessing (Al-Zusätze 0,5 bis 1,5%) hatten alle α-freien Legierungen Dehnungswerte unter 15%. Die α/β-Legierung mit 60% Cu, 1% Al, 39% Zn und einem scheinbaren Kupfergehalt von $y = 57\%$ besaß dagegen 36% Dehnung bei 47 kg/mm² Festigkeit. Die Dehnung fällt also plötzlich ab, sobald der Kupfergehalt gemäß Umrechnung unter 54 bis 55% sinkt. Bei der Zusammensetzung 58% Cu, 3,5% Al, 38,5% Zn tritt γ auf, diese Legierung ist spröde und technisch unverwendbar. Für das Aluminiummessing gemäß Abb. 134 mit 57,6% Cu und 5,4% Al ergibt sich $y = 45,3\%$ Cu. Es enthält in einer lachsfarbenen β-Grundmasse hell-

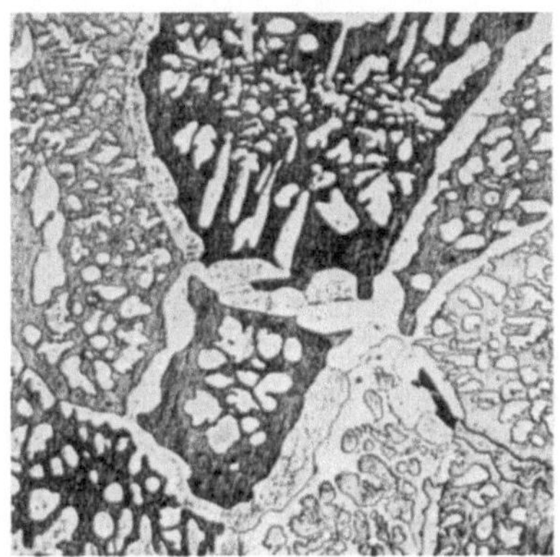

Abb. 134. Aluminiummessing gegossen, 57,6% Cu, 5,4% Al. Grundmasse grau bis schwarz: β (lachsfarben). Helle Umrandungen und Einsprengungen: γ (hellblau). V = 50.

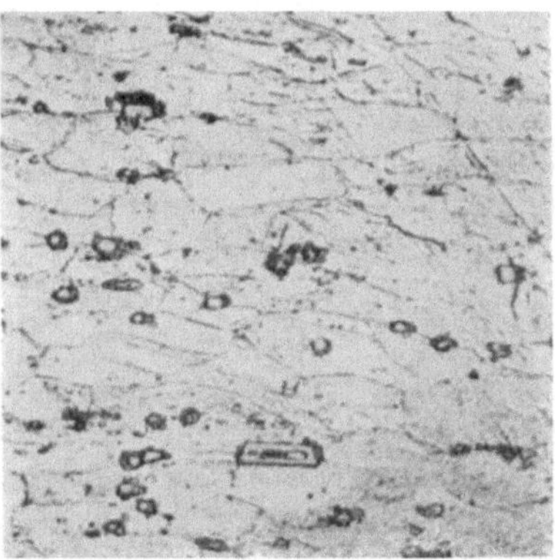

Abb. 135. Eisenmessing, kalt gewalztes Blech, 63,0% Cu, 0,6%Fe. α-Grundmasse mit eckigen eisenhaltigen Kristallen. Fe ungleich verteilt. V = 400.

blaues γ in erheblicher Menge (vgl. Abb. 134 mit 22). Mangan und Aluminium sind wirksame Sauerstoffverzehrer, die beim Gießen von Sondermessing den Phosphor ersetzen können.

Eisen. Die Beeinflussung des α/β-Messinggefüges durch geringe Eisenzusätze ist nicht erheblich ($t = 0,9$). Bereits bei etwa 0,4% Fe erscheint ein neuer Bestandteil, wahrscheinlich die Verbindung $FeZn_7$, in Gestalt von eckigen bläulichen Einschlüssen. Abb. 135 läßt diese in einem Blech mit 63% Cu und 0,6% Fe erkennen. Das Bild zeigt eine Stelle des Bleches, an der die eisenhaltigen Kristalle angereichert waren. Durch Ätzung mit Ammoniumpersulfat wird der eisenhaltige Bestandteil etwas gedunkelt, durch Eisenchloridätzung tiefschwarz gefärbt (vgl. Abb. 135 mit 139). Eisen bewirkt eine deutliche Erhöhung der Zugfestigkeit, bei Auftreten des Sonderbestandteiles beginnt die Dehnung zu sinken. Infolge der beschränkten Löslichkeit des Eisens besteht beim Gießen die Gefahr der Seigerung, daher muß Eisen unbedingt mit Hilfe

von Vorlegierungen eingeführt werden, um eine gleichmäßige Verteilung
zu erzielen. Im allgemeinen bewirkt Eisen eine Verfeinerung des Kornes[57].
und zwar schon in Mengen unter 0,4%. Eine besonders günstige Wirkung
auf Grund der Kornverfeinerung beobachtete Smalley[56] im warm-
verarbeiteten β-Messing mit 1 bis 2% Fe, welche seine beträchtliche Erhöhung der Geschmeidigkeit und Schlagfestigkeit erfuhr. Legierte Eisenzusätze verbessern die Schnittbearbeitbarkeit des Messings, wenn auch
bei weitem nicht in so hervorragendem Maße wie Blei, und fanden früher
zu diesem Zweck in größerem Umfange Anwendung. Im Sondermessing
wird die Löslichkeit des Eisens durch andere Zusatzstoffe, besonders
durch Nickel, erhöht, daher macht sich sein Einfluß in den komplexen
Legierungen stärker geltend.

Nach den Untersuchungen des Messingausschusses der Deutschen
Gesellschaft für Metallkunde wird in kalt gewalzten Messingblechen
mit 62% Cu durch Eisenzusätze bis 2% eine starke Erhöhung der Fließ-
grenze bewirkt, ferner steigt die Bruchfestigkeit, wenn auch in geringem
Maße, unter entsprechender Abnahme der Dehnung.

Zinn. Messing mit 55% bis 62% Cu kann im gegossenen Zustand bis
etwa 0,7% Zinn aufnehmen, ohne daß eine wesentliche Veränderung
des Gefüges stattfindet. Wird die Grenze von 0,7% erreicht oder überschritten, so tritt ein blaßblauer Gefügebestandteil γ auf, dessen Menge
sich mit zunehmendem Zinngehalt steigert. Wie aus dem Dreistoffschaubild Cu-Zn-Sn (s. Anhang Tafel IV) hervorgeht, liegt die Linie
QR, die das α/β-Feld vom $\alpha/\beta/\gamma$-Feld abgrenzt, durchgehend oberhalb
1,0% Sn. Das Gußgefüge mit 0,7 bis 1,0% Sn entspricht somit noch
nicht dem stabilen Zustand, und es kann der γ-Bestandteil bei den im
Felde $PQRK$ liegenden Legierungen durch Anlassen zum Verschwinden
gebracht werden. In Übereinstimmung mit diesem Verhalten des Gefüges weisen Gußerzeugnisse mit ca. 1% Sn, die keiner Wärmebehandlung unterworfen worden sind, in den meisten Fällen Einbuße an Festig-
keits- und Dehnungswerten auf, während die durch Warmpressen,
-schmieden oder -walzen verformten Produkte der gleichen Zusammensetzung erhöhte Bruchfestigkeit bei unverminderter Dehnung besitzen.
Ms 60 verhält sich nach Hanser[47] in bezug auf Warm- und Kaltwalz-
barkeit unverändert, solange der Zinngehalt unterhalb 1,4% bleibt. In
der warmgeschmiedeten Legierung mit 60,5% Cu und 1,1% Sn, Abb. 136,
ist γ völlig in Lösung gegangen. Nach Überschreitung der Linie QR tritt
sehr bald durch die γ-Phase ein Nachlassen der mechanischen Eigenschaften ein. Beim Erwärmen auf 600° geht γ in Lösung, seine Wieder-
abscheidung kann durch Abschrecken unterdrückt werden. Die Legierung besitzt dann höhere Dehnung, doch können als weitere Folge
des Abschreckens Wärmespannungen entstehen. Mit steigendem Zinnzusatz verschiebt sich das Verhältnis $\beta:\gamma$ immer mehr zugunsten des

letzteren Bestandteils, bis bei Passieren der Linie $QS\,\beta$ verschwindet und das Gefüge nur noch aus $\alpha + \gamma$ besteht. Legierungen mit reichlichem γ-Gehalt sind spröde. Abb. 137 zeigt ein Messingrohr aus einer Legierung mit 61,8% Cu, welcher versuchsweise 1,6% Sn zugesetzt wurden. Die γ-Phase trat an den Korngrenzen auf und verursachte, daß das Rohr während des Ziehprozesses beim Anschlagen der Spitze brach. Der γ-Kristall im zinnhaltigen Messing hat in Form und Farbe zuweilen Ähnlichkeit mit dem oben beschriebenen eisenhaltigen Bestandteil. Beide sind jedoch gut voneinander zu unterscheiden durch Ätzung mit Eisenchlorid, bei welcher letzterer geschwärzt wird, während ersterer unverändert bleibt. (Vgl. Drogseth, Engelmann und Gürtler[57].)

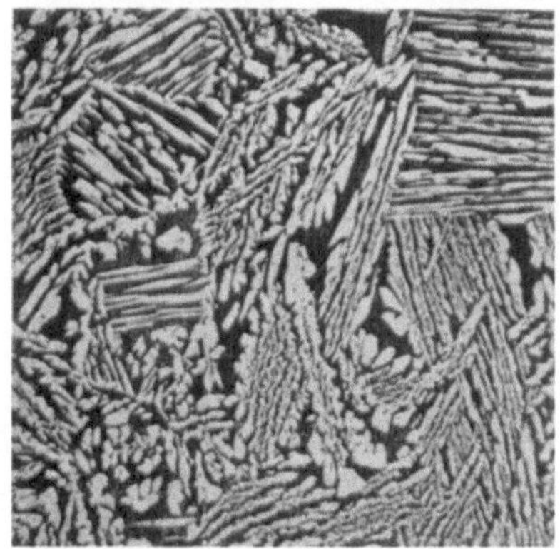 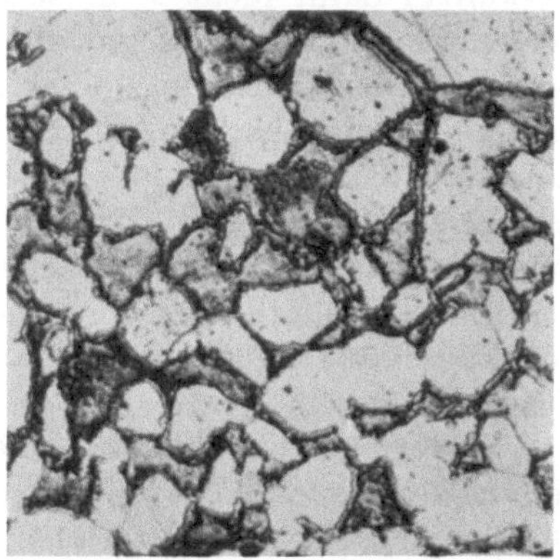

Abb. 136. Zinnmessing warm geschmiedet, 60,5% Cu, 1,1% Sn. Weiß: α, schwarz: β. V = 50.

Abb. 137. Warm gepreßtes Rohr aus Zinnmessing, 61,8% Cu, 1,6% Sn. Weiß: α, grau: β, an den Korngrenzen umrandendes γ (blaugrau). V = 400.

Der Vergütung des α/β-Messings durch Zinn sind also enge Grenzen gezogen. Die Austauschzahl des Zinns, die von Guillet mit $t = 2$ angegeben wird, ist von untergeordneter Bedeutung, da nur in Ausnahmefällen mehr als 1% bis 2% Sn in Anwendung kommen können. Technische Bedeutung haben die Sondermessinge mit 0,75% bis 1% Sn erlangt, weniger auf Grund ihrer nicht wesentlich erhöhten Härte als vielmehr wegen ihrer Seewasserbeständigkeit. In England findet die als „naval brass" bekannte Legierung aus etwa 59 bis 62% Cu, 1% Sn, Rest Zn im Schiffbau Anwendung in Form von Stangen, Rohren, Rohrwänden und kleineren Konstruktionsteilen. In den Vereinigten Staaten verwendet man zu gleichen Zwecken die Tobin-Bronze mit 59 bis 63% Cu, 0,5 bis 1,5% Sn, Rest Zn. Tobin-Bronze hat bei den über einen Zeitraum von 10 Jahren ausgedehnten Korrosionsversuchen von Bassett und Davis[28] ihre im Vergleich zu zinnfreiem 60/40-Messing erheblich verbesserte Seewasserbeständigkeit bewiesen. Von den zweiphasigen Legierungen war sie die einzige, die sich einigermaßen bewährte.

Außer den vorstehend erwähnten Metallen sind noch eine Anzahl anderer, welche als vergütende Zusätze selten oder gar nicht anwendbar sind, von Guillet hinsichtlich ihres Einflusses auf Messing untersucht worden*. Die Austauschzahlen der einzelnen Metalle schaffen, wie an obigen Beispielen erläutert, die Möglichkeit, im voraus durch Berechnung des scheinbaren Kupfergehaltes Analogieschlüsse auf die Kalt- und Warmbearbeitbarkeit der zu erwartenden Legierungen zu ziehen. Es muß aber darauf hingewiesen werden, daß diese Methode nur zuverlässig ist, solange die Menge des zugefügten Elements einige Prozent nicht übersteigt. Bei größeren Mengen oder gleichzeitigem Zusatz mehrerer Stoffe wird die Gültigkeit der Austauschzahlen zweifelhaft, da der Gefügeaufbau dann nicht mehr so einfachen linearen Gesetzmäßigkeiten gehorcht. Gürtler [58] hat auf die notwendigen Einschränkungen bei der rechnerischen Behandlung dieser Frage hingewiesen. Zudem ist zu beachten, daß die Eigenschaften der reinen β-Phase sehr verschieden sein können, je nach Art und Menge der gelösten Zusätze. Ein β-Aluminiummessing z. B. mit hohem Kupfer- und Aluminiumgehalt besitzt geringere Dehnung als ein solches mit niederen Gehalten, und beide werden hinsichtlich Dehnbarkeit von β-Manganmessing übertroffen. Für den Praktiker läßt sich daher ein experimentelles Studium der mechanischen Eigenschaften im einzelnen Falle doch nicht umgehen.

Wie eingangs erwähnt, sind die gängigen Sondermessingmarken des In- und Auslandes überwiegend von komplizierterer Zusammensetzung. Die deutschen Normen gestatten Zusätze von Mangan, Aluminium, Eisen und Zinn nach Wahl bis zu 7,5% insgesamt, außerdem dürfen bis zu 5% Kupfer durch Nickel ersetzt werden (s. Anhang Din 1709 Blatt 1). Der Gehalt an Kupfer + Nickel soll zwischen 55% und 60% liegen. Nach den britischen Standards (Nr. 250, 1926) sind die Kupfergehalte zwischen 54% und 62% und die sonstigen Metalle auf 5% begrenzt. Eine Mittelstellung nehmen die amerikanischen Normen ein, welche 55% bis 60% Kupfer und bis 7% Zusatzmetalle insgesamt zulassen.

Aus den bei den einzelnen Metallen beschriebenen Veränderungen der technologischen Eigenschaften ergeben sich die verschiedensten Kombinationsmöglichkeiten, von denen die Praxis ausgedehnten Gebrauch macht**. Das Verwendungsgebiet, welches bereits oben umrissen

---

* Vgl. die Studien über Cadmium, Antimon, Magnesium, Arsen, Kobalt, Silizium in verschiedenen Jahrgängen der Zeitschrift „Revue de Métallurgie." Eine Zusammenfassung aller Arbeiten von Guillet enthält das Buch „Métallurgie du Cuivre et Alliages du Cuivre" v. Altmayer u. Guillet. Paris: Verlag Baillière et fils 1925.

** In dem Buch von Ledebur-Bauer: Die Legierungen, 6. Auflage, S. 319. Berlin: Verlag Krayn 1924, findet sich eine Aufstellung über die wichtigsten deutschen Sondermessingmarken sowie Angaben über Zusammensetzung und Eigenschaften in- und ausländischer Erzeugnisse. Daselbst auch weitere Literaturhinweise.

wurde, umfaßt vornehmlich solche Konstruktionsteile, die auf Zug und Druck, auf Stoß und Schlag, auf Standfestigkeit gegen Abnutzung und chemische Einflüsse beansprucht werden, also besonders bewegte Teile und solche, die mit Flüssigkeiten in Berührung kommen. Die Beziehungen der Gefügelehre zu den Materialeigenschaften, die uns hier in erster Linie beschäftigen, lassen sich hinsichtlich der komplexen Sondermessinge in großen Zügen etwa wie folgt zusammenfassen:

1. Durch gleichzeitigen Zusatz zweier Metalle, die entgegengesetzt auf das Gefüge einwirken (z. B. Nickel und Aluminium), kann eine Aufhebung der strukturverschiebenden Tendenzen erzielt werden.

2. α/β-Sondermessing ist im allgemeinen dem β-Sondermessing an Dehnung, Zähigkeit und Ermüdungsfestigkeit überlegen. Reine β-Legierung soll auch im gegossenen Zustand nicht weniger als 15% Dehnung besitzen, da sonst trotz hoher Festigkeit die Verwendbarkeit beschränkt ist.

3. Durch mehr oder weniger rasche Abkühlung hat man bei Gußstücken eine gewisse, wenn auch nicht sehr weitgehende Beeinflussung von Festigkeit und Dehnung

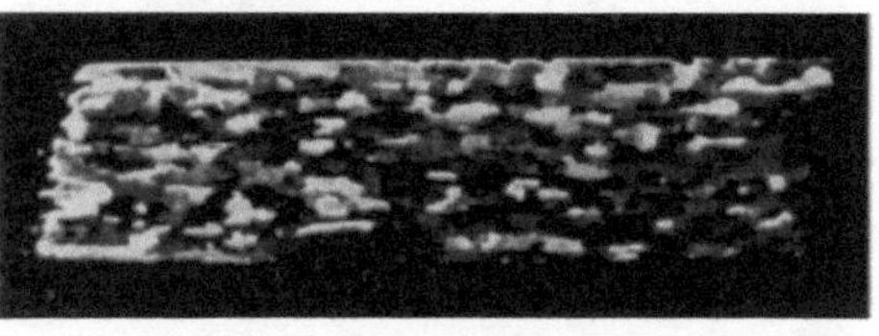

Abb. 138. Walzplatte aus Aluminiummessing, 14 mm dick, 57,3 % Cu, 1,1 % Al. β-Gefüge, durch Überhitzung grobkörnig. V = 1.

in der Hand, sofern es sich um α/β-Legierungen handelt. Ist durch schnelle Abkühlung zunächst wenig α entstanden, so kann durch Anlassen bei 580° bis 800° (je nach Zusammensetzung) der α-Bestandteil entwickelt und die Dehnung verbessert werden. Durch Glühen oberhalb 800° und rasche Kühlung läßt sich das Umgekehrte erreichen, wodurch die Streckgrenze steigt (vgl. Comstock[59]).

4. Die β-Legierungen sind empfindlich gegen Erhitzung über 700°, da sie bei diesen Temperaturen leicht grobkörnig werden. Die Folge ist Verminderung der Dehnung und Schlagfestigkeit. Abb. 138, eine warm gewalzte Platte aus β-Aluminiummessing mit 57,3 % Cu und 1,1 % Al, zeigt in natürlicher Größe die ungewöhnliche Grobkristallinität dieser β-Struktur.

5. Die durch Eisen vornehmlich bei Gegenwart anderer Zusatzmetalle hervorgerufene Kornverfeinerung kommt am meisten nach erfolgter Formgebung zur Geltung, d. h. Eisen ist wirksamer in den sog. Halbzeugen als in Gußerzeugnissen. Die Verminderung der Korngröße ist verbunden mit einer sehr gleichmäßigen Verteilung der α-Nadeln und verbesserter Dehnung.

Im folgenden seien einige Beispiele von charakteristischen Sondermessingen angeführt.

Für den Guß von Schiffspropellern wählt man nach Logan [60] α/β-Sondermessing für langsamlaufende, β-Legierung für schnelllaufende Propeller, weil bei letzteren die mehr zugeschärfte Querschnittsform der Flügel und die stärkere Erosionswirkung einen härteren Werkstoff erfordern. Der Umstand, daß die Bruchgefahr etwas größer ist als bei α/β-Legierung, muß in Kauf genommen werden. Der Mangangehalt beträgt zweckmäßig 1% bis 2%. Auf die Verhinderung der Ausbildung großer Kristalle im β-Gefüge muß Bedacht genommen werden. Analoge Grundsätze gelten für die Herstellung von Flügelrädern für Zentrifugalpumpen.

Eisenreiches Sondermessing besitzt durch die zahlreichen Einsprengungen des eisenhaltigen Bestandteils, welche härter als die Grundmasse sind, eine Struktur, die den typischen Lagermetallen verwandt ist (vgl. Lagerbronze, Abschnitt B V). Die Laufeigenschaften sind zwar niemals so gute wie bei zinkfreien Legierungen, jedoch werden Sondermessinge wie z. B. die auf Abb. 139 dargestellte Stange aus Eisen-Nickelmessing mit Erfolg auf Lager für kleine, wenig belastete Wellen bei nicht allzuhohen Drehzahlen verarbeitet.

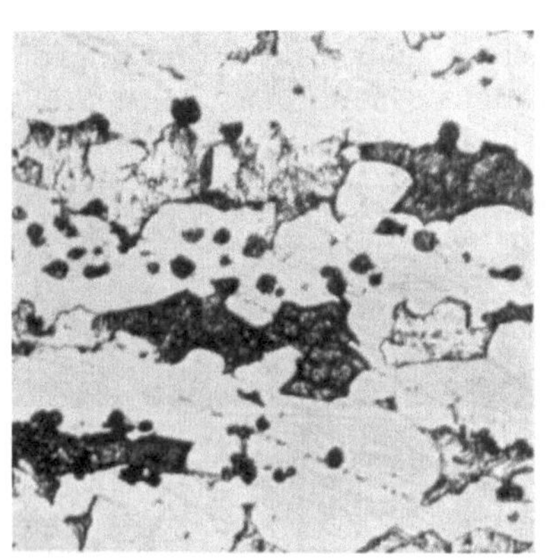

Abb. 139. Gezogene Stange aus Eisen-Nickelmessing, 14 mm $\varnothing$, 55,9% Cu, 1,5% Fe, 2,1% Ni. Weiß: α, aufgerauht grau bis schwarz: β (in Zeilen), schwarze Punkte im α: Eisen (in der Mitte angereichert). — Ätzung FeCl$_3$ + HCl. V = 400.

Hohe Zinngehalte, d. h. reichliche Mengen von γ, machen Messing zwar geringwertig in bezug auf Dehnung und Zähigkeit, aber auch in hohem Grade hart und verschleißfest. Unter Umständen sind auch solche Mischungsverhältnisse von technischem Wert. Für Hahnkegel, Stromabnehmerrollen und andere Teile, die stark auf mechanische Abnutzung, dabei wenig auf Zug und Druck beansprucht werden, dienen Legierungen ähnlich wie Abb. 140 (s. farbige Bildtafel). Dieses Gefügebild eines Warmpreßstückes aus Blei-Zinn-Sondermessing läßt Blei und zinnreiches γ nebeneinander erkennen. Die schwarzen Flecke sind z. T. Bleieinschlüsse. Beim Polieren bleibt γ infolge seiner Härte als erhabenes Relief stehen, dessen Konturen stellenweise von Schattenstreifen begleitet sind. In der α-β-γ-Anordnung ist die Ähnlichkeit mit dem Zinnmessing Abb. 137 augenscheinlich.

IV. Kupfer, Zink und Nickel.

Fast sämtliche der unter den Namen Neusilber, Argentan, Alpakka usw. bekannten walzbaren Cu-Zn-Ni-Legierungen sind einphasig, sie bestehen aus festen Lösungen der drei Metalle ineinander. Das in Abschnitt A VI erläuterte Dreistoffdiagramm Cu-Zn-Ni (s. Anhang Diagr. V) zeigt, daß der ternäre α-Mischkristall im wesentlichen das Feld beherrscht. Nur in gewissen Legierungen nahe der Linie CP treten bei höheren Temperaturen Übergänge zu heterogenen Bereichen ein. Von diesen Grenzlegierungen abgesehen werden in Neusilber durch schnelle oder langsame Abkühlung keine Gefügeveränderungen hervorgerufen. Das über Alphamessing in den Kapiteln „Gefügeaufbau und Werkstoffeigenschaften" sowie „Verformung und Rekristallisation" gesagte läßt sich in allen wesentlichen Punkten auf Neusilber übertragen, zumal die Herstellung und Verarbeitung des Neusilbers besonders in Form von

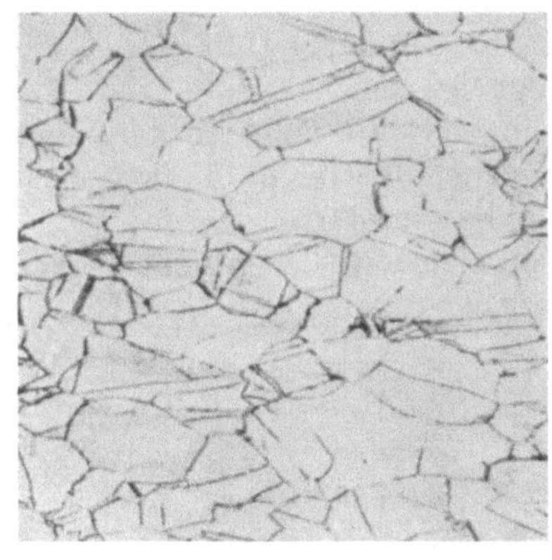

Abb. 141. Neusilber-Tiefziehblech, 62,1% Cu, 17,9% Ni, Ternäres α mit Zwillingsstreifen. V = 100.

Blech und Draht derjenigen des α-Messings sehr ähnlich ist. Eine für Tiefziehzwecke häufig gebrauchte Blechlegierung zeigt Abb. 141.

Bei Erstarrung aus dem Schmelzfluß bildet Neusilber stark ausgeprägte Zonenkristalle. Ebenso wie bei den Zonenkristallen des arsen-

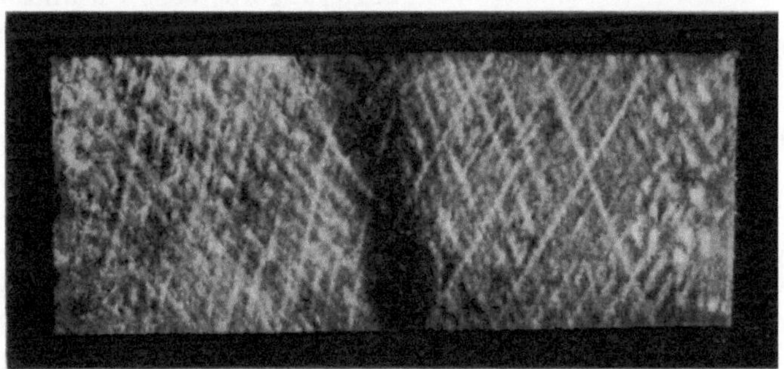

Abb. 142. Gebeiztes Neusilberblech 0,7 mm, 68,0% Cu, 6,0% Ni. Hervortreten der Dendriten auf der Walzfläche. — Ungeätzt. V = 0,8.

haltigen Kupfers findet beim Glühen ein sehr langsamer Ausgleich der Konzentrationen statt. Das geringe Diffusionsvermögen des Nickels bewirkt, daß bisweilen in kaltgewalzten Blechen die Dendriten noch vorhanden sind und nach dem Beizprozeß mit voller Deutlichkeit für das unbewaffnete Auge sichtbar werden. Abb. 142, die Walzfläche eines Bleches mit 6% Ni in schwacher Verkleinerung, ist ohne Zuhilfenahme einer metallographischen Ätzung aufgenommen. Bei einem Versuch von

Davis[81], gegossenes Neusilber zu homogenisieren, wurden nach 72stündigem Glühen bei 700⁰ noch Reste von Dendriten festgestellt.

Zwischen der Konstitution der Legierungen und ihrem Leitvermögen für den elektrischen Strom besteht eine allgemeine Beziehung in dem Sinne, daß die Leitfähigkeit eines Metalls durch einen in fester Lösung aufgenommenen Zusatz stärker herabgesetzt wird als durch einen solchen, der mit dem Ausgangsmetall ein heterogenes Gemenge bildet. Durch ein drittes in die feste Lösung eintretendes Metall wird die Leitfähigkeit weiterhin vermindert, zugleich fällt auch der Temperaturkoeffizient der Leitfähigkeit stark ab. Aus diesen Gründen eignen sich die Legierungen der Neusilbergruppe, bei denen das homogene α-Feld einen breiten Raum einnimmt, besonders zur Herstellung von Widerstandsmaterial für Heiz- und Kochapparate, elektrische Meßgeräte und Vorschaltwiderstände. Für solche Zwecke finden Drähte aus 60% Cu, 20% Zn, 20% Ni oder 55% Cu, 20% Zn, 25% Ni weitgehende Verwendung. Diese Legierungen werden im Handel häufig als Nickelin bezeichnet, obwohl sich ursprünglich dieser Name nur auf die binäre Legierung aus 68% Cu und 32% Ni bezog. Neuerdings erforscht man Legierungen aus vier und mehr Metallen, welche miteinander homogene Mischkristalle bilden, auf ihre Eignung für Widerstandsmaterial. In Betracht kommen hier als Zusätze zu Neusilber Mangan und evtl. in geringerer Menge Eisen.

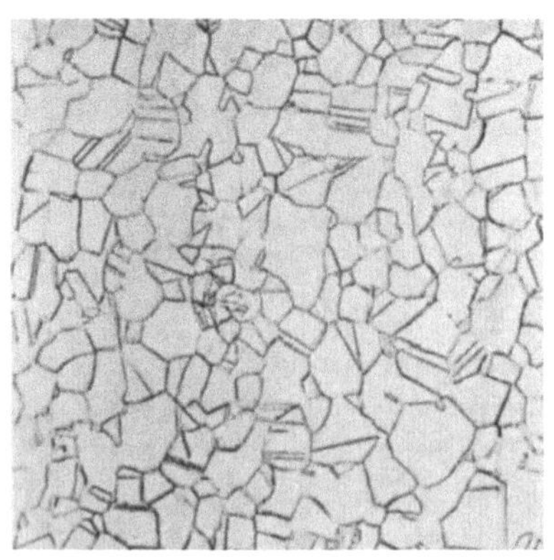

Abb. 143. Neusilber gewalzt, 57,0% Cu, 26,7% Ni, 0,7% Fe. Eisen nach 8stündigem Glühen bei 730⁰ vollständig gelöst. V = 190.

Die als Verunreinigungen im technischen Neusilber vorkommenden Zehntelprozente an Mangan und Eisen sind, wie aus dem Gesagten bereits hervorgeht, im Gefügebild nicht erkennbar. Bei hohen Nickelgehalten lassen sich 0,7% Fe durch längeres Glühen völlig in Lösung bringen, vgl. Abb. 143. Im Gegensatz zu seinem Verhalten im Messing zeigt sich Eisen erst bei hohen Gehalten als Sonderbestandteil.

Blei verhält sich dagegen im Neusilber ganz ähnlich wie im Messing. Es bildet punktförmige Einschlüsse und verbessert, wie schon erwähnt. die Schnittbearbeitbarkeit. Abb. 144 zeigt das Gefüge einer Neusilberstange mit 55,0% Cu, 11,2% Ni und 1,5% Pb, die für Bohr- und Drehbearbeitung geeignet ist.

Wird der Zinkgehalt des Neusilbers auf 40% bis 50% erhöht, so ist damit ebenso wie bei Messing eine Verbesserung der Plastizität in der

Wärme verbunden. Auch hier steht die Warmformbarkeit mit der β-Kristallart im Zusammenhang, und in noch stärkerem Maße wie bei Messing wird das α/β-Verhältnis von der Geschwindigkeit der Abkühlung beeinflußt. Obwohl diese Legierungen außerhalb der im Schau-

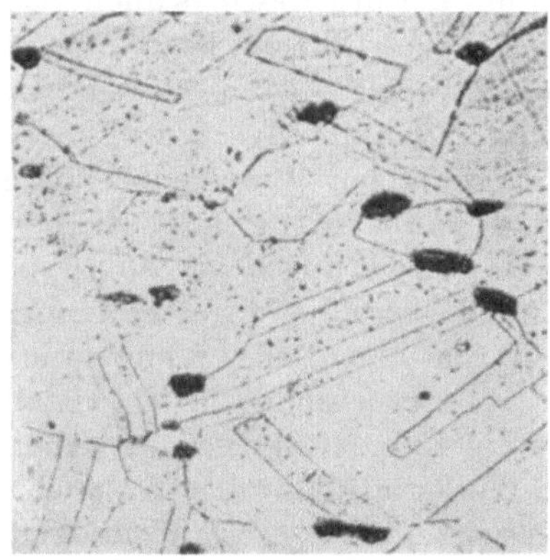

Abb. 144. Neusilberstange 6,5 mm ⌀, 55,0% Cu, 11,2% Ni, 1,5% Pb. Ternäres α. Schwarze Flecken: Blei. V = 200.

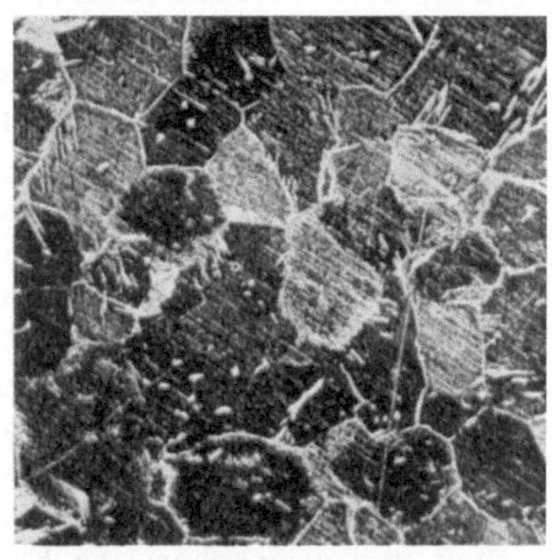

Abb. 145. Warm gepreßtes Profil, 43,7% Cu, 10,5% Ni. — Grundmasse β, an den Korngrenzen α. Ätzung $FeCl_3$ + HCl. V = 50.

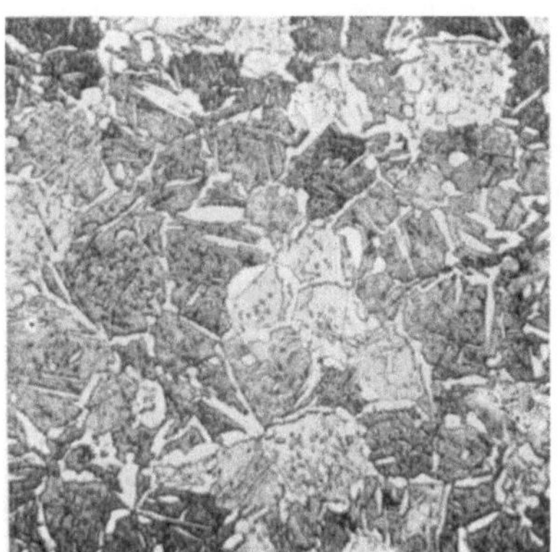

Abb. 146. Wie Abb. 145, ½ Std. geglüht bei 700°. Stärkere α-Abscheidung. — Ätzung $FeCl_3$ + HCl. V = 50.

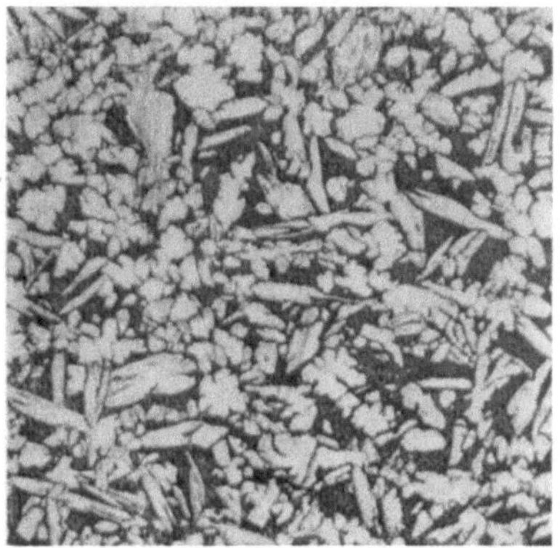

Abb. 147. Profilstange warm gepreßt, 44,7% Cu, 12,5% Ni. Weiß: ternäres α, schwarz: ternäres β. Ätzung $FeCl_3$ + HCl. V = 50.

bild, Diagr. V umrissenen walzbaren Mischungsverhältnisse liegen, pflegt man sie neuerdings in den erweiterten Begriff „Neusilber" mit einzubeziehen. Ein warmgepreßtes Profil aus einer Legierung von 43,7% Cu, 10,5% Ni, 45,8% Zn enthält unmittelbar nach dem Pressen (Abb. 145) β-Kristalle, die von α umrandet werden. Nach ½ stündigem Glühen bei 700° (Abb. 146) hat sich die Menge der α-Phase beträchtlich vermehrt, sie findet sich jetzt nicht allein an den Korngrenzen, sondern auch im

Innern der β-Körner. Bei der Zusammensetzung 44,7% Cu, 12,5% Ni, 42,8% Zn besitzt das Gefüge Ähnlichkeit mit einem Ms 58, vgl. Abb. 147 mit Abb. 121. Eine Reihe von Legierungen dieser Art wurde von Price und Grant[55] näher untersucht.

Die β-Phase des Neusilbers zeigt sich mit der des Messings auch insofern verwandt, als sie normalerweise frei von Zwillingen ist. Man vergleiche Abb. 49 mit den α-Strukturen Abb. 48, 51, 141 und 144. Auf Grund ihres geringen Nickel- und Kupfergehaltes sind die an der Grenze des Neusilberbereiches stehenden α/β-Legierungen weniger beständig in der Farbe, sie oxydieren leichter, d. h. sie laufen an der Luft schneller an als die oben genannten Blech- und Drahtlegierungen der α-Gruppe.

Als entgegengesetzten Grenzfall können wir die zinkfreien Kupfer-Nickellegierungen ansehen, die sich durch chemische Widerstandsfähigkeit auszeichnen. Sie bilden eine ununterbrochene Mischkristallreihe, aus der die Legierungen mit 10% bis 20% Ni die meistgebräuchlichen sind. Als gezogene und gewalzte Werkstoffe sowohl wie als Gußstücke finden sie Anwendung für Erzeugnisse, die gegen korrodierende Wässer und atmosphärische Einflüsse standfest sein müssen, z. B. für Geschoßmäntel, Kondensatorrohre, Automobilkühler, Ventile und Hähne im Schiffbau u. dgl.

V. Kupfer und Zinn.

Aus der Reihe der in der Technik gebräuchlichen Kupfer-Zinnbronzen sind 4 Legierungen gemäß Normblatt Din 1705 Blatt 1 (s. Anhang) vom Deutschen Normenausschuß als typische Vertreter ausgewählt worden, deren Zinngehalte 6, 10, 14 und 20% betragen. Die Vorzüge der Bronzen beruhen in der Vereinigung von großer Härte mit chemischer Standfestigkeit. Im Gegensatz zu den Neusilberlegierungen sind die Bronzen in Gefügebau untereinander sehr verschieden. Ihre Struktur ist abgesehen vom Zinngehalt abhängig von der Art der Wärmebehandlung (vgl. Abschnitt A II und Diagramm Nr. II). Die beiden ersten Legierungen des Normblattes fallen in das Gebiet der homogenen α-Mischkristalle und zeichnen sich demgemäß durch Geschmeidigkeit aus. Indessen ist nur die Bronze mit 6% Sn als gute Walzbronze zu bezeichnen (,,WBz 6", vgl. Abb. 23 und 24), während die 10%-Bronze schwierig zu bearbeiten ist, da die härtende Wirkung des Zinns sich stark bemerkbar macht. Nach Bauer und Vollenbruck[61] lassen sich die zinnreichen Bronzen warm bearbeiten, solange die Temperatur über dem Existenzbereich des spröden δ-Kristalles liegt, d. h. oberhalb 520°. In der Praxis wird von dieser Warmbearbeitbarkeit selten Gebrauch gemacht, da die Bronzen mit 10% bis 20% Zinn fast ausschließlich in der Formgießerei Verwendung finden, in welchem Falle dann auch die GBz 10 ein instabiles

$\alpha + \delta$-Gefüge aufweist (s. Abb. 27). Je höher der Zinnzusatz, d. h. der δ-Gehalt, um so härter ist die Legierung, darum wählt man für die am stärksten durch Reibungsverschleiß oder Flächendruck beanspruchten Erzeugnisse die Gußbronze GBz 20 (vgl. Abb. 25).

Im Bereich der zinnarmen Bronzen ist die Warmformgebung durch Walzen, Pressen und Schmieden für einfache Produkte allgemein üblich, schwierigere Formen werden auf kaltem Wege hergestellt. Die Legierungen mit Zinngehalten bis etwa 5% werden vorwiegend auf Drähte und Rohre verarbeitet. Die Walzbronzen mit 6% bis 8% Zinn werden ausschließlich kalt verformt, sie finden hauptsächlich in Gestalt von dünnen Blechen, Bändern und Drähten Anwendung, in Fällen, wo es auf hohe Festigkeits- und Härtewerte ankommt, z. B. für Federn in der Elektrotechnik. Infolge ihrer hohen natürlichen Härte, die durch Kaltbearbeitung nach Möglichkeit gesteigert wird, sowie infolge ihrer chemischen Beständigkeit eignen sich die walzbaren Kupfer-Zinnlegierungen vorzüglich für Kontaktfedern, besonders in der Schwachstromtechnik, wo gute Kontakteigenschaften verlangt werden. Gemäß britischer Admiralitätsvorschrift dient die Bronze 97/3 ferner für gezogene Turbinenschaufeln, in welcher Form sie eine Festigkeit von 38 kg/mm² und eine Streckgrenze von 23,5 kg/mm² erreicht bei einer Dehnung (bezogen auf den kurzen englischen Zerreißstab mit der Meßlänge δ_4*) von 13%. Die Betriebstemperatur darf auf 300⁰ bis 350⁰ steigen, ohne daß ein wesentliches Nachlassen der mechanischen Eigenschaften eintritt, während sonst für die meisten Kupferlegierungen 250⁰ als obere Temperaturgrenze zu gelten hat.

Geglühte Bronzebleche werden zuweilen durch Ziehen und Drücken bearbeitet ähnlich wie Messingbleche. Da ihre Kaltbearbeitbarkeit aber wesentlich geringer ist, verwendet man sie nur da, wo Messing aus bestimmten Gründen nicht zulässig ist.

Für das Verhalten der Alpha-Bronzen bei Verformung und Rekristallisation gilt grundsätzlich das unter „Alpha-Messing" gesagte. Die Homogenisierung des dendritischen Gußgefüges durch Glühen und das Kornwachstum bei steigender Glühtemperatur veranschaulichte Waehlert [62] an einer 3%-Bronze an Hand von Gefügebildern, welche die Analogie mit den in Abschnitt B III gebrachten Abbildungen dartun.

Mit dem Auftreten des δ-Bestandteiles geht die Geschmeidigkeit der Bronzen erheblich zurück. Um zinnreichere Bronzen kalt zu walzen sorgt

---

* Die Dehnungswerte der zitierten englischen und amerikanischen Arbeiten sind nicht direkt mit deutschen Dehnungsziffern vergleichbar. In den angelsächsischen Ländern benutzt man kürzere Meßlängen von etwa dem vierfachen Stabdurchmesser (δ_4) gegenüber der bei uns meistgebräuchlichen Meßlänge δ_{10}, welche niedrigere Werte angibt.

man daher durch vorheriges Glühen für eine möglichst weitgehende Lösung des Eutektoids. Die Bronze von der Zusammensetzung 92,5/7,5 enthält nach Vergießen in eiserne Kokillen das Eutektoid in Gestalt

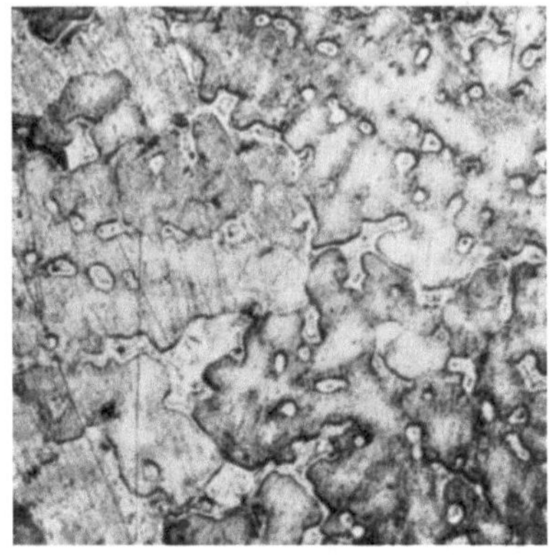

von Adern und Inseln (Abb. 148). Nach Glühung bei 650⁰ ist δ bis auf kleine Reste gelöst (Abb. 149). Eine darauf folgende Kaltwalzung führt die Bronze, in der sich noch Dendritenreste finden, in eine von Gleitlinien durchsetzte α-Struktur über (Abb. 150). Bei der nun folgenden Glühung verschwinden die letzten Überbleibsel der δ-Phase.

Eine sehr wichtige Rolle spielt indessen der δ-Kristall in denjenigen Legierungen, die als Lagermetalle Anwendung finden. Hierzu gehört die Bronze GBz 10 (s. Abb. 27). Das instabile Gefüge, welches diesen

Abb. 148. Bronze mit 7,5 % Sn, Gußplatte, Grundmasse: α-Zonenkristalle. Helle Adern und Inseln: $(\alpha + \delta)$ = Eutektoid. — Ätzung FeCl₃ + HCl. V = 130.

Werkstoffen ihre wertvolle Eigenschaften verleiht, ist gekennzeichnet durch Dendriten mit kupferreichen, daher weicheren Kristallachsen und zwischengelagerter, härterer Füllmasse aus zinnreichem Material, welch letzteres in dem $\alpha + \delta$-Eutektoid besteht. Die eutektoidische

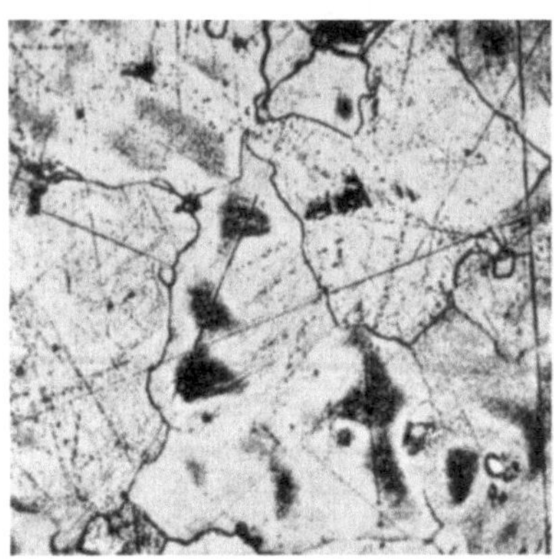

Abb. 149. Wie Abb. 148, ½ Std. bei 650⁰ geglüht: Dendritisches α, Eutektoid fast völlig gelöst. — Ätzung FeCl₃ + HCl. V = 130.

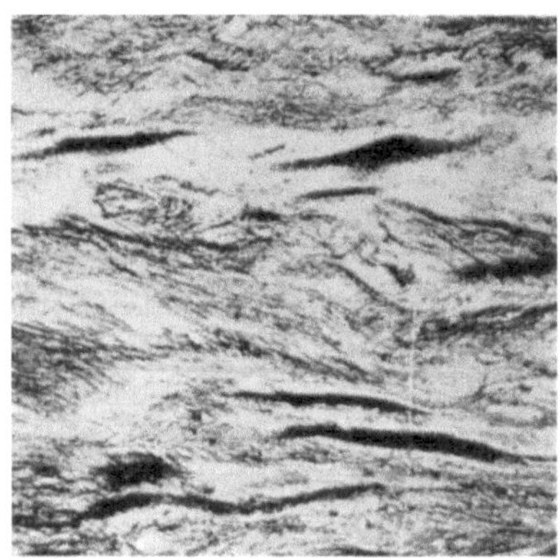

Abb. 150. Wie Abb. 149, nach Kaltwalzen von 35 auf 17 mm. Starkgereckte α-Struktur. — Ätzung FeCl₃ + HCl. V = 130.

Struktur der zinnreicheren Bronze- und Rotgußlegierungen ist in ihrem Aussehen durchaus charakteristisch für diese Werkstoffe, wir kennen keine andere Kupferlegierung, die mit ihnen vergleichbar wäre. Durch Wärmebehandlung könnte das Gefüge der GBz 10 in reines α über-

geführt werden (s. Abb. 28), es hätte aber dann seine Eignung für Lagerzwecke eingebüßt. Betreffs des Näheren über die dendritischen Lagerbronzen, die Eigentümlichkeiten ihrer Struktur und deren vorteilhafteste
Ausbildungsform für die Gleiteigenschaften des Lagers sei auf das Buch
von Czochralski und Welter „Lagermetalle und ihre technologische
Bewertung"* verwiesen.

Die durch Wärmebehandlung zu erzielende Veränderung der mechanischen Eigenschaften einer Gußbronze 85/15 wurde von Rowe [63]
untersucht, und zwar unter Berücksichtigung verschiedener Gießtemperaturen. Durch Glühen bei 650⁰ und darauffolgendes langsames Abkühlen wurde die Menge des Eutektoids vermindert, durch Ausglühen
bei der gleichen Temperatur und darauffolgendes Abschrecken wurde
das α/β-Gefüge festgehalten und die Eutektoidbildung gänzlich verhindert. Die nach beiden Verfahren behandelten Gußstücke besaßen
wesentlich höhere Dehnungen als diejenigen, die nach dem Guß lediglich in normaler Weise abgekühlt waren. Die Werte für die Bruch-
festigkeiten wurden durch die Wärmebehandlung nur wenig beeinflußt.
Dieselbe Legierung wurde von Heyn und Bauer [64] nach verschiedener
Wärmebehandlung hinsichtlich ihrer Härte, Stauch- und Druckfestigkeit untersucht. Die aus Bronze 85/15 hergestellten Gußstäbe besaßen
in Kokillenguß infolge rascherer Abkühlung größere Härte und höhere
Stauch- und Druckfestigkeit als in langsamer abkühlendem Sandguß.

Kupferzinnbronzen, denen beim Schmelzen Phosphor in irgend-
einer Form zugesetzt wurde zu dem Zweck, die im Bade vorhandenen
Oxyde abzuscheiden, werden Phosphorbronzen genannt. Sofern es sich
hierbei um Walzbronzen handelt, bemißt man den Phosphorzusatz so
knapp, daß sich nach der Desoxydation in der Legierung nur noch geringe
Mengen Phosphor chemisch feststellen lassen. Überschüssiger Phosphor
bildet das harte und spröde Kupferphosphid Cu_3P, welches schon in
kleinen Mengen als neuer Bestandteil der Legierung mikroskopisch fest-
stellbar ist. Das Phosphid hat bläuliche Farbe und bildet mit Kupfer
und Zinn anscheinend ein ternäres Eutektikum von der Zusammensetzung 80,7% Cu, 14,8% Sn, 4,5% P, welches bei 628⁰ erstarrt [65]. In
Abb. 182 ist dieses Eutektikum in einer Bronze mit 92,2% Cu, 7,2%
Sn, 0,6% P eingelagert in primär abgeschiedene Kupferzinn-Misch-
kristalle erkennbar, und zwar ist das dunkler gefärbte Phosphid (Cu_3P)
mit seiner federartigen Struktur deutlich von dem benachbarten δ
(= Cu_4Sn) zu unterscheiden. Während das spröde Phosphid in Walzbronzen unerwünscht ist, macht es sich in Gußlegierungen in kleinen
Mengen nicht störend bemerkbar. Man bemißt hier den Phosphorzusatz
reichlicher als bei Walzbronzen, um durch analytischen Nachweis des

---

* Berlin: Julius Springer 1924.

in der Legierung verbliebenen Phosphors dem Käufer Gewähr dafür verschaffen zu können, daß es sich um eine wirklich gut desoxydierte „Phosphorbronze" handelt. Da in Lagerbronzen das harte Phosphid außerdem neben dem δ-Kristall als tragender Bestandteil wirkt, ist sein Vorhandensein für diesen Verwendungszweck auch ein technologischer Vorteil. Mehr als 1% Phosphor sind jedoch stets vom Übel, weil die Legierung ihre Dehnung verliert und somit einen ihrer Hauptvorzüge, die Widerstandsfähigkeit gegen Stöße und Vibrationen einbüßt. In den Normen der Vereinigten Staaten (ASTM-Norm Nr. B 22—21) ist deswegen für Lager der Phosphorgehalt auf höchstens 1% für reine Kupfer-Zinnbronzen festgesetzt, für zink- oder bleihaltige Bronzen noch niedriger. Die höchste Verschleißfestigkeit und Härte wird zwar bei annähernd 1% Phosphor erzielt, doch liegt der beste Effekt hinsichtlich der Vereinigung von Festigkeit und Zähigkeit bei etwa 0,5% P. Nach den britischen Admiralitätsvorschriften sind Lager für hohe Drehzahlen (Dynamos, Motoren) sowie Zahnräder aus Bronze 90/10 zu fertigen, in der sich noch mindestens 0,3% Phosphor nachweisen lassen müssen. Für hochbeanspruchte Teile (Armaturen, hydraulische Apparate) dient Bronze 86/14. Beim Guß in eiserne Formen erreichen diese Legierungen Festigkeiten von 22 bis 27 kg/mm². Die zinnärmere Bronze besitzt die bessere Dehnung (ca. 5%). Guß in Sandformen ist geringwertiger bezgl. Festigkeit und Härte, was, wie oben erläutert, mit dem Einfluß der Abkühlungsgeschwindigkeit auf das Gefüge zusammenhängt.

Aus gießtechnischen Gründen wird es in vielen Fällen schwer sein, den leicht verbrennbaren Phosphor in der Legierung festzuhalten, insbesondere wird man bei dünnwandigen Gußstücken, welche verhältnismäßig hohe Gießtemperaturen verlangen, kaum über 0,3% hinauskommen.

In schweren Bronzegußstücken werden zuweilen weißliche Stellen getroffen, die der Praktiker als „Zinnseigerungen" bezeichnet. Es handelt sich hier in der Tat um zinnreiche Seigerungsprodukte, in denen allerdings nicht reines Zinn sondern der Deltabestandteil in stark angereicherten Mengen auftritt. Rowe[66] untersuchte einen solchen Fall bei der Legierung 90/10, in welcher eine Seigerstelle 18% bis 19% Sn enthielt. Eine besondere Rolle spielen derartige Abscheidungen im zinnreichen Rotguß, worauf in Abschnitt B VI näher einzugehen sein wird.

Bleihaltige Bronzen. Ein Zusatz von Blei zu Kupfer-Zinnlegierungen verbessert deren Eignung für Lagerzwecke, da Blei der Abnutzung des Lagers entgegenwirkt. Es scheidet sich im Gefüge als Sonderbestandteil in mehr oder weniger feiner Verteilung aus und scheint einen gewissen Schmiereffekt hervorzurufen. Zugleich verbessert es die Bearbeitbarkeit der Bronzen mit schneidenden Werkzeugen. Die Höhe des Bleizusatzes beträgt 4% bis 12% (vgl. Sonderbronzen nach Normblatt Din 1705

Blatt 1 im Anhang). Nach den ASTM-Normen B 31—21 sind ferner Blei-Zinnbronzen mit 20% bis 25% Blei in den Vereinigten Staaten gebräuchlich. Mit Rücksicht auf die Neigung des Bleis, seinem hohen spezifischen Gewicht folgend im unteren Teil der Gießtiegel und -formen auszuseigern, erfordert der Guß dieser bleireichen Bronzen besondere Vorsichtsmaßregeln. Durch Zusatz eines höher schmelzenden Metalls wie Nickel, welches die Bildung eines Kristallgerippes beim Erstarren beschleunigt, kann dem Seigerungsbestreben des Bleis bis zu einem gewissen Grade begegnet werden. Zu beachten ist auch, daß Bruch- und Schlagfestigkeit mit zunehmendem Bleigehalt ständig sinken. Bei der Erstarrung scheidet sich Blei in der Nachbarschaft des δ-Kristalls aus, wie auf Abb. 151 (85,5% Cu, 10,2% Sn, 4,3% Pb) erkennbar ist.

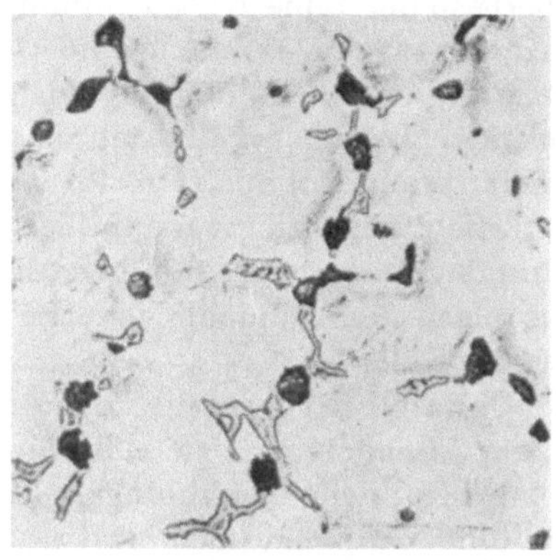

Abb. 151. Blei-Zinnbronze, Bl-Bz 10, gegossen, 85,5% Cu, 10,2% Sn, 4,3% Pb. Grundmasse: α. Gesprenkelte Inseln: Eutektoid. Schwarze Punkte: Blei. — Ätzung FeCl$_3$ + HCl. V = 100.

Auf Grund ihrer guten Laufeigenschaften und großen Standfestigkeit finden die Blei-Zinnbronzen in neuerer Zeit zunehmende Anwendung im Automobil-, Lokomotiv- und Walzwerksbau.

VI. Kupfer, Zink und Zinn.

Im Dreistoffschaubild Kupfer-Zink-Zinn (Anhang Diagr. IV) ist die Zusammensetzung einer Anzahl der gebräuchlichsten Legierung dieses Systems durch kleine Kreise gekennzeichnet. Es fällt auf, daß dieselben fast vollständig innerhalb des Gebietes zwischen den Linien VD und EP liegen, in welchem nach der Erstarrung unvollkommenes Gefügegleichgewicht zu herrschen pflegt. Die Erklärung hierfür ist naheliegend. Da fast alle diese als „Rotguß" oder „Maschinenbronzen" bekannten

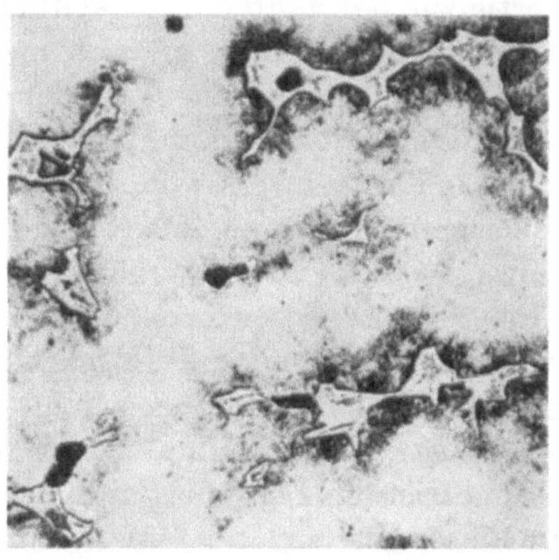

Abb. 152. Rotguß, 87,2% Cu, 10,2% Sn, 2,6% Zn. Grundmasse: α dendritisch. Gezackte Einschlüsse: ($\alpha + \delta$)-Eutektoid. Schwarze Punkte: Poren. — Ätzung FeCl$_3$ + HCl. V = 100.

Legierungen im gegossenen Zustand Verwendung finden, erleidet das Gußgefüge keine nachträgliche Veränderung. Der instabil festgehaltene Gefügebestandteil δ in der charakteristischen Form des α/δ-Eutektoids (s. Abb. 26, 41, 44 und 152) ist, wie bereits bei Besprechung der Kupfer-

Zinnbronzen ausgeführt, durch besondere Härte ausgezeichnet und verleiht den Legierungen erhöhte Widerstandsfähigkeit gegen Abnutzung. Innerhalb des schmalen Dreieckfeldes $A\,V\,D$ erstarren hingegen die Güsse gewöhnlich als reines α, also mit anderen Eigenschaften, oberhalb der Linie $E\,T\,Q\,P$ nimmt andererseits der Gehalt an δ (bzw. γ) derartig zu, daß Dehnung und Geschmeidigkeit verloren gehen. Außerdem werden diese Mischungen durch den höheren Zinngehalt kostspieliger. Daraus erklärt sich, daß die technisch und wirtschaftlich vorteilhaftesten Rotgußarten in dem bezeichneten Zwischenbereich anzutreffen sind. Selbstverständlich sind hier wie auch sonst die Übergänge hinsichtlich der mechanischen Eigenschaften keine plötzlichen, sondern sie folgen dem allmählichen Hervortreten oder Abnehmen der Gefügebestandteile.

Obwohl wie gesagt die Lage der Kurve $V\,D$ nicht streng festliegt und das Vorhandensein bzw. die Menge des α/δ-Eutektoids von der Gießtemperatur, der Abkühlungsgeschwindigkeit und der Gießmethode beeinflußt wird, sind doch erfahrungsgemäß die Gefüge der gewöhnlichen Rotgußerzeugnisse grundsätzlich ähnlich. Ist infolge langsamer Wärmeentziehung die Struktur grobkörnig oder mittelgrob ausgefallen, so zeigen sich auf den Bruchflächen graue Flecken auf rötlichem Grunde. Dieses merkwürdige Bruchaussehen, welches sich photographisch nicht gut wiedergeben läßt, hat bisweilen dazu verleitet, die grauen Flecken als „nicht legiertes Zinn" zu deuten und derartige Güsse als minderwertig zu betrachten. Tatsächlich handelt es sich aber um eine ganz normale Erscheinung, die sich metallographisch leicht deuten läßt. Das graue Eutektoid ist innerhalb der großen Körner der Kristallorientierung folgend in fast parallelen Flächen angeordnet. Solches gibt sich im Schliffbild als Maschenwerk von sich rechtwinklig kreuzenden Eutektoidzeilen zu erkennen, wie sie etwa in der Bronze Abb. 25, deutlicher im zinnhaltigen Gelbguß Abb. 45 hervortreten. Beide Schliffe entstammen Probestücken, deren Bruch grau und rot gesprenkelt war. Bei denjenigen Körnern, in denen die Eutektoidebenen zufällig zur Bruchfläche ungefähr parallel verlaufen, erfolgt mit Vorliebe eine Spaltung durch die hellfarbige Eutektoidmasse, da diese spröder ist als der kupferreiche Grundkristall. Die übrigen Körner werden regellos gespalten, so daß an diesen Stellen die feinen Eutektoidlinien für das Auge unsichtbar bleiben und die rote Farbe vorherrscht. Sehr feinkörniger Rotguß erscheint auf dem Bruch einfarbig, weil die Unterschiede der mikroskopisch kleinen Einzelbruchflächen nicht mehr erkennbar sind. Die beschriebenen Erscheinungen sind, wie die Abbildungen beweisen, nicht auf Rotguß beschränkt, sondern treten in verwandten Legierungen in ähnlicher Weise auf.

Im Diagramm IV sind die vom Deutschen Normenausschuß festgelegten Rotguß- oder Maschinenbronzenlegierungen (vgl. Normblatt Din 1705 Blatt 1 im Anhang) durch Doppelkreise hervorgehoben*. Im Ausland haben sich z. T. andere Mischungsverhältnisse durch langjährigen Gebrauch eingeführt. Die in England unter dem Namen „Admiralty gun metal", in Amerika als „Government bronze" bekannte Legierung bestehend aus 88% Cu, 10% Sn, und 2% Zn gehört zum Typus derjenigen Werkstoffe, die im Übergangsgebiet zwischen den Kupfer-Zinn-Bronzen und den Maschinenbronzen liegen. Obwohl dieselben in Deutschland aus später zu erörternden Gründen nicht gebräuchlich sind, wollen wir das „gun metal" hier doch etwas näher betrachten, weil sich eine Reihe ausländischer Forschungsarbeiten damit befassen, deren Ergebnisse auch für die verwandten Rotgußlegierungen von Bedeutung sind. Der Name „Admiralty gun metal" wird in der deutschen Literatur meist wörtlich mit „Kanonenmetall" übersetzt, besser würde man vielleicht „Admiralitätsrotguß" sagen, weil der einstige Verwendungszweck dieses Metalls, die Herstellung von Geschützrohren, nicht mehr besteht; es dient vielmehr zu Gießen von Gegenständen des Maschinen-, Eisenbahn- und Schiffbaues, wie Ventilen, Gleitschienen, Pumpenzylindern, Lagerschalen usw. Gedacht ist die Legierung als eine Kupfer-Zinnbronze, welcher etwas Zink als Desoxydationsmittel und zur Verbesserung der Gießbarkeit zugefügt ist. Das Gefüge (Abb. 152) zeigt das bekannte Aussehen, welches wir bei allen normal erstarrten Mischungen aus dem Zustandsfeld $VDPE$ antreffen. Mehrfach ist der Versuch unternommen worden, die nachträgliche Herbeiführung des stabilen Gleichgewichts zu einer Verbesserung der mechanischen Eigenschaften nutzbar zu machen. Die erste wissenschaftliche Untersuchung in dieser Richtung ist von H. G. und J. S. G. Primrose [67] veröffentlicht worden. Während die gegossenen Probestäbe (Querschnitt ca. ½ Quadratzoll) im unbehandelten Zustand nur 17 bis 22,3 kg/mm² Zugfestigkeit besaßen bei 5% bis 8% Dehnung und damit den britischen Admiralitätsvorschriften (22 kg/mm² und 7,5%) kaum genügten, waren die entsprechenden Werte nach halbstündigem Glühen bei 600° bis 800° auf 23 bis 27 kg/mm² und 25 bis 26% Dehnung gestiegen. Durch das Anlassen war also nach dieser Richtung eine wesentliche Vergütung erzielt worden, und zwar sowohl bei Guß in Sandformen wie in Eisenkokillen. Im Gefüge enthielten die bei 600° behandelten Stücke nur noch wenig Eutektoid, die auf 700° bis 800° erhitzten gar nichts mehr, auch war bei letzteren die Dendritenstruktur verschwunden. Eine Beeinflussung der Streckgrenze war nicht festzustellen. Im Gegensatz zur Anlaßbehandlung wirkt Abschreckung nachteilig, da die Legierung empfindlich gegen Wärmespannungen ist und durch zahlreiche feine Brüche

---

* Die Bleigehalte in Rg 8, Rg 5 und Rg 4 sind als Zn gerechnet.

unbrauchbar wird. Letzteres dürfte für alle Legierungen verwandter Zusammensetzung in gleicher Weise gültig sein.

In Amerika haben Karr und Rawdon [68] ähnliche Untersuchungen mit entsprechenden Ergebnissen durchgeführt anläßlich der Bearbeitung der ASTM-Norm B 10—18 für die Legierung „Government bronze". Eine Nachprüfung dieser Arbeiten erfolgte durch Comstock [59], welcher die Wirkung des Anlassens bestätigt fand. Ausschlaggebend für die Zweckmäßigkeit der Wärmebehandlung ist die Verwendungsart der Erzeugnisse. Kommt es nur auf die Verbesserung der Festigkeitseigenschaften an, so stellt das Anlassen eine Vergütung dar. Ein besonderer Erfolg wurde nach Primrose [69] erzielt beim Gießen von Ventilen für 60 bis 70 Atm. Druck, bei denen mit Hilfe der Wärmebehandlung der Ausschuß sehr erheblich vermindert werden konnte. Wird dagegen das Hauptgewicht auf Verschleißfestigkeit gelegt, so ist die Beseitigung des δ-Bestandteils durch Glühen unerwünscht und die Erhaltung des instabilen Gefüges vorzuziehen. Ferner ist zu beachten, daß die Legierung in der Glühhitze weich wird und schwere Gegenstände entsprechend zu stützen sind, um Verziehungen zu vermeiden.

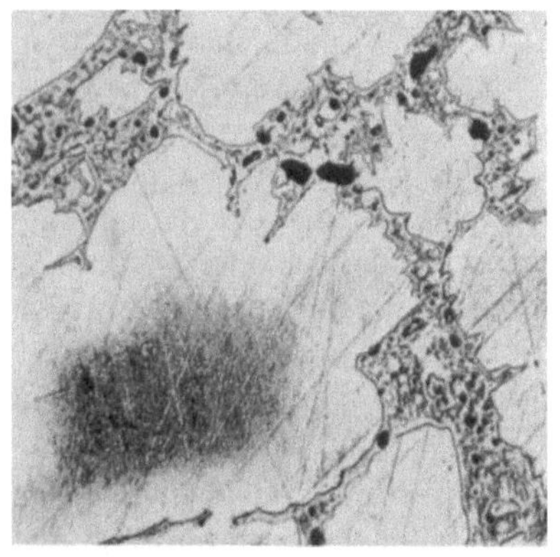

Abb. 153. Bleihaltiger Rotguß, 87,3% Cu, 10,0 Sn, 1,9% Zn, 0,8% Pb. Schwarze Punkte im Eutektoid: Blei. — Ätzung FeCl₃ + HCl. V = 200.

Die Einwirkung von Beimengungen anderer Metalle auf Admiralitätsrotguß ist mehrfach studiert worden, z. T. mit abweichenden Ergebnissen. Rolfe [70] erörtert zusammenhängend die Wirkung von geringen Mengen gewisser Verunreinigungen. Am wichtigsten ist der Einfluß des Bleies, welches immer als Begleiter des Rotgusses auftritt. Nach Rolfe [71] ruft Blei in Mengen bis 1,5% eine Verbesserung der Festigkeitseigenschaften bei Sandgüssen hervor. Weitere Untersuchungen desselben Verfassers beschäftigen sich mit den Einflüssen von Antimon und Arsen [72, 73]. Für Antimon wurden 0,75%, für Arsen 0,30% als obere zulässige Grenze ermittelt. Diese beiden Metalle, welche chemisch dem Zinn verwandt sind, wirken im Rotgußgefüge auch strukturmäßig wie eine Erhöhung des Zinngehaltes, d. h. sie vergrößern die Menge des Eutektoids. Als selbständige Gefügebestandteile treten sie erst in Mengen über 1,5% bzw. 1,0% auf. Anders verhält sich Blei, welches nach Rolfe schon in geringen Mengen (0,17%) im Gefüge sichtbar wird, wobei es sich in der Nachbarschaft des Eutektoids abscheidet. Diese Anordnung ist auf Abb. 153 zu erkennen, vgl. auch die Blei-Zinnbronze Abb. 151.

Blei bewirkt im Rotguß ebenso wie im Messing eine Verbesserung der Schnittbearbeitbarkeit. Da Blei anscheinend im festen Zustande fast unlöslich im Rotguß ist, hat man vorgeschlagen, eine metallographische Bestimmungsmethode ähnlich wie bei Kupferoxydul anzuwenden (s. Abschnitt B I). Dem steht jedoch die Schwierigkeit entgegen, daß Blei nicht in eutektischer Form abgeschieden wird. Ein Ausmessen der einzelnen häufig sehr kleinen Bleiteilchen bei starker Vergrößerung erscheint unsicher, größere Teilchen können beim Schleifen und Polieren herausgerissen werden und Veranlassung zur Verwechslung mit Gußporen oder ausgesprungenem δ geben. Das planimetrische Verfahren ist unter solchen Umständen nicht zu empfehlen.

In England werden unter dem allgemeinen Namen „Gun-metal" abgesehen von der Admiralitätslegierung alle Kupfer-Zink-Zinn-Mischungen mit mehr als 80% Kupfer zusammengefaßt. Man hat erkannt, daß auch die zinkreicheren Rotgüsse Eigenschaften besitzen, die der 88/10/2-Legierung wenig nachstehen, und dabei weniger kostspielig und leichter gießbar sind als die letztere. Sofern die Betriebstemperatur nicht erheblich über 200° steigt, liefern Legierungen mit beispielsweise 87% Cu, 8% Sn und 5% Zn oder 85% Cu, 5% Sn, 10% Zn (Rg 5 nach Din 1705) durchaus befriedigende Ergebnisse. Aus diesen Gründen werden in Deutschland die Legierungen mit höheren Zinkgehalten bevorzugt. Ihre Festigkeit bei gewöhnlicher Temperatur liegt bei etwa 20 bis 22 kg/mm². Mit steigendem Zinkzusatz nehmen allerdings Härte und Festigkeit bei höheren Temperaturen ab, ebenso die chemische Widerstandsfähigkeit. Werden bei Berührung mit überhitztem Dampf Wärmegrade von 250° bis 300° erreicht, so wird überhaupt die Verwendung der zinkhaltigen ternären Bronzen bedenklich, abgesehen davon, daß bei hohen Dampfgeschwindigkeiten eine starke mechanische Abnutzung einsetzen kann.

Die bereits im Abschnitt „Kupfer und Zinn" erwähnten Seigerungen in zinnhaltigen Kupferlegierungen treten häufig in Gestalt der sogenannten umgekehrten Seigerung auf. Man versteht hierunter die Erscheinung, daß die leichter schmelzenden Bestandteile einer Legierung, die sich bisweilen beim Erkalten eines Gusses in dem zuletzt erstarrenden Rest der Schmelze anreichern, sich nicht im Innern des Gußstückes anfinden, wo man sie nach der herkömmlichen Auffassung des Erstarrungsvorganges erwarten müßte, sondern an der Außenseite desselben. Wie die Seigerungsprodukte dorthin gelangen, ob durch die Vorgänge des Kristallwachstums oder durch den Schwindungsdruck des Gußkörpers oder durch den Druck entbundener Gase, ist z. Zt. noch nicht völlig klargestellt. Untersuchungen zu diesen Fragen wurden veröffentlicht durch Bauer und Arndt [74], ferner von Masing [75], Kühnel [76, 77] und Genders [78]. Die umgekehrte Seigerung ist häufig bei Rotguß 9 (85% Cu, 9% Sn, 6% Zn) zu beobachten. Das auf Abb. 154 dargestellte

Stück* zeigt an der Außenseite eine weißlich gefärbte Stelle, die mit scharfer Trennungslinie von der rötlichen Oberfläche des eigentlichen Gusses abgesetzt ist. Letzterer hat einen Cu-Gehalt von 86,9% und einen Sn-Gehalt von 8,0%, während die weißliche Stelle, die „Zinnseigerung", 77,4% Cu und 15,8% Sn enthält. Diese beiden Konzentrationen fallen in verschiedene Felder des ternären Diagramms und weisen demgemäß grundverschiedene Gefüge auf, vgl. Abb. 155 und 156. Die rötliche Zone ist von regulärer Struktur: dendritisches α mit inselförmig eingelagertem δ. Die weiße Schale besteht aus einer zusammenhängenden δ-Grundmasse mit α-Einlagerungen. Natürlich ist das Material der Randseigerung spröde und für die Qualität des Gusses nachteilig. Umgekehrte Seigerun-

Abb. 154. Rotguß Rg 9 mit umgekehrter Seigerung. Durch den Pfeil bezeichnete Stelle: herausgequollener zinnreicher Schmelzrest. V = 0,6.

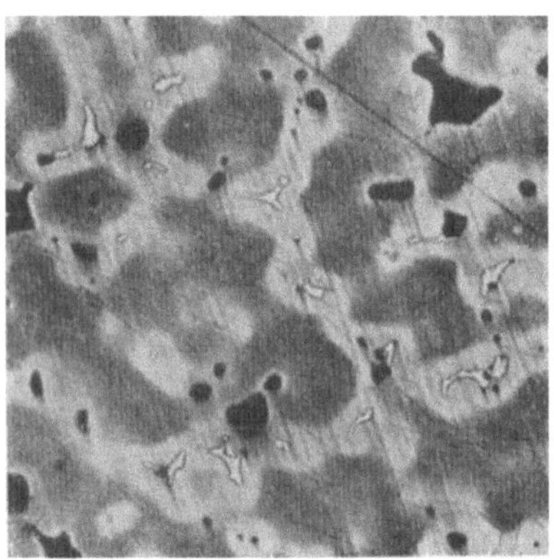

Abb. 155. Seigerstelle von Abb. 154, innere Zone: 86,9% Cu, 8,0% Sn. α-Zonenkristalle mit hellen δ-Inseln. Schwarze Punkte: Poren. — Ätzung FeCl$_3$ + HCl. V = 100.

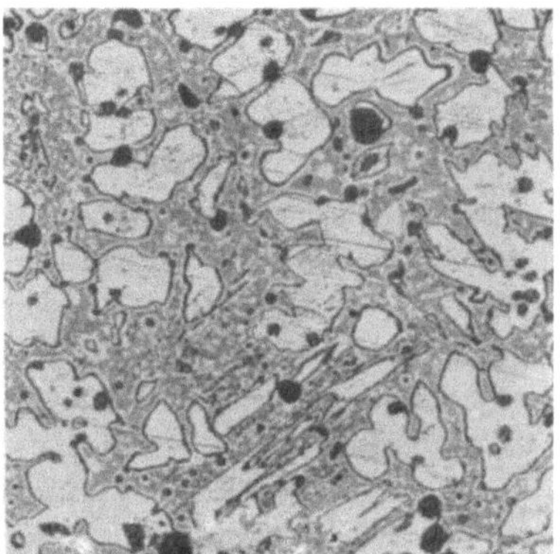

Abb. 156. Desgl. Randzone: 77,4% Cu, 15,8% Sn. Graue Grundmasse: δ (aufgerauht). Helle Inseln: α. Schwarze Flecke: Poren. — Ätzung FeCl$_3$ + HCl. V = 100.

gen prägen sich übrigens nicht immer so deutlich im Gefüge aus wie in dem hier dargestellten Falle.

VII. Kupfer und Aluminium.

Im System Kupfer-Aluminium tritt ähnlich wie in den Bronze- und Rotgußlegierungen ein Eutektoid auf, daher ist der Aufbau der alu-

* Die Probe verdankt der Verfasser dem Entgegenkommen des Herrn Reichsbahnrat Dr.-Ing. Kühnel.

miniumreicheren Konzentrationen von komplizierterer Natur. Indessen liegen die technischen Aluminiumbronzen überwiegend im α-Bereich, weil hier die beste Verformbarkeit besteht. Diese sowohl in der Wärme wie in der Kälte gut knetbaren Bronzen zeichnen sich wie die Kupfer-Zinn-Bronzen·durch hohe Härte und chemische Standfestigkeit aus, weswegen die durch Walzen und Ziehen erzeugten Halbfabrikate besonders in der chemischen Industrie geschätzt sind. Weiterhin finden geschmiedete Stücke im Schiffbau Verwendung, Gußstücke im Kraftwagenbau für Getriebeteile, ferner für Propeller, Ventile, Waffenteile. Das hohe Schwindmaß der Aluminiumbronzen bedingt beim Gießen Vorsichtsmaßregeln zur Vermeidung des Lunkerns; neuerdings findet

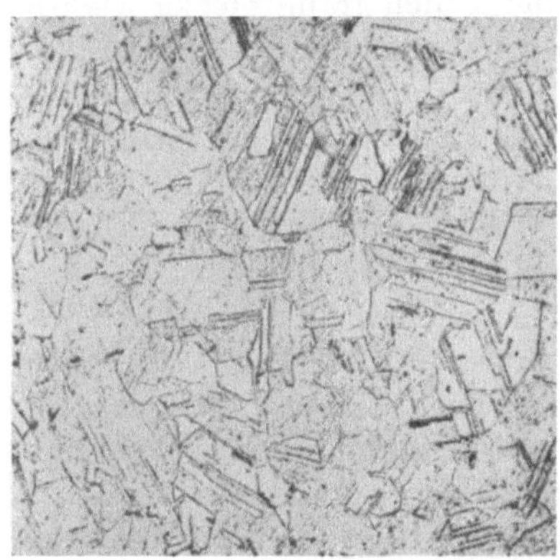

Abb. 157. 5-Pfennigmünze aus Aluminiumbronze, 91,4% Cu, 8,6% Al. Homogenes α mit Zwillingsstreifen. V = 90.

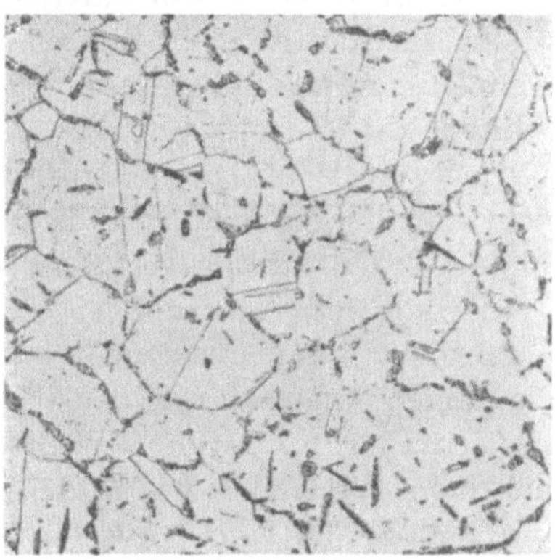

Abb. 158. Wie Abb. 157, von 850° in Wasser abgeschreckt. Instabiles (α — β)-Gefüge. V = 90.

das Schleudergußverfahren für gewisse Zwecke erfolgreiche Anwendung. Hat die Schmelze Gelegenheit, Sauerstoff aus der Luft aufzunehmen. so entsteht unlösliches Aluminiumoxyd (Al_2O_3, Tonerde), welches sich zuweilen in Form eigentümlicher Häute im Gefüge kenntlich macht (Abb. 186). Wenn die Tonerdehäute in größeren Mengen auftreten. erleiden die mechanischen Eigenschaften erhebliche Einbuße. Wegen dieser gießtechnischen Schwierigkeit hat die Aluminiumbronze für komplizierte Gußstücke bisher wenig Eingang gefunden.

Zur Prägung von Münzen ist die Legierung aus 91,5% Cu und 8,5% Al in Deutschland (5- und 10-Pfennigstücke) und im Ausland (Frankreich. Türkei) eingeführt werden. Sie gehört im stabilen Zustande zum α-Bereich, ist jedoch bei höherer Temperatur heterogen, wie das Schaubild (s. Anhang Diagr. III) lehrt, da die Begrenzungslinie des α-Feldes von 537° an zur Kupferseite umbiegt. (Kurvenast b d). Abb. 157 und 158 zeigen Schliffe eines 5-Pfg.-Stückes im normalen Zustande und nach Abschrecken von 850° im Wasser.

7*

Gußstücke besitzen ähnlich wie Kupfer-Zinnbronzen oft unvollkommenes Gleichgewicht, daher findet sich die β-Phase auch in Legierungen mit weniger als 10% Al. Der β-Kristall scheidet sich bei der Erstarrung in ähnlicher Form ab wie der β-Bestandteil des Messings im peritektischen Gefüge, vgl. Abb. 31 mit Abb. 11. Erfolgt die Abkühlung des Gußstückes schnell, so wird β instabil festgehalten, durch Tempern kann es, wenn der Al-Gehalt 9,8% nicht übersteigt, vollständig in Lösung gebracht werden. Gußstücke mit 12% Al, die auch bei Raumtemperatur jenseits der α-Grenze liegen, sind nur mit instabiler Struktur zu gebrauchen, da bei langsamer Abkühlung der eutektoide Zerfall von β (Linie $d\,e\,f$) in $\alpha + \delta$ stattfindet. Der δ-Kristall macht den Werkstoff brüchig, und wenn er in grober Form auftritt, zeigt der Bruch graue Flecke wie bei δ-reichem Rotguß. Man nimmt deshalb schwere Gußstücke dieser Zusammensetzung heiß aus der Sandform, um durch beschleunigte Abkühlung die Eutektoidbildung, das „Selbstanlassen", zu verhindern (Greenwood[79]). Die Temperatur des überhitzten Dampfes wirkt nicht auf die β-Phase, so daß durch diese Betriebsbeanspruchung kein Sprödewerden infolge von δ-Abscheidung zu befürchten ist.

Wird durch Abschrecken eine noch schnellere Abkühlung herbeigeführt, so kann man gemäß den in Abschnitt A III beschriebenen Vorgängen eine Härtung des Werkstoffs erzielen. Untersuchungen über die Veränderung der Festigkeitseigenschaften durch Abschrecken sind mehrfach veröffentlicht worden, so von Greenwood[79], Comstock[59] und Reader[80], wobei meist die Legierung 90/10 als Versuchsmaterial diente. Das martensitähnliche Abschreckgefüge (Abb. 36) ist zwar mit hoher Festigkeit (70 bis 90 kg/mm²), aber geringer Dehnung und Einschnürung verbunden. Wird nach dem Abschrecken bei 500° bis 650° angelassen, so spaltet die übersättigte β-Grundmasse α in feiner Verteilung ab, das nadelige Gefüge verfeinert sich (Abb. 39). Diese Beschaffenheit wird als die günstigste angesehen, da sie verhältnismäßig hohe Festigkeits- und Dehnungswerte miteinander vereinigt. Wird die Bronze mit 12% Al unterhalb 537° angelassen, so entsteht δ durch eutektoide Spaltung wie oben beschrieben. Die hierdurch verursachte Sprödigkeit des Gußstückes kann durch nochmaliges Erhitzen auf etwa 800° und darauffolgende rasche Abkühlung wieder beseitigt werden.

Sonderaluminiumbronzen. Wie bei α/β-Messing ist auch bei Aluminiumbronze durch Hinzulegieren eines dritten Metalls eine Verbesserung der mechanischen Eigenschaften zu erreichen. Als wirksame Zusätze kommen Eisen, Mangan und Nickel in Frage. Abb. 159 zeigt das Gefüge einer warm gepreßten Stange bestehend 89,8% Ca, 8,5% Al, 1,7% Fe, welche eine Bruchfestigkeit von 51,5 kg/mm² bei 45% Dehnung besaß. Der Einfluß des Eisens wurde von Davis[81] untersucht. Nach seinen Beobachtungen wird Eisen in größeren Mengen in fester Lösung aufgenommen. Die Zusammensetzung 89 % Cu, 7 % Al, 4 % Fe besteht aus reinem α, bei weiterem Eisenzusatz erscheinen bläuliche Kristalle einer eisenreichen Phase. Bei 86 % Cu, 10 % Al, 4 % Fe liegt α/β-Gefüge mit blaugrauen Eiseneinschlüssen vor. Die Güteziffern der Legierungen sind gegenüber den Zweistoff-Kupfer-Aluminiumbronzen wesentlich verbessert. Eisen verursacht wie im Messing eine Kornverfeinerung, auch in den homogenen α-Legierungen. Der Effekt des Eisens ist deswegen bedeutsam, weil die gewöhnliche α-Aluminiumbronze für Gußstücke eine zu niedrige Streckgrenze hat, während die α/β-Bronzen, die zwar von Natur aus härter sind, bei der oben beschriebenen Wärmebehandlung unter Umständen Schwierigkeiten bereiten. Durch Legierung mit Eisen können den α-Bronzen annähernd die Eigenschaften der α/β-Bronzen verliehen werden.

Die ternären Legierungen von Cu, Al und Mn wurden von Rosenhain und Lantsberry [82] studiert. Mangan bis zu 2 % erwies sich als vorteilhaft in Legierungen mit weniger als 10 % Al, da die Festigkeit erhöht wurde, ohne die Dehnbarkeit zu beeinträchtigen. Sowohl vom α- wie vom β-Bestandteil der Aluminiumbronzen wird Mangan unter Mischkristallbildung aufgenommen.

Nickel ist nach Read und Greaves [83, 84] löslich bis zu 10 %. Die

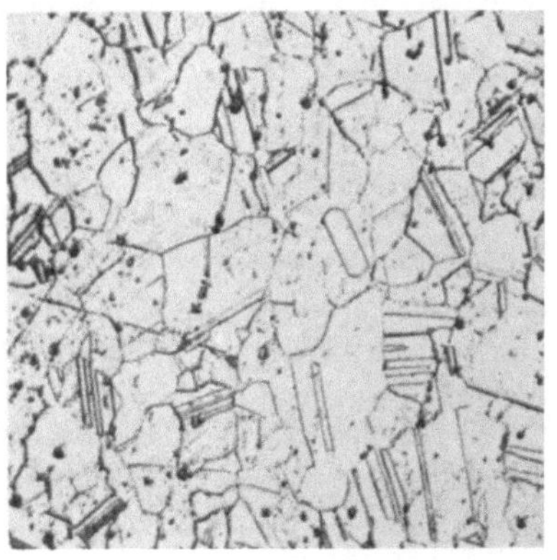

Abb. 159. Preßstange 75 mm $\varnothing$ aus Sonderaluminiumbronze: 89,8 % Cu, 8,5 % Al, 1,7 % Fe. V = 90.

günstigsten mechanischen Werte lagen bei etwa 5 % Ni und 5 % bis 10 % Al. Nickelzusätze über 6 % waren nachteilig für die Kaltbearbeitbarkeit des Werkstoffs. Abschrecken von 600° bis 700° verbesserte die Eigenschaften der Legierungen. Eine weitere Studie über die Wirkung des Nickels stammt von Guillet [85], welcher auch Magnesium, Kobalt, Phosphor und Silizium in seine Untersuchungen mit einbezog.

Über die Möglichkeit, Aluminiumbronzen durch Zinn zu verbessern, besteht z. Z. noch keine völlige Klarheit. Früher hielt man Zinn für durchaus nachteilig, da es angeblich Sprödigkeit verursachte. Eine Arbeit von Stockdale [86] lieferte aber das Ergebnis, daß der gefürchtete eutektoide Zerfall des β-Kristalls durch Zugaben von 2 % bis 5 % Sn stark verlangsamt wird. Durch diesen Effekt könnten zinnhaltige Aluminiumbronzen technische Bedeutung erlangen, sofern sich ihre sonstigen Eigenschaften als wertvoll erweisen.

Da die Gießbarkeit der ternären Bronzen aus Kupfer-Aluminium-Nickel und Kupfer-Aluminium-Mangan eine bessere ist als die der

binären Aluminiumbronzen und diese Legierungen außer hoher Natur-
härte auch Korrosionsbeständigkeit und hohe Streckgrenzen bei Temperaturen bis 400⁰ besitzen, dürften sie als Konstruktionsmaterialien
zunehmende Beachtung finden und gegebenen-
falls mit nichtrostendem Stahl erfolgreich kon-
kurrieren.

C. Besondere Nutzanwendungen der Metallographie.

I. Makroskopische Untersuchungen.

Makroskopische Methoden sind solche, bei
denen das zu untersuchende Stück zur Prüfung
mit dem unbewaffneten Auge oder mit einer
nur schwachen Vergrößerung hergerichtet wird.
Bezweckt wird dabei rasche Beurteilung der
Sauberkeit des Gefüges, der Verteilung von
Schlacken und Unreinheiten, Blasen und Poren.
sowie der allgemeinen Form und Anordnung
der Kristalle. Methoden wie die für Stahl
üblichen Ätzverfahren zum Sichtbarmachen
von Seigerungen (nach Heyn, Oberhoffer
u. a.) gibt es für Kupfer und Kupferlegierungen nicht. Glücklicherweise spielt bei letzteren
die ungleichmäßige Verteilung von nichtmetal-
lischen Beimengungen während des Erstarrens
technisch keine so große Rolle. Es lassen sich jedoch Beobachtungen anderer Art an den zur Betrachtung mit unbewaffnetem Auge gefertigten
Schliffen anstellen, die oft interessante Aufschlüsse verschaffen. Im allgemeinen sollte der
makroskopischen Legierungsuntersuchung mehr
Aufmerksamkeit zugewendet werden, als es wohl
bisher geschieht. Dies gilt vornehmlich für Guß-

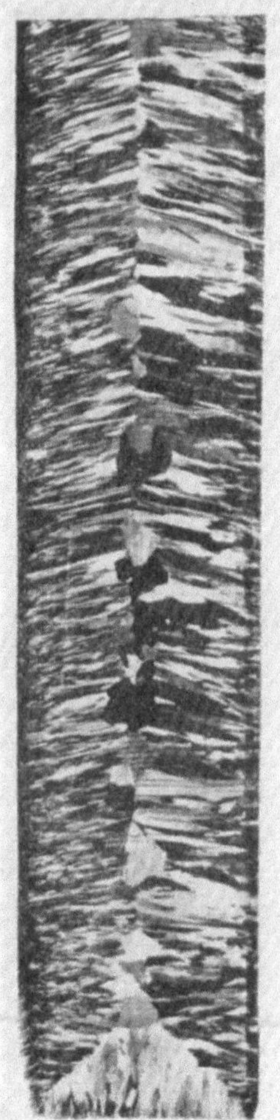

Abb. 160. Gehobelter Längsschnitt durch eine Messinggußplatte (Ms 63), stehend in Eisen-
kokille vergossen. Hervortreten des Erstarrungsgefüges
ohne Ätzung. V = 0,4.

stücke. Bei den jetzt häufig erörterten Bemühun-
gen, mittels besonderer Gießverfahren dichte
Blöcke aus Kupfer und Kupferlegierungen zu erzielen, herrscht noch eine große Unstimmigkeit
der Ansichten über die Erfolge und über die Einflüsse der mitwirkenden
Faktoren. Zur Klärung der Frage, ob für einen bestimmten Zweck Guß
in Kühlkokillen, Schleuder-, Steige-, Vakuumguß oder andere Ver-

fahren geeignet sind, leisten Serien von Makroschliffen die besten Dienste. Die Mühe und der Materialverlust, die mit der Herstellung großer Schliffstücke verbunden sind, machen sich meist belohnt. Man trennt schwere Gußstücke mit Hilfe der Säge von oben nach unten oder in der Querrichtung auseinander, zweckmäßig in der Art, daß man durch zwei parallele Schnitte flache Scheiben herausnimmt, die man zu besserer Handhabung durch Querteilung zerlegen kann. Nach dem Polieren treten die Lunker und Schwindungshohlräume hervor und zeigen häufig charakteristische Anordnung. Nach dem Ätzen gibt sich durch Gestalt und Größe der Kristalle der Verlauf der Abkühlung zu erkennen. Allgemein gilt die Erfahrung, daß unter sonst gleichen Umständen die Größe des Kristallkorns um so geringer wird, je mehr sich die Gießtemperatur dem Schmelzpunkt der Legierung nähert. Dem Wärmefluß entsprechend bilden sich bei schweren Gußstücken, die in eiserne Formen gegossen werden, nadelförmige parallel gerichtete Kristalle, welche mit ihrer Basis auf der kühlenden Fläche stehen und in die Schmelze hineinwachsen, mitunter in der Mitte des Gußstückes zusammenstoßend. Diese Erscheinung wird als Transkristallisation, Einstrahlung oder Stengelkristallbildung bezeichnet.

Es sei hier darauf hingewiesen, daß solche Gußstücke die Möglichkeit bieten, Gefügebilder ohne jede Anwendung metallographischer Hilfsmittel zu erzeugen. Abb. 160 scheint einen schlecht vorgearbeiteten Schliff darzustellen, ist jedoch die Photographie einer durchgesägten Messinggußplatte (auf $^2/_5$ verkleinert), welche lediglich auf der Sägefläche glatt gehobelt wurde. Die Form und Größe der Kristalle tritt

Abb. 161. Schnittfläche einer Messinggußplatte (Ms 63). Verschiedenartiges Aussehen infolge von zweierlei Kristalltextur. V = 1.

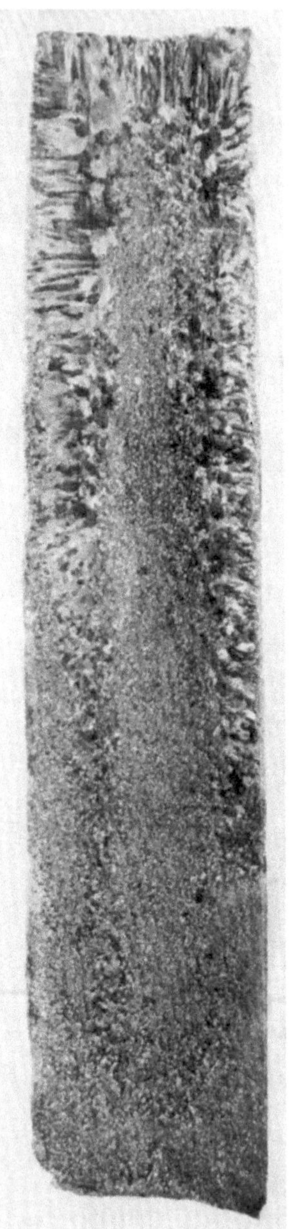

Abb. 162. Dieselbe Fläche wie Abb. 161 nach Ätzung; links feinkörnig, rechts nadelig erstarrt. V = 1.

bereits nach dieser rohen Bearbeitung mit Deutlichkeit hervor. Sogar beim bloßen Zerschneiden von Gußplatten auf der schweren Blockschere machen sich an den Schnittflächen Verschiedenheiten im Gußgefüge bemerkbar. Auf Abb. 161 ist eine solche Schnittfläche einer 30 mm starken Messingplatte wiedergegeben, die in dem linken Drittel

Abb. 163. Aluminiumbronzeblock, Querschnitt, stehend in Kokille vergossen. Starke Einstrahlung. V = 0,5.

leicht rauh, nach rechts zunehmend grobsplitterig erscheint. Nach dem Glattfeilen, Schleifen und Polieren dieser Fläche läßt sich durch Ätzung deutlich machen, daß die Gußstruktur links feinkörnig, rechts nadelig war (Abb. 162). Die Abb. 163 u. 164 zeigen die Gußgefüge eines Aluminiumbronzebarrens und einer stehend gegossenen Messingplatte, welche infolge der stark abkühlenden Wirkung der Eisenkokillen deutliche Einstrahlung aufweisen. Die Einstrahlung oder Transkristallisation ist unter Umständen eine nachteilige Erscheinung bei solchen Gußerzeugnissen, welche zum Warmwalzen bestimmt sind. Allgemein vermindert sich in der Wärme die Kohäsion zwischen den Kristallkörnern. Sind nun

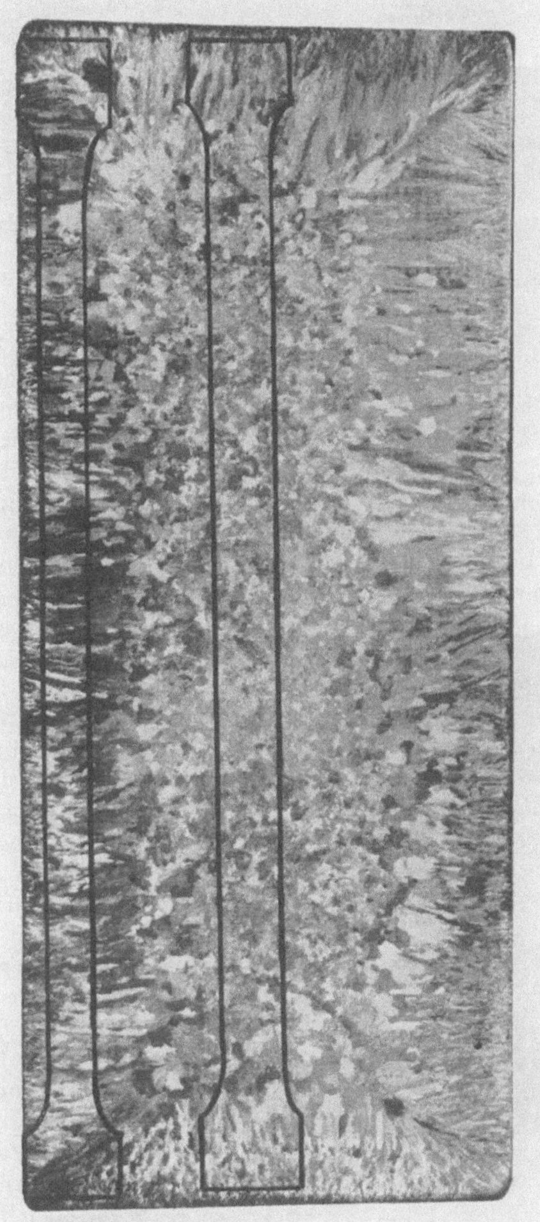

Abb. 164. Messingblock Ms 63 im Querschnitt, Kokillenguß. Stengelkristalle in den Randzonen. Lage der entnommenen Zerreißproben, vgl. Abb. 167 u. 168. V = 1.

Kornbegrenzungsflächen in großer Anzahl gleichgerichtet, so entstehen in einem solchen Gußstück in der Hitze Flächen von geringerer Festigkeit, gewissermaßen Spaltungsebenen. v. Möllendorff und Czoch-

Abb. 165. Durch Überhitzung gebrochener Messinggußblock Ms 63. Bruchfläche mit Stengelkristallen. V = 0,75.

ralski[87, 88] haben auf diese Gefahren der Transkristallisation hingewiesen, durch welche zuweilen Brüche beim Warmwalzen, besonders bei überhitzten Blökken vorkommen. Abb. 165 zeigt die Bruchfläche eines warm gebrochenen Messingblocks mit Einstrahlungsgefüge. bei dem sich einzelne Stengelkristalle fast vollständig aus dem Zusammenhang gelöst haben. Sie ließen sich nach dem Erkalten wie Drähte hin und her biegen. Auch beim Kupfer können Erscheinungen dieser Art, wenn auch in weniger ausgeprägter Form, auftreten. Wunder[89] berichtet über derartige Erfahrungen beim Walzen amerikanischer Drahtbarren, die infolge von Einstrahlung warmbrüchig waren.

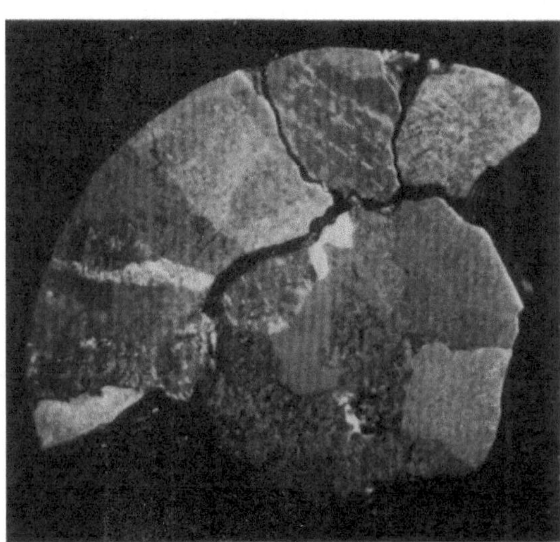

Abb. 166. Teilquerschnitt eines runden Messingblocks Ms 58, heiß zerfallen. Brüche längs der Korngrenzen verlaufend. V = 0,5.

Neuerdings ist die Kristallform und -anordnung im gegossenen und kaltbearbeiteten Kupferbarren von Seidl u. Schiebold[90] studiert worden. Die Entstehung des Gefüges („Kristalltextur") der in eiserne Formen gegossenen Barren wird erklärt und durch Versuche nachgewiesen, daß die zwischen den Stengelkristallen zeilenförmig eingelagerten Gasbläschen und Oxydulteilchen die Quelle der Gefahren für die Verarbeitung bilden. Sie machen

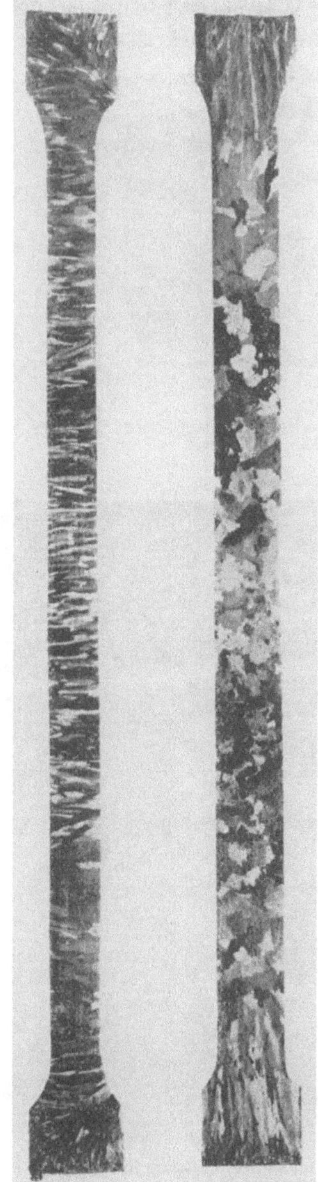

Abb. 167. Zerreißstäbe aus verschiedenen Erstarrungszonen derselben Gußplatte, vgl. Abb. 164. V = 1.

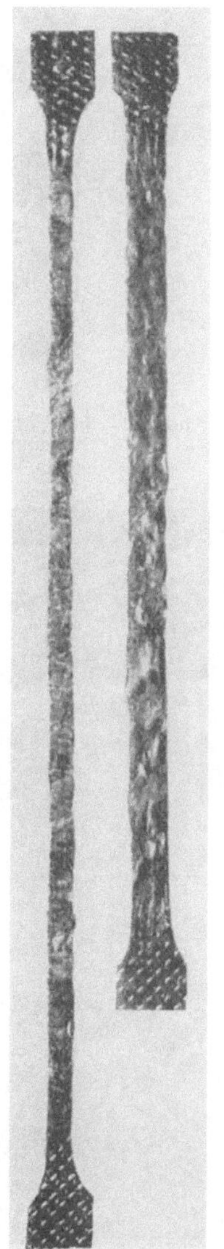

Abb. 168. Die gleichen Stäbe wie Abb. 167 nach dem Zerreißen (auf ½ verkleinert). Oberer Stab: Bruchfestigkeit 27,0 kg/mm², Dehnung 49%. Unterer Stab: Bruchfestigkeit 22,9 kg/mm², Dehnung 37%.

den Gußblock inhomogen und üben beim Walzen durch die Art ihrer Anordnung eine kerbähnliche Wirkung aus.

Die Schwächung der Kohäsion in der Wärme ist mitunter auch an solchen Gußstücken zu beobachten, die keine Transkristallisation auf-

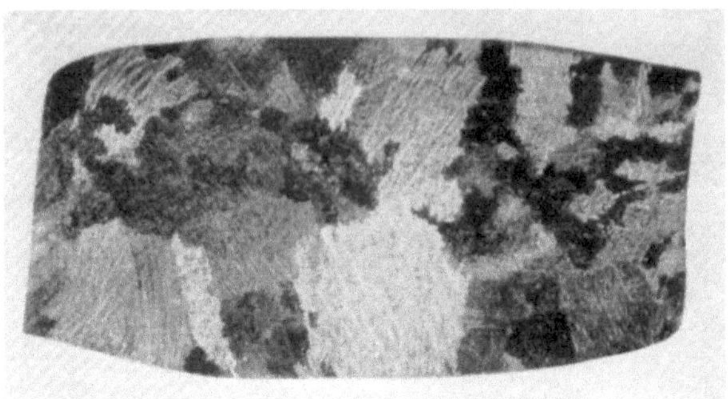

Abb. 169. Sandgußplatte Ms 67 (Teil des Querschnitts). Große gerundete Kristalle, keine Einstrahlung.

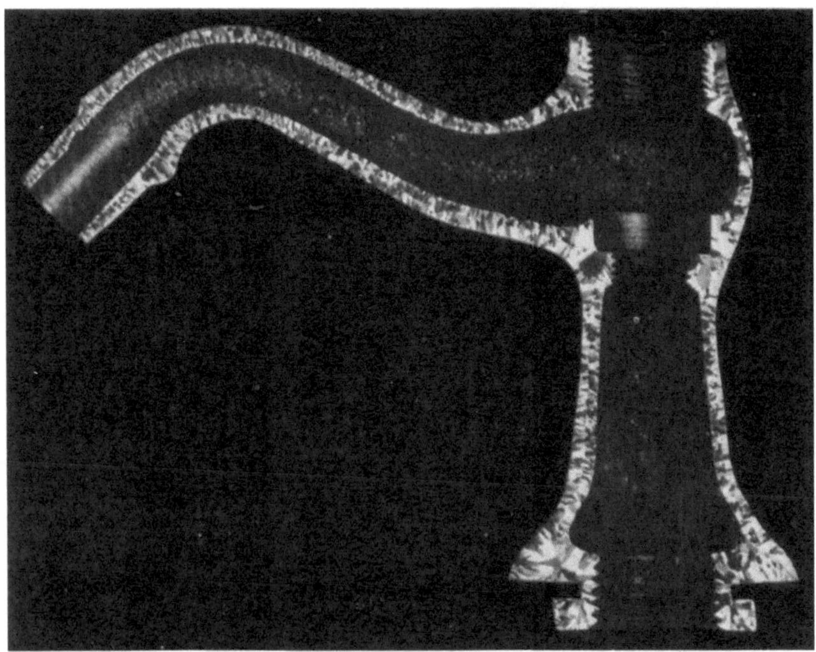

Abb. 170. Längsschnitt durch einen Wasserhahn aus Gelbguß (66,3 % Cu) in trockener Sandform vergossen. Keine Stengelkristalle. V = 1.

weisen, sondern sich aus polygonalen oder gerundeten Körnern aufbauen. Auf Abb. 166 ist zu erkennen, daß die Bruchstücke dieses runden Messingbarrens, der durch Zufall heiß aus beträchtlicher Höhe zu Boden gefallen ist, aus Einzelkörnern von etwa Haselnußgröße oder Gruppen von solchen Körnern bestehen. Das Schliffbild beweist, daß die Trennung tatsächlich nur längs der Korngrenzen erfolgt ist. Durch Zusammenpassen der Teile konnte der Block wieder zur äußerlich vollkommenen Form aufgebaut werden.

Gußblöcke, welche frei von schädlichen Beimengungen sind, lassen sich trotz Einstrahlung nach den üblichen Verfahren der Technik weitgehend warm oder kalt verarbeiten. Diese Tatsache bestätigt die Auffassung Tammanns, nach welcher in der Korngrenzensubstanz die Verunreinigungen des Metalls angesammelt oder wenigstens angereichert sind. Naturgemäß ist die Formänderungsfähigkeit dieser Substanz abhängig von der Art der Verunreinigung. Bei Raumtemperatur ist sie meist nicht wesentlich verschieden von derjenigen der Kristalle selbst, so daß in der Kälte oft gute Bearbeitbarkeit vorhanden ist, wo in der Wärme das Material zu Bruch geht. Aus dem Gußplattenausschnitt Abb. 164 wurden zwei Zerreißproben in der dargestellten Weise entnommen. Die Stäbe sind auf Abb. 167 u. 168 vor bzw. nach Ausführung des Zerreißversuchs wiedergegeben. Trotz der Parallelstellung der Stengelkristalle, aus denen der obere Stab ausschließlich besteht, übertrifft dieser an mechanischen Eigenschaften (Bruchfestigkeit 27,0 kg/mm² Dehnung 49%) den Stab aus der Mittelzone (22,9 kg/mm², 37%), welcher sich zwar aus gerundeten, regellos orientierten Kristallen aufbaut, jedoch durch feine Gußporen geschwächt ist. Über den Einfluß der Gießbedingungen auf das Wachstum der eingestrahlten Säulenkristalle wurden experimentelle Untersuchungen von Genders [91] ausgeführt. Um die Zirkulation und Verteilung des in die Kokille fließenden Metalls zu verfolgen, benutzte Genders ein eigenartiges Hilfsmittel, indem er unmittelbar nacheinander zwei Legierungen verschiedener Farbe (Tombak und Neusilber) in ein und dieselbe Form goß. Die so erzeugten etwa 10 kg schweren rechteckigen Platten

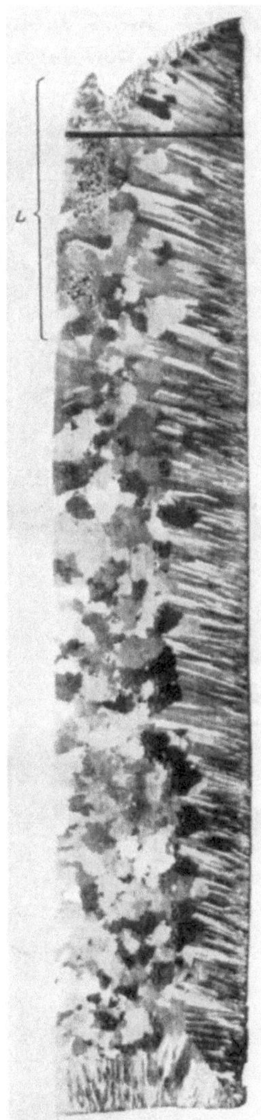

Abb. 171. Messinggußblock Ms 63, Längsschnitt. Linke Kokillenwand: Schamottplatte. Rechte Kokillenwand: Eisenplatte. Einfluß der verschiedenen Wärmeableitung auf die Gußtextur. Am Kopfende links bei L: Lunkerzone. $V = 0{,}3$.

wurden durch zahlreiche Schnitte zerteilt und die Gußtexturen in Makroschliffen dargestellt.

Abb. 172. Teilquerschnitt durch einen 80 kg schweren Sandgußblock Ms 63. Randzonen dicht, Mitte stark porös. Keine Stengelkristalle. V = 1.

Die Stengelkristalle erhalten ihre charakteristische Form durch das Wärmegefälle, welches während der Erstarrung zwischen den inneren und den äußeren Zonen des Gußstückes besteht. Das Gefälle wird um so geringer sein, je weniger intensiv die Wärme durch das Material der Gußform abgeleitet wird. Daher weisen die in Sandformen gegossenen

Stücke keine Transkristallisation auf. Abb. 169 zeigt eine in Sand
gegossene Messingplatte, Abb. 170 den Durchschnitt eines Wasserhahnes
aus Gelbguß. Das Gefüge beider Stücke ist aus Kristallkörnern aufgebaut, die nach allen Achsrichtungen ungefähr gleichmäßig gewachsen
sind. Lehrreich ist der Schnitt durch eine Platte, die in eine kombinierte
Kokille gegossen wurde, bei welcher die eine Seitenwand aus Eisen, die
andere aus einer Schamottplatte bestand (Abb. 171). An der ersteren
bildeten sich Stengelkristalle, an der letzteren gerundete Kristalle wie

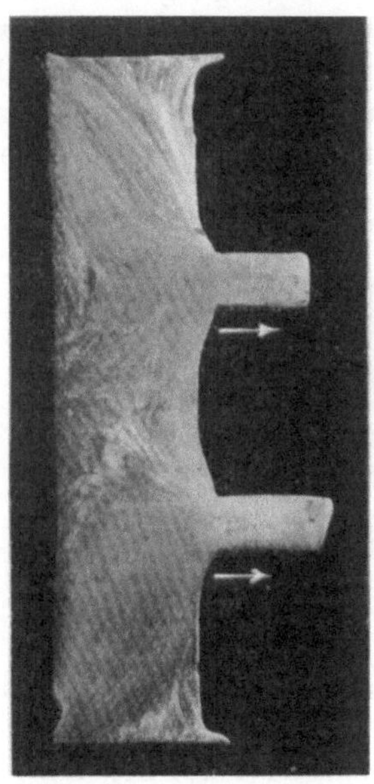

Abb. 173.   Fluidalstruktur in
einem durch Doppellochmatrize
ausgepreßten Messingblock
(Ms 58).   V = 0,4.

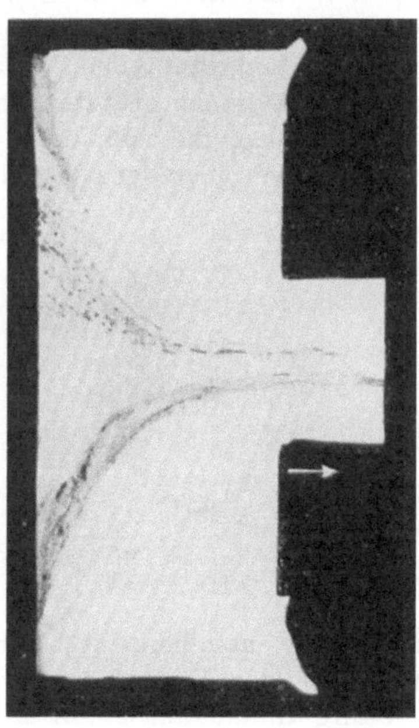

Abb. 174. Ausfließen der Blockmantelschicht
beim Strangpressen. — Ungeätzt. V = 0,4.

in einer Sandform. Der Schwindungslunker am Kopfende hat sich dicht
an der linken Seite, an der das Metall am längsten flüssig blieb, gebildet.

Sandgüsse von sehr erheblichen Wanddicken fallen bekanntlich mehr
oder weniger porös aus, weil sich das Metall im Innern lange flüssig hält
und zahllose kleine Schwindungshohlräume an denjenigen Stellen bildet,
die kein Metall aus Eingüssen oder Steigern nachsaugen können. Der
Schliff Abb. 172 entstammt einem Sandgußblock von etwa 80 kg Gewicht und 60 mm Dicke; er weist in den Außenzonen einwandfrei dichtes
Gefüge auf, während die ganze Mittelpartie von Poren durchsetzt ist,
die in der Aufnahme als schwarze Punkte verschiedener Größe sichtbar
sind.

Das Fortschreiten des Kupferraffinationsprozesses während des
Dicht- und Zähpolens wird bekanntlich an Hand von Schöpfproben ver-
folgt. Zwischen Oberflächen- und Bruchbeschaffenheit der Probeblöck-
chen und ihrer Makrostruktur bestehen gesetzmäßige Zusammenhänge,
welche von Siebe und Katterbach[92] untersucht worden sind. Von
den genannten Verfassern wurde auch die Gußtextur schwerer Kupfer-
blöcke mit Hilfe großer Makroschliffe entwickelt.

Wie bei den Gußerzeugnissen kann auch bei kalt oder warm bearbeiteten Werkstoffen das makroskopische Verfahren Aufschlüsse über
die Entstehungsart des Objektes geben. Die Fließvorgänge in warm-
gepreßten Blöcken, Preßteilen, Walzplatten, kalt genietetem Draht usw.
machen sich häufig im geätzten Schliff durch „Fließlinien" kenntlich.
Solche Fließlinien, die nicht mit den erst bei höherer Vergrößerung
erkennbaren Gleitlinien der Kristallindividuen (Abb. 78, 85, 150) zu ver-

Abb. 175. Sechskant-Messingstange (Ms 58), scheinbar fehlerhaft gepreßt.
Bruchaussehen durch Spannungsrisse verursacht. V = 1.

wechseln sind, entstehen durch strähnenförmige Zusammenfügung der
Kristalle unter dem Einfluß der verformenden Kraft, wobei die einzelnen
Körner ihre Höhe, Länge und Breite entsprechend der Fließrichtung
verändern. Bei Warmformgebung tritt meist gleichzeitig Rekristallisation
ein, wodurch aber die Fließlinien nicht beseitigt werden. In Anlehnung
an ähnliche Erscheinungen in der Mineralogie hat Tammann für diese
Gefügebeschaffenheit den Namen „Fluidalstruktur" übernommen. Mit
ihrer Hilfe lassen sich Feststellungen über den Verlauf der Formgebungs-
vorgänge und die Beanspruchung der Werkstücke machen. Die Fließvorgänge beim Pressen des Messingblocks auf der Dickschen Strangpresse verursachen besonders an der Stelle des Überganges vom Block
zur Stange charakteristische Bildungen, wofür als Beispiel in Abb. 173
das Ausfließen des Metalls aus einer Doppellochmatrize dargestellt ist.
Bekanntlich wird der Block niemals vollständig ausgepreßt, da sonst
der an der Außenhaut haftende Zunder ins Innere der gepreßten Stange
gelangt. Es verbleibt deshalb ein entsprechend großer Rest des Blockes
im Aufnehmer der Presse, außerdem wählt man den Durchmesser der

Preßscheibe um soviel kleiner als den des Aufnehmers, daß der äußerste Blockmantel als Schale oder Hülse in der Presse zurückbleibt. Die Folgen eines zu weit getriebenen Auspressens ohne Schale zeigt Abb. 174. Die Verunreinigungen fließen vom äußeren Blockrand allseitig zur Mitte der Stange, auf diese Weise einen schlauchförmigen Einschluß von Oxyden bildend. Beim Brechen der Stange erscheinen die „Schlacken" als dunkler Ring. Es sei jedoch bemerkt, daß ein ähnliches Bruchaussehen unter Umständen auch aus ganz anderen Ursachen entstehen kann. Bei der auf Abb. 175 wiedergegebenen Sechskantstange sind infolge von Reckspannungen Querrisse entstanden, die von außen konzentrisch eingedrungen sind. Der kreisförmig eingegrenzte Kern der Stange ist erst später zu Bruch gegangen und markiert sich durch andere Beschaffenheit der Trennungsfläche. Die Erscheinung

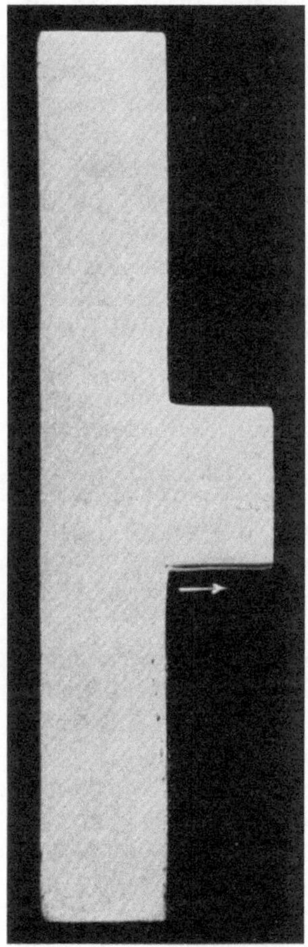

Abb. 176. Blockrest vom „umgekehrten" Preßverfahren. Ausfließen der Oxydschicht nahe der Außenseite der Stange. — Ungeätzt. V = 0,65.

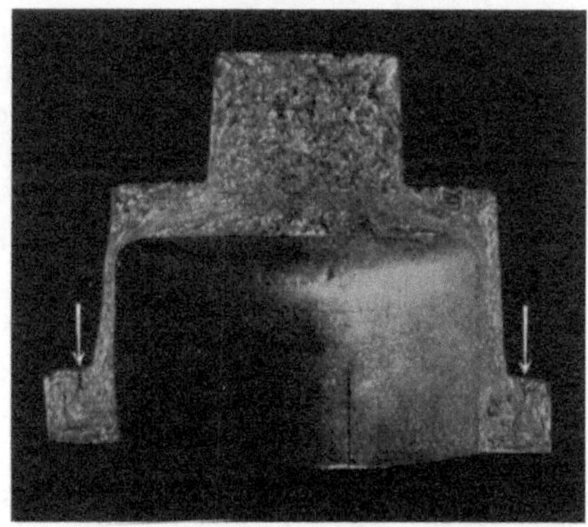

Abb. 177. Warmpreßstück (Automatengehäuse) aus Ms 58. Nicht verschweißte Faltungen an den mit Pfeilen bezeichneten Stellen. — Ätzung mit Chromsäure. V = 0,9.

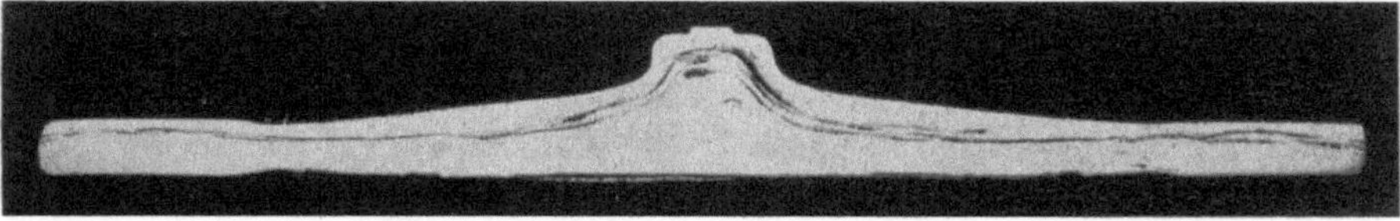

Abb. 178. Warmpreßstück (Fahrdrahtklemme) mit Fehlstellen infolge Unsauberkeit der verwendeten Messingstange. — Ungeätzt. V = 0,6.

hatte in diesem Falle nichts mit fehlerhafter Pressung zu tun, selbst bei starker Vergrößerung erwies sich das Gefüge als völlig frei von Oxyden.

Wird nach dem von Genders[93] vorgeschlagenen Verfahren der Prozeß umgekehrt ausgeführt, indem der Block stillsteht und die Matrize gegen ihn gepreßt wird, so wird das Fließen der Schlacke in das Innere der Stange vermieden, wie Abb. 176 zeigt, selbst wenn der Blockrest sehr gering ist. Die Unreinigkeiten der Außenhaut sammeln sich jetzt, wie in der unteren Bildhälfte erkennbar, an der Matrize und fließen schließlich am äußeren Umfang der Stange mit heraus. Über den zeitlichen Ablauf der Fließerscheinungen im Innern des Blockes haben Schweißguth[94], Doerinckel u. Trockels[95] und Genders[93, 96] Untersuchungen an Hand großer Schliffstücke angestellt. Weitere Aufschlüsse verschafft eine Arbeit von Unckel[97] über das Pressen von Aluminiumblöcken, welche auch die Vorgänge beim Pressen von Rohren und Flachprofilen mit einbezieht.

Makroskopische Schliffe von Warmpreßteilen gestatten die bei dieser Fabrikationsart oft besonders verwickelten Fließvorgänge zu verfolgen. Dabei lassen sich Fingerzeige gewinnen für zweckmäßige Gestaltung der Preßwerkzeuge, Vermeidung von Fehlern und die Notwendigkeit von Vorpressungen, um bei schwierigen Teilen ein richtiges

Abb. 179. Kalt geschlagener Messingniet aus Ms 67. Fließstruktur im Verformungsbereich des Kopfes. V = 2.

Fließen durch entsprechende Stoffverteilung zu gewährleisten. Von außen kaum bemerkbare Fehler erweisen sich im Schliff als tiefgehende Überlappungen oder Faltungen. Solche Fehlstellen hat beispielsweise das Preßstück Abb. 177. Der verstärkte Rand dieses Gehäuses hat sich beim Pressen gestaucht, so daß der Werkstoff in Falten übereinander geschoben wurde. Infolge der Oxydation der Außenhaut findet keine

Verschweißung statt, daher ist trotz starker Zusammenpressung längs der Fuge eine deutliche Materialtrennung vorhanden.

Auch Abb. 178 gibt eine unganze Stelle in einem Preßstück wieder, die Ursache des Fehlers liegt hier aber nicht im Fließvorgang während des Schmiedens im Gesenk, sondern war bereits im Vorprodukt, der gepreßten Rundstange, vorhanden. Diese war durch eingepreßten Glüh-

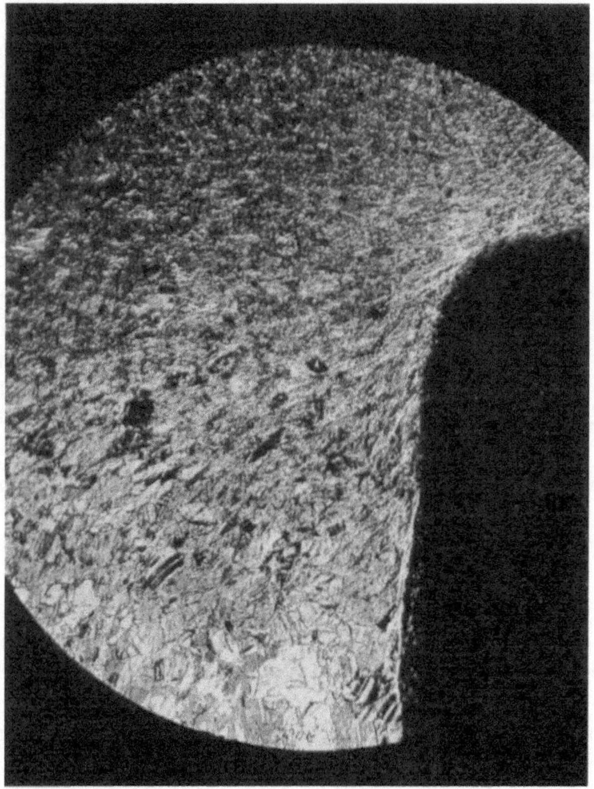

Abb. 180. Die auf Abb. 179 eingekreiste Stelle stärker vergrößert.
Übergang vom Kopf zum Schaft des Nietes. V = 30.

zunder infolge des gemäß Abb. 174 erläuterten Vorganges im Innern unsauber. Der annähernd parallele Verlauf der Linien an der Fehlstelle deutet darauf hin, daß hier nicht etwa beim Gesenkpressen eine Überlappung stattgefunden hat, wie im Fall der Abb. 177. Den vorbeschriebenen ähnliche Beispiele für die Anwendung der Makroätzung bei Preßteilen bringen Peter [98] und Obermüller [48].

Bei Kaltverformung ist die Fließstruktur meist feinsträhniger und erscheint daher im Makrobild als dunkel schattierte Fläche, wie sie im

8*

Querschnitt eines Messingnietes mit kaltgeschlagenem Kopf, Abb. 179, sichtbar ist. Um die Linienbündel zu erkennen, muß man hier schon eine 30fache Vergrößerung zu Hilfe nehmen (Abb. 180). Beim Ausstanzen einer Scheibe aus weichem Messingblech Ms 67 tritt die Verzerrung der Kristalle an der Schnittkante bei 100facher Vergrößerung gemäß Abb. 181 hervor. Hiermit führt der Weg der Untersuchung bereits vom Gebiet der Makro- auf das der Mikrostruktur hinüber.

Unterwirft man gewalzte, gepreßte oder gezogene Stücke der makroskopischen Untersuchung um festzustellen, ob das Gefüge gesund oder durch Blasen, Schiefer, Doppelungen u. dgl. Fehler unganz ist, so wird der Schliff am besten in der Richtung der letzten Verformung entnommen. Die Fehlstellen strecken sich naturgemäß in die Länge, indem sie den Linien der Fluidalstruktur folgen, daher treten sie gleich dieser am deutlichsten im Längsschliff hervor. Quer zur Bearbeitungsrichtung gelegte Schliffe zeigen oft ein völlig abweichendes Aussehen und sind in der Regel weniger aufschlußreich.

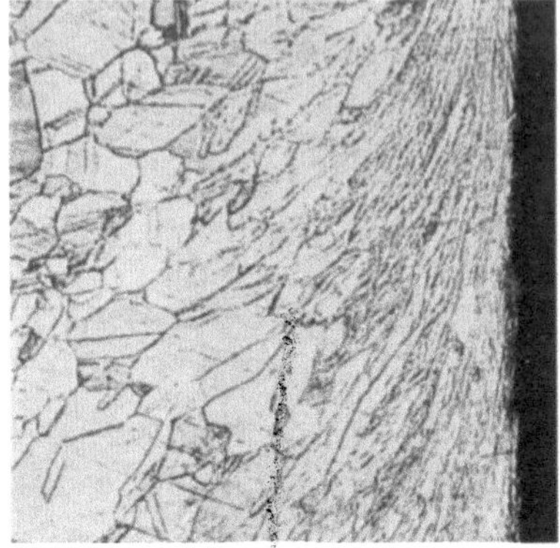
Abb. 181. Stanzrand einer Messingscheibe aus Ms 67. Verzerrung der äußeren Kristallkörner. V = 100.

II. Nichtmetallische Beimengungen.

Sauerstoff, Phosphor und Schwefel kommen in den Legierungen des Kupfers in Form von chemischen Verbindungen vor, also als Oxyde, Phosphide und Sulfide des Kupfers oder der hinzulegierten Metalle. Das Vorhandensein der Sauerstoff- oder Phosphorverbindung des Kupfers ist unter gewissen Umständen erwünscht (vgl. das in den Abschnitten B I und B V gesagte), in solchen Fällen sind natürlich Kupferoxydul (Cu_2O) und Kupferphosphid (Cu_3P) nicht als Verunreinigungen im Sinne von güteverminderndern Beimengungen anzusehen. An und für sich sind jedoch die Verbindungen von Metallen mit Nichtmetallen spröde Körper, denen der metallische Charakter fehlt, daher in erheblichen Mengen stets schädlich und meist schon in Zehntel-Prozenten von nachteiligem Einfluß auf die technologischen Eigenschaften. Die metallographische Erkennung dieser Verunreinigungen ist deshalb ein wichtiges Kapitel der Mikroskopie. Sie wird gefördert durch den Umstand, daß die meisten der hier in Betracht kommenden Körper sich durch fast völlige Unlöslichkeit im festen Zustande auszeichnen.

Da die chemische Verwandtschaft der Metalle zu Sauerstoff, Phosphor und Schwefel ausgeprägte Unterschiede aufweist, gehen während des Schmelzprozesses bestimmte Reaktionen vor sich, bei denen diejenigen Elemente, welche zueinander die stärkste Affinität besitzen, zu Verbindungen zusammentreten. Magnesium, Aluminium, Zinn, Zink und Blei haben stärkere Verwandtschaft zum Sauerstoff als Kupfer, daher ist Cu_2O ausgeschlossen in Legierungen des Kupfers mit diesen Metallen, solange nicht eine abnorm starke Oxydation beim Schmelzen stattgefunden hat. Die ganz groben Materialfehler, bei denen Schlacken, Zunder oder Fremdkörper mechanisch eingewalzt oder eingepreßt sind und die sich häufig schon dem bloßen Auge zu erkennen geben (s. Abschnitt C I), sollen hier nicht betrachtet werden. Phosphor ist der stärkste Sauerstoffverzehrer, und da sich seine Sauerstoffverbindung in der Schmelzhitze verflüchtigt, finden sich keinerlei Oxyde in solchen Le-

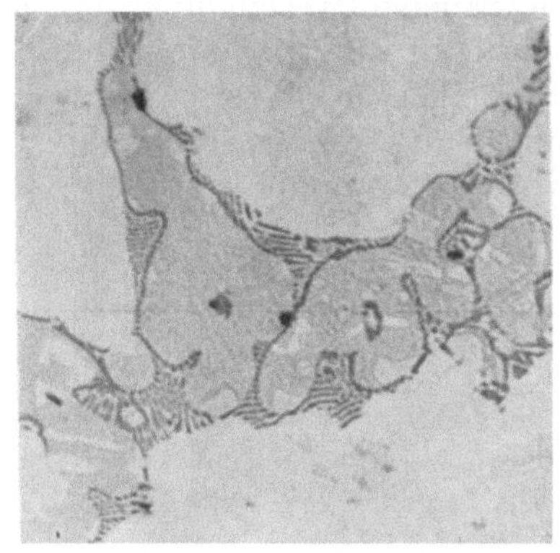

Abb. 182. Phosphorbronze, 92,2 % Cu, 7,2 % Sn, 0,6 % P. Grundmasse: α-Cu-Sn-Mischkristalle. Matt geaderte Flächen: (α + δ)-Eutektoid. Dunkle Einfassung, lamellar: Phosphideutektikum α + Cu_3P. — Ungeätzt. V = 400.

gierungen vor, denen Phosphor in genügender Menge zwecks Desoxydation zugefügt wurde. Wird reichlich Phosphor gegeben, so geht ein geringer Prozentsatz in feste Lösung über, darüber hinaus wird das Phosphid Cu_3P als neuer Legierungsbestandteil sichtbar. In reinem Kupfer sind nach Heyn und Bauer[99] bis 0,2 % P löslich, in Messing nach Portevin[100] nur 0,05 %. Messing mit 58 % und 68 % Cu, in Sand und in Kokillen gegossen, zeigt nach Portevin eine deutliche Verminderung der Dehnung, sobald Cu_3P mikroskopisch erkennbar wird. Das Phosphid enthält 14,1 % P, es bildet mit Kupfer ein Eutektikum, welches bei der Konzentration 8,27 % P liegt und bei 707° schmilzt. In den Phosphorbronzen scheint ein ternäres Eutektikum aus Cu, Sn und P vorzukommen (vgl. S. 91). Abb. 182 zeigt das Gußgefüge einer Bronze aus 92,2 % Cu, 7,2 % Sn, 0,6 % P. Charakteristisch für eine mit Phosphor im Überschuß desoxydierte Bronze ist das lamellare dunkle Phosphideutektikum, welches das helle, aus instabilem β entstandene α/δ-Eutektoid umsäumt. Im ungeätzten Schliff ist die Unterscheidung der Gefügekomponenten durch die Farbe leicht möglich, auch kennzeichnet sich das härtere Phosphid durch Reliefbildung. Bei Ätzung mit Ammoniak und Wasserstoffsuperoxyd oder mit Eisenchlorid und Salzsäure verwischt sich der Unterschied. Nach Comstock[101] soll sich in Bronze bereits 0,1 % P bemerkbar machen, wenn man mit 50%iger Salpetersäure nachätzt, wodurch nur das Eutektoid gedunkelt wird, während das Phosphid hell bleibt.

Wird Phosphor zum Desoxydieren nicht oder in sehr geringer Menge angewendet, so können die Oxyde der Metalle im Gefügebild auftreten. Zinnreiche Legierungen wie Bronze und Rotguß enthalten zuweilen die Sauerstoffverbindung des Zinns SnO_2 (Zinndioxyd, Zinnsäure), welche die Eigenschaften des Werkstoffs sehr nachteilig beeinflußt (Heyn und Bauer[102]). Durch das im Rotguß gleichzeitig vorhandene Zink wird die Zinnsäure nicht vollkommen reduziert, obwohl Zink die größere Verwandtschaft zum Sauerstoff besitzt. Die Zinnsäure ist der härteste in den Legierungen vorkommende Körper, nach Rowe[103] soll sie den Martensit an Härte übertreffen. In Lagerbronzen ist daher SnO_2 schädlich, weil es die stählernen Wellen angreift. Im Gefüge kann man die Zinnsäure meist an der charakteristischen eckigen Form ihrer Kristalle erkennen, die häufig in Gestalt rhombischer Gebilde mit einem Loch in der Mitte auftreten. Abb. 183 zeigt solchen SnO_2-Kristall in einem sauerstoffhaltigen mit wenig Zinn verunreinigten Kupfer. Beim Schmelzprozeß hat sich das Zinn auf Kosten eines Teils des Kupferoxyduls in SnO_2 verwandelt.

Abb. 183. Mit Zinn verunreinigtes Kupferblech. Dunkler rhombischer Kristall in der Mitte: Zinnsäure SnO_2. Länglichrunde Einschlüsse: Kupferoxydul Cu_2O, durch Walzen gestreckt. — Ungeätzt. V = 900.

Während Zinnsäure sich aus dem flüssigen Metall nicht durch Aufsteigen an die Oberfläche absondert, geht die Abscheidung des Zinkoxyds so glatt von statten, daß in den technischen Messingerzeugnissen ZnO höchst selten anzutreffen ist, selbst wenn keine Desoxydation mit Phosphor vorgenommen wurde. Jedenfalls fördert das geringere spezifische Gewicht des Zinkoxyds gegenüber dem des Zinndioxyds (5,4 gegen 6,95) den Auftrieb in der Schmelze. Mit künstlichen Mitteln gelingt es dagegen, ZnO im Erstarrungsprodukt festzuhalten, indem man beispielsweise Messing mit stark oxydiertem Kupfer zusammenschmilzt. Das Produkt eines solchen Versuches zeigt Abb. 184 auf der farbigen Bildtafel. Das oxydulreiche Kupfer wurde nicht vollständig zum Schmelzen gebracht, es ist im unteren Drittel des Bildes sichtbar und enthält blaues primär abgeschiedenes Oxydul in ähnlicher Form wie Abb. 63. Das kalte Kupfer wurde mit geschmolzenem Messing (Ms 58) überschichtet, an der Berührungsfläche trat eine Vermischung beider Stoffe ein, indem etwas Kupfer zum Schmelzen gebracht und vom Messing gelöst wurde. Überall, wo das Zink des Messings mit Kupferoxydul zusammentraf, hat letzteres seinen Sauerstoff an das Zink abgegeben. ZnO tritt in völlig anderen Formen auf als Cu_2O, es bildet Stäbchen, die bei starker Vergrößerung betrachtet zu eigenartig hieroglyphenähnlichen Figuren zusammengefügt sind, s. Abb. 185. Zinkoxyd ist heller gefärbt und weicher als Zinnsäure.

In Aluminiumbronzen geht Sauerstoff eine Verbindung mit Aluminium ein unter Bildung von Tonerde, d. i. Aluminiumoxyd, Al_2O_3, welches hier das gleiche Aussehen hat wie im Stahl. Die Tonerde bildet unregelmäßig geformte Teilchen oder Häute und weist keine Anzeichen

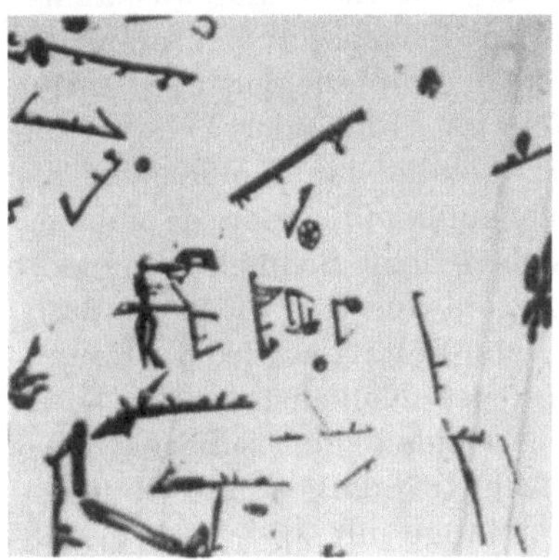

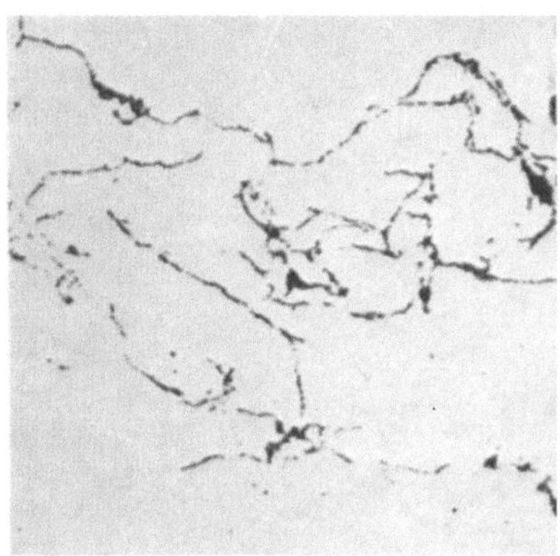

Abb. 185. Wie Abb. 182, Zinkoxyd-Einschlüsse in Messing, stärker vergrößert. — Ungeätzt. V = 400.

Abb. 186. Tonerdehäute, Al_2O_3, in Aluminiumbronze, 93,8% Cu, 6,2% Al. — Ungeätzt. V = 100.

einer vorhergegangenen Schmelzung auf. Abb. 186 zeigt solche hautartigen Einlagerungen in einer Bronze mit 6,2% Al, welche dreimal unter Berührung mit der Luft umgegossen wurde. Die Farbe der Tonerde im ungeätzten Schliff ist dunkel, infolge ihrer Sprödigkeit bricht sie beim Schleifen leicht aus. Es sei an dieser Stelle erwähnt, daß Bauer und Arndt[104] Diffusionsversuche mit Magnesium, Aluminium, Zinn und Zink einerseits und sauerstoffhaltigem Kupfer andererseits ausgeführt haben, welche erwiesen, daß die genannten Metalle reduzierend auf Kuperfoxydul wirken. Die Metalle kamen bei diesen Versuchen nicht zum Schmelzen, die Formen der neugebildeten Oxyde waren daher andere als bei den aus dem Schmelzfluß erstarrten Legierungen.

Schwefel bildet in Kupfer, Bronze und Rotguß das Kupfersulfür Cu_2S. Es erscheint in gerundeten Formen wie das Oxydul, dem es auch in der Farbe ähnelt. Bei Ätzung des Schliffes mit Flußsäure verhalten sich indessen die beiden Körper verschieden, indem Oxydul dunkel gefärbt,

Schwefelkupfer dagegen nicht verändert wird (Heyn und Bauer[105]). Um die zuweilen im Kupfer vorkommenden, dem Oxydul und Sulfür sehr ähnlichen Verbindungen des Selens und Tellurs von den vorgenannten zu unterscheiden, ist die metallographische Untersuchung nicht zureichend, hier muß die qualitative chemische Analyse nach Bauer zu Hilfe genommen werden. Im Rotguß soll nach Rolfe[70] Schwefel in Mengen von 0,10% in Gestalt von Cu_2S-Flecken erkennbar sein.

Kohlenstoff kann in Kupferlegierungen vorkommen, wenn sie solche Metalle enthalten, die in der Schmelzhitze Kohlenstoff aufnehmen. In Betracht kommen Eisen, Nickel und Mangan, hauptsächlich die beiden letzteren, da Eisen nur ausnahmsweise in Mengen von mehreren Prozenten in Kupferlegierungen anzutreffen ist. Entweder bringen die Zusatzmetalle den Kohlenstoff als Beimengung mit, oder sie nehmen denselben beim Schmelzen in Graphittiegeln aus der Tiegelwandung auf. Beim Erstarren wird die Hauptmenge des Kohlenstoffs in Form von Karbiden abgeschieden. Die auf Abb. 187 dargestellte Mangankupferstange mit 3,8% Mn enthielt solche Karbide stellenweise nesterartig angereichert als hellblaue Einschlüsse. Nach übereinstimmenden Forschungsergebnissen von Ostermann[106] und Corson[107] wird bei Mangangehalten von 4% bis 5% das Karbid Mn_3C praktisch vollständig ausgeschieden. Mehr als 0,15% C verursachen in Mangankupfer eine Beeinträchtigung der mechanischen Eigenschaften. Während nach der Theorie die ganze Legierungsreihe Cu-Mn homogen ist, treten infolge der Verunreinigung mit Kohlenstoff in der Praxis fast immer Karbide auf, die sogar auf dem Bruch durch graue Spaltflächen sichtbar werden können.

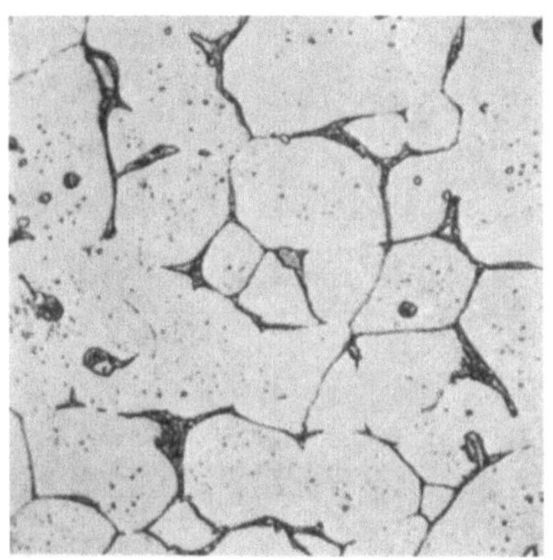

Abb. 187. Mangankupferstange, 95,4% Cu, 3,8% Mn, 0,7% Fe. Karbide eingelagert in Cu-Mn-Mischkristalle. — Ätzung $FeCl_3$ + HCl. V = 50.

Die auf Abb. 182 bis 186 wiedergegebenen Schliffe sind ungeätzt. In diesem Zustande erscheinen fast alle Sonderbestandteile in bläulicher bis blaugrauer Farbe, und dieselben Färbungen besitzen außerdem metallische Phasen wie Pb, $FeZn_7$, Cu_4Sn. Der weniger geübte Beobachter wird infolgedessen zunächst Schwierigkeiten haben, sich in dieser Fülle von gleichfarbigen Gefügebestandteilen zurechtzufinden, zumal die auf Abb. 182 bis 185 dargestellten charakteristischen Kristallformen von Kupferphosphid, Zinnsäure und Zinkoxyd nicht immer so klar ausgeprägt sind. Schliffe, die auf nichtmetallische Beimengungen angesehen werden sollen, verlangen eine ganz besonders peinlich saubere Vorbereitung, und die Betrachtung muß stets bei geringer Vergrößerung beginnend zur stärksten Optik des Mikroskops fortschreiten. Bei direkter Betrachtung treten die Farbnüancen deutlicher hervor; bereits auf den Aufnahmen Abb. 182 und 183 sind jeweils zweierlei Fremdbestandteile durch die Differenzen in den Tönungen gut unterscheidbar. Auch Ätzmittel können wie erwähnt zuweilen Erkennungsdienste leisten. Man beachte ferner, daß gemäß den oben erläuterten chemischen Verwandtschaftsverhältnissen gewisse Verbindungen einander ausschließen.

III. Lötung und Schweißung.

Bei der stoffverbindenden Bearbeitung durch Löten* oder Schweißen werden die Metalle örtlich erwärmt, beim Löten außerdem mit anderen Legierungen in Berührung gebracht, wodurch sich das Gefüge an den bearbeiteten Stellen mehr oder weniger verändert. Mit diesem Vorgang ist oft eine Beeinflussung der mechanischen und chemischen Eigen-

schaften der Werkstoffe verbunden. An Hand von Schliffproben läßt sich klarstellen, ob gegebenenfalls ein Gegenstand in äußerlich nicht mehr erkennbarer Weise gelötet oder geschweißt ist. Ferner läßt sich mit Hilfe von Probeschweißungen oder -lötungen ein Urteil darüber gewinnen, ob die angewandte Arbeitsweise eine vollständige und sichere Verbindung gewährleistet, sodann darüber, welcher Art die Gefügeveränderungen sind und wieweit sie sich innerhalb des Werkstoffes erstrecken.

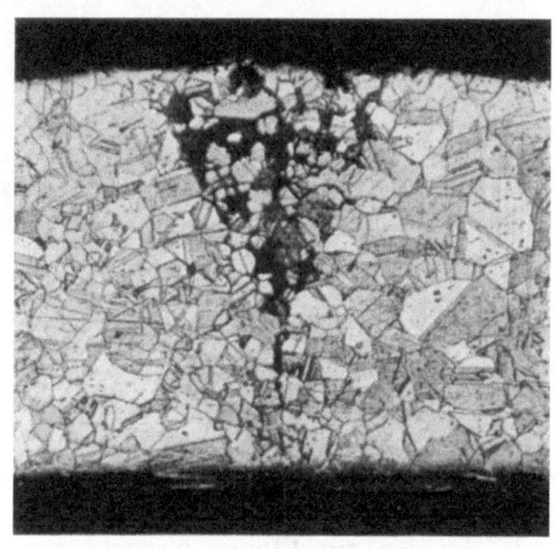

Abb. 188. Lötfuge eines hartgelöteten Rohres aus Ms 70. Schwarz: β. Lötstelle porenfrei. V = 30.

An einigen Beispielen aufgeschnittener und im Querschnitt dargestellter Probestücke sei dieses näher erläutert.

Eine gut ausgeführte Hartlötung an einem Rohr 19 × 16 mm aus Ms 70 zeigt Abb. 188. Das Lot, welches im Kupfergehalt um etwa 12% niedriger gewesen sein mag als das zu lötende Metall, füllt die keilförmige

---

* In diesem Abschnitt ist nur von Hartlötung die Rede. Betreffs Weichlötung vgl. B III, Kapitel „Gefügeaufbau und Werkstoffeigenschaften".

Fuge zwischen den Rändern des zusammengebogenen Blechstreifens
völlig aus. Die β-Phase des Lotes erscheint in Gestalt schwarzer Flecken,
die α-Struktur des Bleches läßt eine weichgeglühte Beschaffenheit erkennen; diese ist eine Folge der Erhitzung beim Löten, denn auf der
der Löhtnaht gegenüberliegenden Seite hat der Werkstoff die Struktur
des hartgewalzten Zustandes behalten.

Bei dem Bronzerohr Abb. 189 (s. farbige Bildtafel) konnte in An-
betracht des höheren Schmelzpunktes der Legierung ein kupferreicheres
Hartlot benutzt werden. Jede gute Lötung ist mit Diffusionsvorgängen
verbunden, denn auf ihnen beruht das Wesen und die Festigkeit der
Verbindung. Sterner-Rainer[108] hat hierfür metallographische Belege

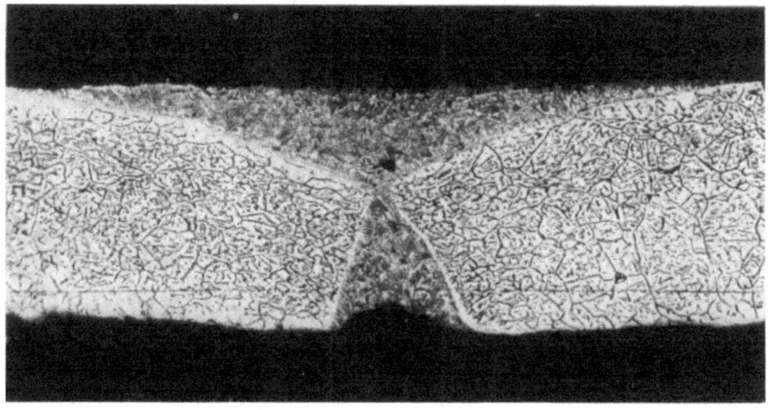

Abb. 190. Lötung mit Silberlot, Blech 0,6 mm aus Ms 63 mit instabilem β. V = 50.

beigebracht. Bemerkenswert an dem Schliff Abb. 189 ist die besonders
schön erkennbare Diffusion von Zink aus dem Lot in die Kupfer-Zinnbronze. Die rote Farbe der Bronze ist an der Lötstelle innerhalb einer
schmalen Zone in gelb übergegangen; hier hat sich eine ternäre α-Legie-
rung gebildet durch Aufnahme von erheblichen Mengen Zink in die
α-Kristalle der Bronze, die bei diesem Vorgang unzerstört geblieben
sind. An den mit Pfeilen bezeichneten Stellen befinden sich Körner,
die teils rot, teils gelb gefärbt sind und trotzdem als einheitliche Kristalle unverkennbar hervortreten. Die schmalen dunklen Streifen an
den Grenzen der roten und gelben Bereiche sind Ätzerscheinungen.

Die Verbindung zweier Messingbleche aus Ms 63 mittels Silberlot
veranschaulicht Abb. 190. Das aus 43% Cu, 9% Ag, 48% Zn bestehende
Lot schmilzt bei etwa 820°. Durch Erhitzung auf diese Temperatur gelangt Ms 63 in das heterogene Gebiet, und da die auf das Löten folgende
schnelle Abkühlung an der Luft bei dünnen Blechen einem Abschrecken
nahe kommt, ist hier das Blech im instabilen Zustande festgehalten.

Es besitzt das in Abschnitt B III erläuterte typische Abschreckgefüge dieser Legierung mit reichlichen β-Mengen in stäbchenförmiger Ausbildung (vgl. Abb. 93). Die Gefügeveränderung erstreckt sich auf 20 mm

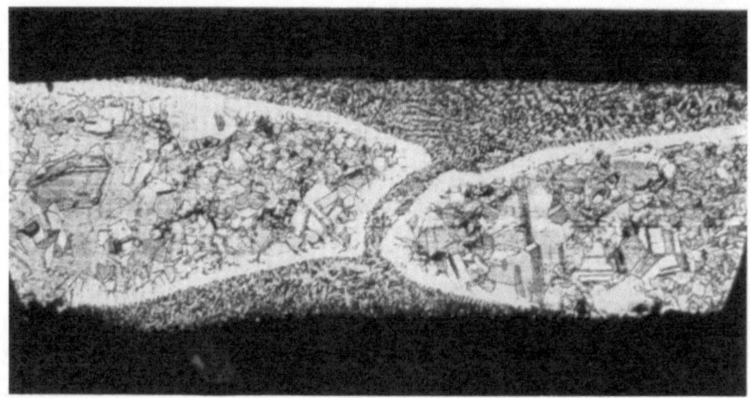

Abb. 191. Eine andere Stelle derselben Lötnaht wie Abb. 190, nach Glühen bei 550°. Rückkehr des stabilen Gefüges. V = 50.

beiderseits der Lötfuge. Es wird häufig übersehen, daß an solchen Stellen das zuvor gut tiefziehfähige Blech an Geschmeidigkeit verloren hat, und daß infolgedessen bei Kaltverformung hartgelöteter Gegenstände Brüche entstehen können. Durch Glühen bei 550° läßt sich das Abschreckgefüge und damit die Bruchgefahr beseitigen, s. Abb. 191.

Rekristallisations- und Abschreckerscheinungen zeigt auch der Längsschnitt durch eine gezogene Stange aus Ms 58, der ein gegossener Ring aufgelötet wurde. Der auf Abb. 192 unterhalb des Ringes herausragende hell erscheinende Teil der Stange ist verlängert zu denken, während oben die Stange nur 8 mm hervorsteht. Das Lot selbst bildet nur einen schmalen Ring in der oberen Fuge und ist auf dem Bild schlecht erkennbar. Deutlich zu sehen ist dagegen die Gefügeveränderung der Stange, so

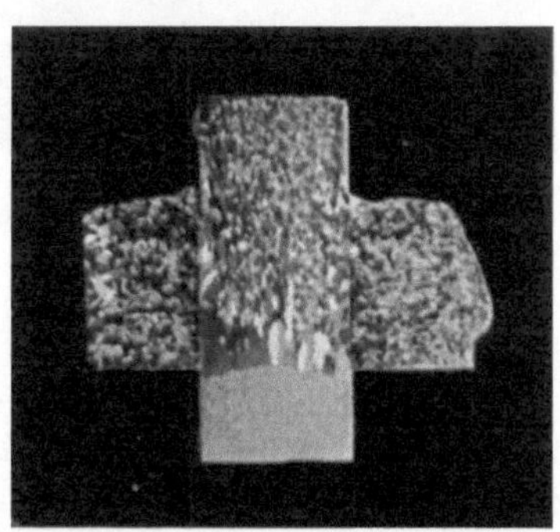

Abb. 192. Rundstange 13 mm $\varnothing$ aus Ms 58 mit aufgelötetem Gußmessingring. Unterer Teil der Stange: feinkörnig, hart. Oberer Teil: grobkörnig, rekristallisiert. Schmale Zwischenzone: große β-Kristalle. V = 1.

weit sie erhitzt worden ist. Die ursprüngliche feinkörnige Beschaffenheit des hartgezogenen Zustandes besteht noch im unteren Teil, wo das anschließende kalte Ende die Wärme rasch abgeleitet hat. Diese Wärmeentziehung hat auch die Ausbildung einer Zone grober instabiler β-Kri-

stalle verursacht, die an das Gefüge des harten Abschnittes oben an-
grenzt und bereits von dem bei der Lötung miterhitzten Gußring um-
schlossen ist. Der restliche obere Teil ist durch den Ring an schneller
Abkühlung verhindert worden und in rekristallisiertes α/β-Gefüge übergegangen.

Die meisten Hartlote sind auf Grund ihrer α/β-Struktur aus den in
Abschnitt B III dargelegten Gründen gegen chemische Einflüsse weniger
widerstandsfähig als die Werkstoffe, zu deren Verbindung sie meist benutzt werden. Tritt die Lötstelle einer α-Legierung, die mit einer α/β-
Legierung gelötet wurde, in Berührung mit einem Elektrolyten, z. B.
einer Salzlösung, so können zwischen Lot und Grundmetall galvanische
Ströme entstehen, die u. U. die örtliche Zerstörung des Materials durch

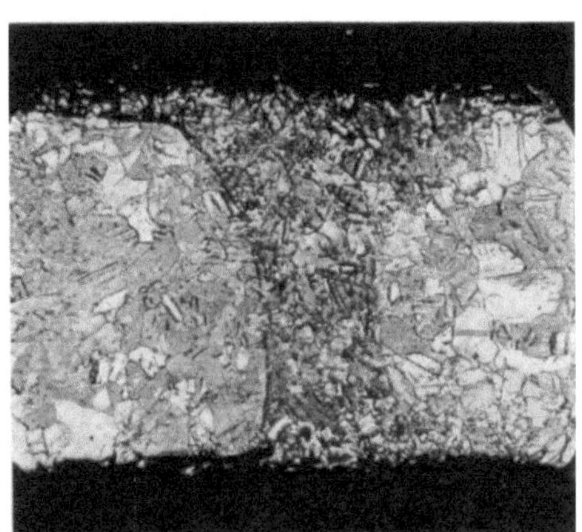

Abb. 193. Mit α-Lot gelötetes Messingrohr 51 × 49 mm,
76,0 % Cu. Lötfuge homogenes α, etwas porös. V = 40.

Korrosion zur Folge haben.
Die Gefahr ist geringer, wenn
die Verbindung mit Hilfe
eines Lotes aus dem α-Be-
reich geschieht, ein Verfahren, das natürlich nur bei
kupferreicheren Werkstoffen
möglich ist. So gibt Abb. 193
die Lötstelle eines Messing-
rohres mit 76 % Cu wieder,
bei der das etwa 65 % Cu
enthaltende Lot sich nur
durch seine Porosität von
dem Grundmetall abzeich-
net. Die Struktur beider
Legierungen ist grundsätzlich gleich, auch sind offen-
bar infolge einer Nachbearbeitung die Grenzen nicht mehr überall
scharf.

Von der Lötung unterscheidet sich die Schweißung dadurch, daß bei
letzterer erstens der Werkstoff an der Verbindungsstelle bis zum Schmelzen erhitzt wird, zweitens ein Ausfüllwerkstoff benutzt wird, der dem
zu schweißenden Material gleich oder wenigstens annähernd gleich ist.
Infolge des Zusammenschmelzens nahe verwandter Metalle oder Legierungen entsteht beim Schweißen eine sehr innige Verbindung, und
die Festigkeit der Schweiße kommt in der Regel derjenigen des Mutterwerkstoffes gleich, was man von der Lötung nicht aussagen kann. Kupfer
und seine Legierungen werden meist durch Gasschmelzschweißung
mittels der Azetylen-Sauerstoffflamme, seltener auf elektrischem Wege
geschweißt. Das Wesen und die Technik der Gasschweißverfahren für
Kupfer und Kupferlegierungen sind im Schrifttum mehrfach behandelt

worden*, wobei auch die metallographische Untersuchung der Schweißen
Berücksichtigung gefunden hat. An der Strukturbeschaffenheit läßt sich
in Zweifelsfällen leicht klären, ob an einem zur Prüfung vorgelegten
Gegenstand Lötung oder Schweißung stattgefunden hat. Geschweißte
Stellen, die nicht durch Kaltbearbeitung und evtl. Glühung nachge-
arbeitet wurden, geben sich im Schliff auf Grund ihres Gußcharakters
ohne weiteres zu erkennen. Durch Nachbehandlung vergütete Schweißen
haben zwar häufig infolge Hämmerns oder Ausglühens ihr Gußgefüge verloren, sind aber dennoch als solche nachweisbar, weil niemals völlige
Homogenisierung erreicht wird. Beim Schweißen von Kupfer kann Sauerstoff in Form von Kupferoxydul aufgenommen werden, bei Bronze-
schweißungen kommen Seigerungen ähnlich den in Abschnitt B VI beschriebenen vor, als deren Folge
Lunkerstellen entstehen können.
Diese und andere Vorgänge lassen sich mit Hilfe der mikroskopischen Untersuchung verfolgen.

Zur Veranschaulichung des
Gefügebaues einer Schweiße
mögen die Abb. 194 bis 198
dienen. Die Probe ist einem
Fensterrahmen entnommen, der
aus gepreßten Profilleisten einer
α/β-Neusilber-Legierung (vgl.
Abschnitt B IV) zusammenge-
setzt wurde. Als Zusatzwerkstoff dienten geschnittene Streifen der gleichen Legierung. In
der Makroaufnahme, Abb. 194,

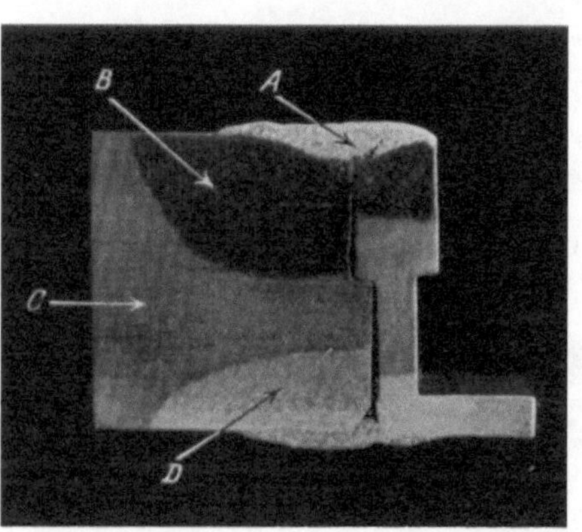

Abb. 194. Schweißung an einem Rahmen aus Neu-
silberprofilstangen. *A*: Verschmelzung von Mutter-
und Zusatzwerkstoff. *B* und *D*: Durch Erhitzung
verändertes Gefüge der Stange. *C*: Unverändertes
Gefüge. V = 1.

zeigt sich bei *A* die charakteristische Beschaffenheit der echten
Schweißung: Zusatz- und Mutterwerkstoff sind miteinander verschmol-
zen; bei stärkerer Vergrößerung tritt das dendritische Gußgefüge der
Schweißung hervor, Abb. 195. Angrenzend an diese Schmelzzone ist
im Bereich *B* das Gefüge der Rahmenleiste durch die starke Erhitzung
verändert. Grobkörnige β-Struktur (Abb. 196) mit geringen α-Mengen
hat sich hier infolge Kristallwachstums im β-Feld und nachfolgender
schneller Wärmeableitung ausgebildet, ein Vorgang, welcher eine Parallele darstellt zu der in Abb. 192 gezeigten Hartlötung von α/β-Messing.

---

* Horn, H. A.: Die Schweißung des Kupfers und seiner Legierungen Messing
und Bronze. Berlin: Julius Springer 1928. — Thomas, H.: Die Kupferschweißung
mittels Azetylen-Sauerstoff, ihre Durchführung und ihre Eigenschaften. Neuburg
a. d. D.: Grießmayersche Buchdruckerei 1928.

Abb. 197 endlich bringt zum Vergleich das Gefüge des unveränderten Mutterwerkstoffes im Bereich *C*. An der unteren Seite des Rahmens kehren die gleichen Veränderungen wieder, die Schweißung ist hier jedoch weniger gut ausgeführt, denn wir bemerken eine erheblich kleinere

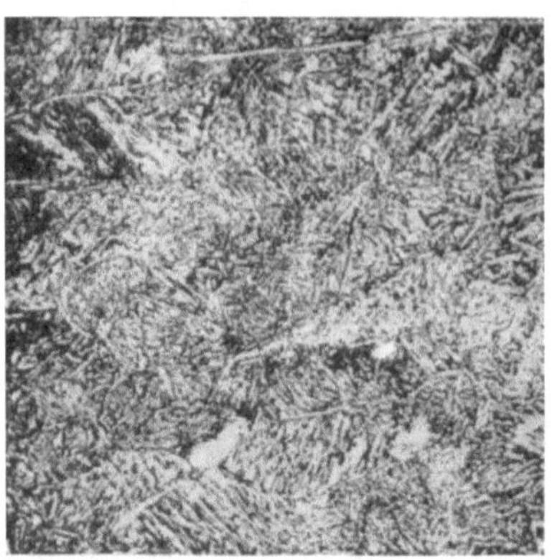

Abb. 195. Stelle *A* von Abb. 194. Gußstruktur der Schweiße. V = 45.

Abb. 196. Stelle *B* von Abb. 194. Mutterwerkstoff beim Schweißen hoch erhitzt und schnell abgekühlt: β teils hell, teils dunkel geätzt, stellenweise geringe Mengen α. V = 57.

Abb. 197. Stelle *C* von Abb. 194. Ursprüngliches Gefüge der Profile. Grundmasse β teils hell, teils dunkel geätzt, α fein verteilt in weißen Körnchen. V = 100.

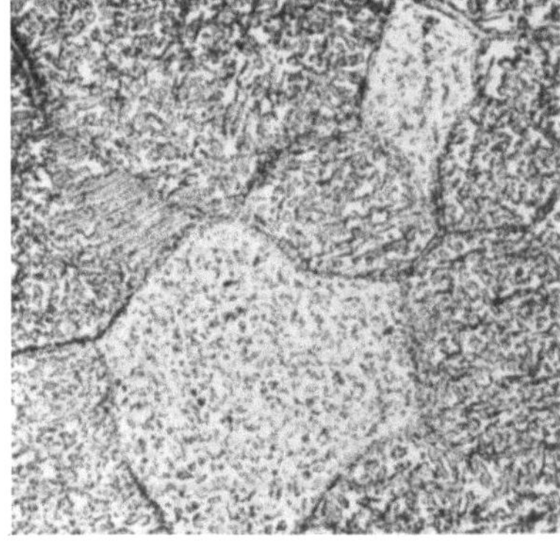

Abb. 198. Stelle *D* von Abb. 194. Polygonale β-Grundkörner mit reichlicher α-Ausscheidung. V = 100.

Schmelz- und Umwandlungszone und in letzterer ein α-reiches Gefüge (Abb. 198) als Beweise dafür, daß Wärmezufuhr sowohl wie Abschreckwirkung geringer waren als an der Oberseite.

Die elektrische Widerstandsschweißung hat in neuerer Zeit auch für Kupferlegierungen zunehmende Bedeutung gewonnen. Da bei diesem Verfahren die Wärme im Werkstoff selbst unmittelbar an den zu verbindenden Stellen erzeugt und zugleich ein mechanischer Druck ausgeübt wird, kann auf ein Zusatz- oder Ausfüllmaterial meist verzichtet werden. Im mikroskopischen Bilde markiert sich daher die Verbindungsstelle in anderer Weise als bei der Gasschmelz-Schweißung. Auf Abb. 199 ist die stumpfgeschweißte Stoßfuge zweier Bänder aus Ms 63 dargestellt, nachdem die so zu einem fortlaufenden Band vereinigten Stücke kalt nachgewalzt wurden. Die Schweiße ist ohne Zuhilfenahme eines metallischen Bindemittels ausgeführt, sie ist durch die Ätzung dunkel gefärbt und läßt bei starker Vergrößerung erkennen, daß die Legierung hier bis über den Schmelzpunkt hinaus erhitzt wurde.

Werden Bleche überlappt geschweißt, so sind die Erscheinungen grundsätzlich die gleichen. In dem auf Abb. 200 dargestellten Fall handelt es sich um eine Reihen-Punktschweißung. Die durch den Übergangswiderstand erhitzte Stelle tritt auch hier in deutlich abgegrenzter Form hervor. In der Mitte derselben sind einige Poren entstanden, um diese herum ist das Gefüge dendritisch, dann folgt eine hellere Übergangszone, innerhalb welcher die Struktur infolge schneller Wärmeableitung Abschreckerscheinungen zeigt. Das eingezeichnete Quadrat ist in Abb. 201 in höherer Vergrößerung wiedergegeben, um die Verschiedenheit der drei Gefüge deutlicher zu machen. Die Schichtkristalle in der unteren Hälfte beweisen, daß der Werkstoff hier zum Schmelzen gebracht wurde, darüber befindet sich die durch Pfeile bezeichnete Zwischenzone, in der $\alpha + \beta$ instabil festgehalten sind, oben die homogenen α-Kristallkörner des nicht veränderten Bandes, z. T. mit Zwillingstreifen. Der Übergang vom Kern der Schweiße zum ursprünglichen Werkstoff

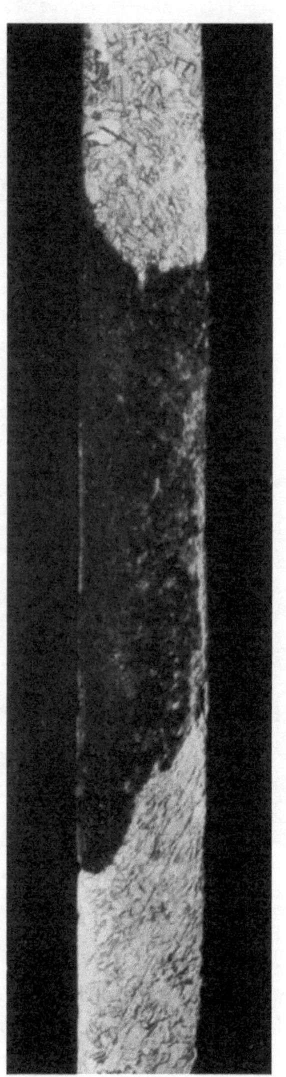

Abb. 199. Durch elektrische Stumpfschweißung verbundene Bandenden, Ms 63, nachgewalzt. V = 15.

ist in Abb. 202 noch stärker vergrößert gezeigt, dieser Schliff ist einer anderen, jedoch in gleicher Weise ausgeführten Schweiße entnommen. Das $(\alpha + \beta)$-Abschreckgefüge ist hier deutlich vom stabilen α abgegrenzt; eine nachträgliche Homogenisierung durch Glühen und lang-

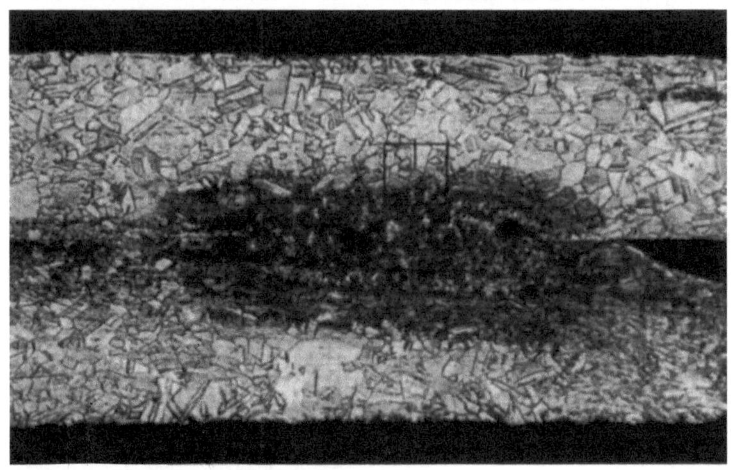

Abb. 200. Elektrisch überlappt geschweißte Bleche Ms 63, 0,5 mm Dicke. Linsenförmige
Gestalt der Schweiße. V = 50.

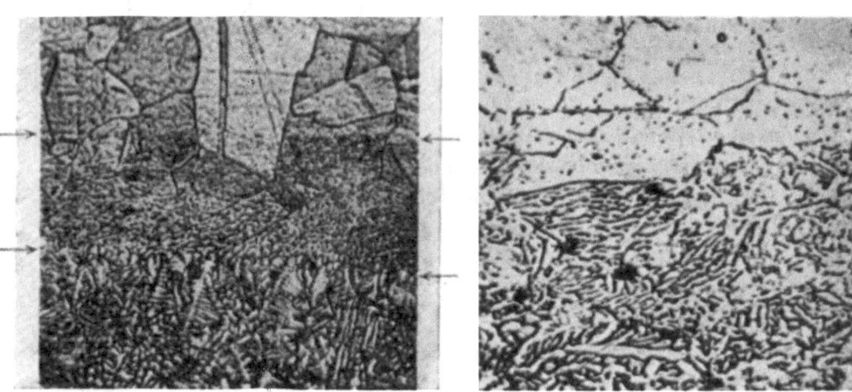

Abb. 201. Das auf Abb. 200 umrandete Feld
stärker vergrößert. Übergang von der dendritischen Schweiße zum Gefüge des unveränderten
Blechs. V = 300.

Abb. 202. Elektrische Überlappungsschwei-
ßung ähnlich Abb. 200. Unten: α/β-Abschreck-
gefüge der Zwischenzone, vgl. Abb. 201.
Mitte, oben: α-Gefüge des nicht beeinflußten
Werkstoffs. V = 400.

sames Abkühlen wäre in dieser Zone ebenso wie im Fall der Lötung,
Abb. 190/191 ohne Schwierigkeit durchführbar, doch läßt sich das
Dendritengefüge der Kernzone nicht so leicht ausgleichen.

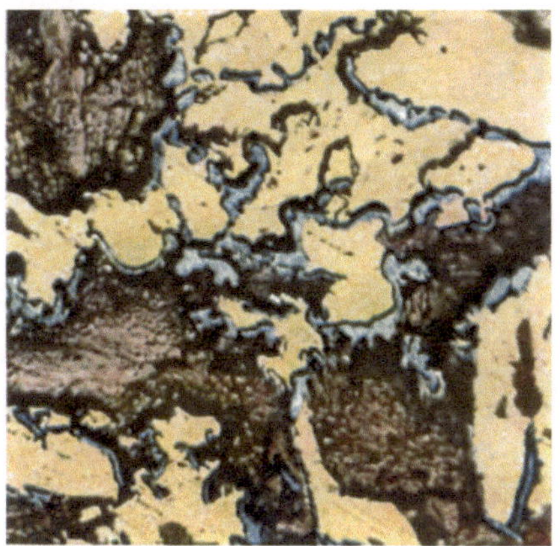

Abb. 140. Blei-Zinnmessing, Preßteil, 55,8% Cu
2,8% Pb. 2,4% Sn. Gelb: α, braun: β, blau: γ,
schwarze Flecken: teils Blei, teils Schatten vom
Gamma-Relief. — Ätzung mit Kupferammonchlorid. V = 900.

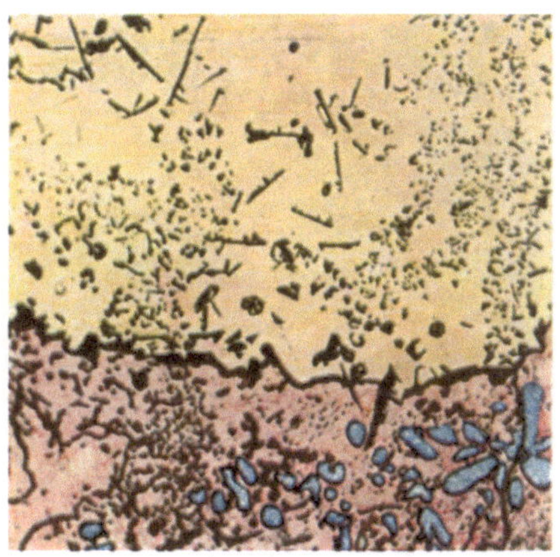

Abb. 184. Messing mit künstlich erzeugten Zink-
oxyd-Einschlüssen. Rot: Kupfer, blau: Kupferoxydul, gelb: Messing, schwarz: Zinkoxyd. —
Ungeätzt. V 200.

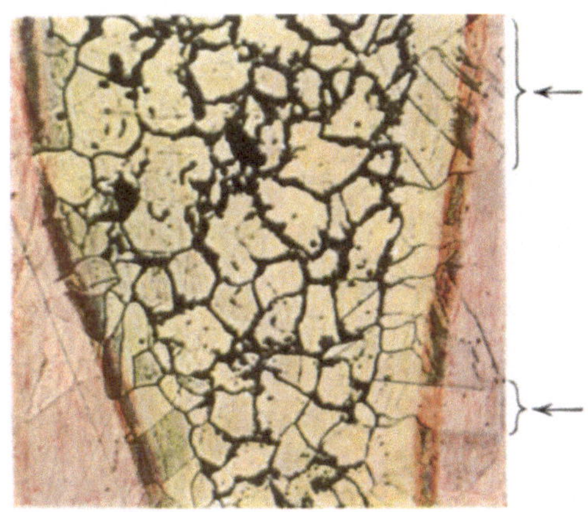

Abb. 189. Hartgelötetes Bronzerohr. Rot: α-Cu-
Sn-Bronze, gelb und schwarz: α/β-Messinglot.
Gelbe Zwischenzone: durch Zn-Diffusion mes-
singgelb gefärbte Bronze. An den mit Pfeilen
bezeichneten Stellen große Kristalle mit verschiedener Zusammensetzung. Dunkle Säume
zwischen rot und gelb: Ätzwirkung. — Ätzung
mit Ammonpersulfat. V = 200.

Schimmel, Kupferlegierungen.   Verlag von Julius Springer in Berlin.

Schrifttumverzeichnis.

Abkürzungen der Zeitschriftentitel.

Foundry.	The Foundry, Cleveland.
Gieß.-Zg.	Gießerei-Zeitung, Berlin.
Int. Z. Met.	Internationale Zeitschrift für Metallographie, Leipzig.
Journ. Inst. Met. . . .	Journal of the Institute of Metals, London.
Kongreßber.	Der VI. Kongreß des Internationalen Verbandes für die Materialprüfungen der Technik. Herausgeg. v. Generalsekretariat, Wien 1912.
Metallk.	Zeitschrift für Metallkunde, Berlin.
Metallwirtsch.	Metallwirtschaft, Berlin.
Metg.	Metallurgie, Halle a. d. S.
Met. Ind.	The Metal Industry, London.
Met. u. Erz.	Metall und Erz, Halle a. d. S.
Mitt. Kgl. Mat.	Mitteilungen aus dem Kgl. Materialprüfungsamt, Berlin.
Mitt. K. W. I.	Mitteilungen aus dem Kaiser-Wilhelm-Institut für Metallforschung, Berlin.
Mitt. Mat. u. K. W. I. .	Mitteilungen aus dem Materialprüfungsamt und dem Kaiser-Wilhelm-Institut für Metallforschung, Berlin.
Proc. Inst. Met. Div. .	Proceedings of the Institute of Metals Division of the American Institute of Mining and Metallurgical Engineers, New York.
Rev. de Mét.	Revue de Métallurgie, Paris.
St. u. E.	Stahl und Eisen, Düsseldorf.
Tech. Pap. Bur. St. . .	Technologic Papers of the Bureau of Standards, Washington.
Trans. Am. Inst. Min. Met. Eng.	Transactions of the American Institute of Mining and Metallurgical Engineers, New York.
V. D. I.	Zeitschrift des Vereins Deutscher Ingenieure, Berlin.
V. V. Gewerbfl. . . .	Verhandlungen des Vereins zur Beförderung des Gewerbfleißes, Berlin.
Z. f. anorg. Ch. . . .	Zeitschrift für anorganische und allgemeine Chemie, Leipzig.
Z. f. Ph.	Zeitschrift für Physik, Berlin.
Z. f. techn. Ph.	Zeitschrift für technische Physik, Leipzig.

Literatur.

1. **Bauer u. Hansen**: Der Aufbau der Kupfer-Zink-Legierungen. Mitt. Mat. u. K. W. I., Sonderheft IV, 1927.
2. **Bauer u. Piwowarski**: Versuche über Diffusions- und Auflösungsvorgänge. Met. u. Erz 1923, S. 416.
3. **Genders u. Bailey**: The alpha phase boundary in the copper-zinc system. Journ. Inst. Met. 1925, Bd. 1, S. 213.
4. **Bauer u. Vollenbruck**: Das Erstarrungs- und Umwandlungsschaubild der Kupfer-Zinnlegierungen. Mitt. Mat. 1922, S. 181; Metallk. 1923, S. 119 u. 191.
5. **Hansen**: Über die Sättigungsgrenze des α (Cu-Sn)-Mischkristalls. Metallk. 1927, S. 407.
6. **Stockdale**: The copper-rich aluminium-copper alloys. Journ. Inst. Met. 1922, Bd. 2, S. 273; Met. Ind. 1922, Bd. 2, S. 488.
7. **Tammann u. Hansen**: Das ternäre System Kupfer-Zinn-Zink. Z. f. anorg. Ch. Bd. 138, H. 2, S. 137. 1924; Metallk. 1926, S. 347.
8. **Tafel**: Studie über die Konstitution der Zink-Kupfer-Nickellegierungen sowie der binären Systeme Kupfer-Nickel, Zink-Kupfer, Zink-Nickel. Metg. 1908, S. 343, 375.
9. **Heyn**: Kupfer und Kupferoxydul. Mitt. d. Kgl. techn. Versuchsanstalt Berlin 1900, S. 315; Z. f. anorg. Ch. 1904, S. 1.
10. **Ruhrmann**: Über Arsen und Nickel sowie deren Sauerstoffverbindungen im Kupfer. Met. u. Erz 1925, S. 339.
11. **Siebe**: Einige metallographische Beobachtungen an Kupferoxydul im Kupfer. Z. f. anorg. Ch. Bd. 154, S. 126. 1926.
12. **Hanson, Marryatt u. Ford**: The effect of oxygen on copper. Journ. Inst. Met. 1923, Bd. 2, S. 197; Met. Ind. 1923, Bd. 2, S. 294.
13. **Baucke**: Über einige neue mikrographische Beobachtungen beim Kupfer. Kongreßber. 1912 II 14; Int. Z. Met. 1913, S. 155.
14. **Mathewson u. Caesar**: Effect of cuprous oxide on the development of recrystallized grain by annealing cold worked copper. Int. Z. Met. 1918, S. 1.
15. **Altwicker**: Über den Einfluß von Kupferoxydul auf Elektrolyt- und Raffinadekupfer. Met. u. Erz 1925, S. 583.
16. **Johnson**: Some observations on oxygen in copper. Met. Ind. 1925, Bd. 2, S. 205; Metallk. 1926, S. 162.
17. **Heyn**: Krankheitserscheinungen in Eisen und Kupfer. V. D. I. 1902, S. 1115.
18. **Bauer u. Vollenbruck**: Beitrag zur Kenntnis der Wasserstoffkrankheit des Kupfers. Metallk. 1922, S. 296; Mitt. Mat. 1922, S. 151.
19. **Moore u. Beckinsale**: The action of reducing gases on heated copper. Journ. Inst. Met. 1921, Bd. 1, S. 219; Met. Ind. 1921, Bd. 1, S. 206; Metallk. 1921, S. 194.
20. **Bamford**: Comparative tests on some varieties of commercial copper rod. Journ. Inst. Met. 1925. Bd. 1, S. 167; Metallk. 1925, S. 169.
21. **Hanson u. Marryatt**: The effect of arsenic plus oxygen on copper. Journ. Inst. Met. 1927, Bd. 1, S. 121; Metallk. 1927, S. 367.

22. Smith u. Hayward: The action of hydrogen on hot solid copper. Journ. Inst. Met. 1926, Bd. 2, S. 211.

23. Heckmann: Untersuchungen über den Einfluß fortgesetzten Überblasens beim Flammofen-Raffinieren auf die Verunreinigungen und Eigenschaften des Kupfers. Met. u. Erz 1925, S. 527.

24. Oberhoffer: Über den Einfluß der Walztemperatur, des Verarbeitungsgrades und des Glühens auf einige Eigenschaften des Kupfers. Met. u. Erz 1918, S. 47.

25. Prüfungsstation für Metalle der Paris-Lyon-Méditerranée-Bahn. Mikrographische Studien. Kongreßber. 1912, II, 11.

26. Stahl: Über wismuthaltiges Kupfer. Met. u. Erz 1925, S. 421.

27. Gürtler: Das Problem der säurefesten metallischen Werkstoffe. Metallk. 1926, S. 365.

28. Bassett u. Davis: Corrosion of copper alloys in sea-water. Trans. Am. Inst. Min. Met. Eng. Jan. 1925, S. 745.

29. v. Wurstemberger: Selektive Korrosionen und Entzinkungserscheinungen an Messingteilen. Metallk. 1922, S. 23 u. 59.

30. Diegel: Die Legierungsbrüchigkeit der Metalle. V. V. Gewerbefl. 1912, S. 263.

31. Hartley: The attack of molten metals on certain non-ferrous metals and alloys. Journ. Inst. Met. 1927, Bd. 1, S. 193.

32. Genders: The penetration of mild steel by brazing solder and other metals. Journ. Inst. Met. 1927. Bd. 1, S. 215.

33. Dickenson: Note on a failure of „manganese-bronze". Journ. Inst. Met. 1920, Bd. 2, S. 315; Met. Ind. 1920, Bd. 2, S. 303.

34. Sauerwald u. Elsner: Über den inner- und zwischenkristallinen Bruchvorgang in Systemen aus großen Kristallen von Aluminium, Eisen, Kupfer, Messing in Abhängigkeit von Temperatur und Zeit sowie über dabei erfolgende Kristallisation. Z. f. Ph. Bd. 44, H. 1/2. 1927.

35. Czochralski: Metallographische Untersuchungen am Zinn und ihre fundamentale Bedeutung für die Theorie der Formänderung bildsamer Metalle. Int. Z. Met. 1916, S. 1.

36. Baß u. Glocker: Über die Rekristallisation des α-Messings. Metallk. 1928, S. 179.

37. Grard: Laiton à cartouches, laiton à balles, cuivre électrolytique. Rev. de Mét. 1909, S. 1069; Kongreßber. 1912 II 15; Metg. 1910, S. 651.

38. Körber u. Wieland: Über Kaltwalzen und Ausglühen von Kupfer-Zinklegierungen. Mitt. K. W. I. für Eisenforschung 1921, S. 57; Metallk. 1922, S. 207.

39. Harris: The hardness of the brasses. Journ. Inst. Met. 1922, Bd. 2, S. 327.

40. Bunting: The influence of lead and tin on the brittle ranges of brass. Journ. Inst. Met. 1925, Bd. 1. S. 97.

41. Angus u. Summers: The effect of grain-size upon hardness and annealing temperature. Journ. Inst. Met. 1925, Bd. 1, S. 115; Metallk. 1925, S. 235.

42. Hanemann: Darstellung der Rekristallisationserscheinungen auf Grund der Korngrößenänderung bei Warmverformung. Metallk. 1925, S. 316, 373.

43. Wittneben: Über die Rekristallisation von α-Messing bei Warmverformung. Metallk. 1928, S. 316.

44. Ostermann: Kritische Temperaturen beim Glühen von Messingdraht. Metallk. 1927, S. 349.

45. Comstock: Results of heat treating bronze castings. Foundry 1919, S. 189;

46. **Bauer u. Vollenbruck**: Härtebestimmungen und Spannungsmessungen an Zink-Kupfer-Legierungen. Metallk. 1927, S. 86; Mitt. Mat. u. K. W. I., Sonderheft III, 1927.

47. **Hanser**: Blei und Zinn im Messing Ms 60. Metallk. 1924, S. 91.

48. **Obermüller**: Werkstofffragen bei der Herstellung von Metallpreßteilen. Metallk. 1924, S. 229, 308.

49. **Köster**: Das technologische Verhalten gepreßter Messingstangen. Z. f. anorg. Ch. Bd. 154, S. 197. 1926; Metallk. 1926, S. 327.

50. **Hinzmann**: Die Warmbehandlung und Gefügeausbildung von $(\alpha + \beta)$-Messing. Metallk. 1927, S. 297.

51. **Clark**: A study of the heat treatment, microstructure and hardness of 60—40 brass. Proc. Inst. Met. Div. 1927, S. 276.

52. **Ostermann**: Gefügeausbildung im Messingrohr. Metallk. 1928, S. 186.

53. **Homerberg u. Shaw**: Relation of heat treatment, mechanical properties and microstructure of 60—40 brass. Trans. Am. Inst. Min. Met. Eng. 1924, S. 365; Metallk. 1924, S. 327.

54. **Guillet**: Étude générale des laitons spéciaux. Rev. de Mét. Februar 1905, S. 97; Mai 1906, S. 243; 1913, S. 1130; Juli 1920, S. 484.

55. **Price u. Grant**: Some low copper-nickel silvers. Trans. Am. Inst. Min. Met. Eng. 1924, S. 328; Metallk. 1924, S. 328.

56. **Smalley**: The development and manufacture of high-tenacity brass and bronze. Met. Ind. 1922, Bd. 2, S. 75, 101; Metallk. 1922, S. 48, 80.

57. **Drogseth, Engelmann u. Gürtler**: Die mikroskopische Feststellung von Blei, Zinn und Eisen in Messing. Metallk. 1921, S. 238.

58. **Gürtler**: Der sog. „Austausch-Koeffizient" der einzelnen Zusätze in Sondermessingen. Metallk. 1921, S. 128.

59. **Comstock**: Results of heat-treating bronze castings. Foundry 1919, S. 189.

60. **Logan**: A note on propeller brass. Journ. Inst. Met. 1924, Bd. 2, S. 477; Met. Ind. 1924, Bd. 1, S. 197, 221.

61. **Bauer u. Vollenbruck**: Temperaturgrenzen der Bildsamkeit von Bronze mit 20 % Zinn. Metallk. 1925, S. 60.

62. **Waehlert**: Bronze. Metallwirtsch. 1927, Nr. 50, S. 1286.

63. **Rowe**: Some Experiments on the effect of casting temperature and heat treatment on the physical properties of a high tin bronze. Journ. Inst. Met. 1924, Bd. 2, S. 73; Metallk. 1925, S. 26.

64. **Heyn u. Bauer**: Untersuchungen über Lagermetalle. Mitt. Kgl. Mat. 1911, S. 63.

65. **Glaser u. Seemann**: Beitrag zur Kenntnis der Phosphorbronze. Z. f. techn. Ph. 1926, S. 42.

66. **Rowe**: Modern problems in engineering bronze founding. Met. Ind. 1924, Bd. 2, S. 611.

67. **Primrose, H. S. u. J. S. G. Primrose**: Practical heat treatment of admiralty gun-metal. Journ. Inst. Met. 1913, Bd. 1, S. 158.

68. **Karr u. Rawdon**: Effect of heat-treatment upon tensile properties of 2% zinc bronze. Tech. Pap. Bur. St., Paper Nr. 59, März 1916.

69. **Primrose, J. S. G.**: Heat treatment of copper alloys. Met. Ind. 1921, Bd. 1, S. 281.

70. **Rolfe**: Notes on gun-metal. Met. Ind. 1921, Bd. 1, S. 265.

71. — The effect of increasing proportions of lead upon the properties of admiralty gun-metal. Journ. Inst. Met. 1921, Bd. 2, S. 85.

72. — The effect of arsenic, antimony and lead on 88 : 10 : 2 gun-metal. Journ. Inst. Met. 1918, Bd. 2, S. 270.

73. Rolfe: The effect of increasing proportions of antimony and of arsenic respectively upon the properties of admiralty gun-metal. Journ. Inst. Met. 1920. Bd. 2, S. 233; Engineering v. 19. Nov. u. 3. Dez. 1920; Metallk. 1921, S. 330.

74. Bauer u. Arndt: Seigerungserscheinungen. Metallk. 1921, S. 497, 559.

75. Masing: Über die Ursachen der umgekehrten Blockseigerung. Metallk. 1925, S. 251.

76. Kühnel: Umgekehrte Seigerung. Metallk. 1922, S. 462.

77. — Einiges über den Aufbau und die Eigenschaften von Rotguß. Metallk. 1926, S. 273, 306.

78. Genders: The mechanism of inverse segregation in alloys. Journ. Inst. Met. 1927, Bd. 1, S. 241.

79. Greenwood: The constitution of the copper rich aluminium-copper alloys. Journ. Inst. Met. 1918, Bd. 1, S. 55.

80. Reader: Some properties of the copper-rich copper-aluminium alloys. Journ. Inst. Met. 1923. Bd. 1, S. 297; Met. Ind. 1923, Bd. 1, S. 473.

81. Davis: Metallography applied to nonferrous metals. Foundry 1919, S. 264, 395.

82. Rosenhain u. Lantsberry: On the properties of some alloys of copper, aluminium and manganese. 9. Bericht an das Alloys Research Committee. The national physical laboratory 1911, London.

83. Read u. Greaves: The influence of nickel on some copper-aluminium alloys. Journ. Inst. Met. 1914, Bd. 1, S. 169; Int. Z. Met. 1914, S. 263, 276.

84. — — The properties of some nickel-aluminium-copper alloys. Journ. Inst. Met. 1921. Bd. 2, S. 57.

85. Guillet: Les bronzes d'aluminium spéciaux. Rev. de Mét. 1923. S. 130, 257, 771.

86. Stockdale: The copper rich aluminium-copper-tin alloys. Journ. Inst. Met. 1926, Bd. 1, S. 181; Metallk. 1926, S. 200.

87. v. Moellendorff u. Czochralski: Technologische Schlüsse aus der Kristallographie der Metalle. V. D. I. 1913, S. 931.

88. Czochralski: Veränderung der Korngröße und der Korngliederung in Metallen. V. D. I. 1917, S. 345.

89. Wunder: Das Einreißen amerikanischer Elektrolytkupfer-Drahtbarren beim Warmwalzen. Metallk. 1927, S. 275.

90. Seidl u. Schiebold: Das Verhalten von Industriekupfer bei der Beanspruchung, erläutert bei Kaltbehandlung. Metallk. 1926, S. 241, 315, 343; Mitt. Mat. u. K. W. I., Sonderheft III, 1927.

91. Genders: The interpretation of the makrostructure of cast metals. Journ. Inst. Met. 1926, Bd. 1, S. 259; Metallk. 1926, S. 126.

92. Siebe u. Katterbach: Über Gefügeaufbau und Oberflächenbildung bei gegossenem Kupfer. Metallk. 1927, S. 177.

93. Genders: The extrusion of brass rod by the inverted process. Journ. Inst. Met. 1924, Bd. 2, S. 313; Metallk. 1924, S. 404.

94. Schweißguth: Über den Vorgang des Fließens in dem gepreßten Messingblock. V. D. I. 1918, S. 281, 305.

95. Doerinckel u. Trockels: Fließvorgänge im Messingblock beim Stangenpressen. Metallk. 1921, S. 466.

96. Genders: The extrusion defect. Journ. Inst. Met. 1921, Bd. 2, S. 237; Metallk. 1922, S. 34.

97. Unckel: Einiges über die Fließvorgänge beim Pressen von Stangen und Rohren sowie beim Ziehen. Metallk. 1928, S. 323.

98. Peter: Das Pressen von Nichteisenmetallen. Metallk. 1923, S. 1.

99. Heyn u. Bauer: Kupfer und Phosphor. Mitt. Kgl. Mat. 1906, S. 93; Z. f. anorg. Ch. Bd. 52, S. 129; 1907; Metg. 1907, S. 242, 257.
100. Portevin: Influence du phosphore sur les laitons. Rev. de Mét. 1923, S. 155.
101. Comstock: Nonmetallic inclusions in bronze and brass. Foundry 1909, S. 79.
102. Heyn u. Bauer: Kupfer, Zinn und Sauerstoff. Mitt. Kgl. Mat. 1904, S. 138.
103. Rowe: Modern brass foundry alloys. Met. Ind. 1923, Bd. 1, S. 385.
104. Bauer u. Arndt: Über die Einwirkung von Zink, Zinn, Aluminium und Magnesium auf kupferoxydulhaltiges Kupfer. Mitt. Mat. u. K. W. I. Sonderheft III, 1927; Gieß.-Zg. 1926, S. 671; Metallk. 1928, S. 198.
105. Heyn u. Bauer: Kupfer und Schwefel. Metg. 1906, S. 73.
106. Ostermann: Über die Gleichgewichte im flüssigen System Fe-Cu-Mn bei wechselnden geringen C-Gehalten. Metallk. 1925, S. 278.
107. Corson: Manganese in non-ferrous alloys. Proc. Inst. Met. Div. 1928, S. 483.
108. Sterner-Rainer: Zur Kenntnis der Metallote. Metallk. 1921, S. 368.

Anhang.

Normblätter und Diagramme.

<table>
<tr><td colspan="2"><h1 align="center">Kupfer</h1> Rohstoff </td><td align="right">Werkstoffe</td><td>DIN
1708 Blatt 1</td></tr>
</table>

Bezeichnung von Hüttenkupfer A:
A—Cu DIN 1708

Benennung	Kurz-zeichen	Cu mindestens %	Verwendungsbeispiele
Hüttenkupfer A (arsen- und nickelhaltig)	A—Cu	99,0	Feuerbüchsen und Stehbolzen
Hüttenkupfer B (arsenarm)	B—Cu	99,0	Legierungen für Gußerzeugnisse sowie Legierungen mit weniger als 60% Kupfergehalt für Walz-, Preß-, Schmiedeerzeugnisse
Hüttenkupfer C	C—Cu	99,4	Kupferrohre und Kupferbleche
Hüttenkupfer D	D—Cu	99,6	Legierungen mit mehr als 60% Kupfergehalt für Walz-, Preß-, Schmiedeerzeugnisse
Elektrolytkupfer E	E—Cu	—[1]	Elektrische Leitungen, hochwertige Legierungen

[1] Für die Beurteilung des Elektrolytkupfers für elektrische Leitungen ist lediglich die elektrische Leitfähigkeit maßgebend. Eine sachgemäß entnommene, bei etwa 600^0 C geglühte Elektrolytkupfer-Drahtprobe darf für 1 km Länge und 1 mm^2 Querschnitt bei 20^0 C keinen höheren Widerstand haben als 17,84 Ω. Im übrigen gelten die Kupfernormen in dem Vorschriftenbuch des VDE 12. Auflage 1925, Abschnitt 12.

Güte und Leistungen siehe DIN 1708 Bl. 2 und Halbzeugblätter DIN ...
Lieferart: in Blöcken, Barren, Kathoden usw.

April 1925   Fachnormenausschuß für Nichteisen-Metalle

| **Messing** Rohstoff | Werkstoffe | **DIN** 1709 Blatt 1 |

Bezeichnung von Gußmessing mit 67% Kupfer
GMs 67 DIN 1709
Die Bezeichnung ist einzugießen oder aufzuschlagen

I. Gußmessing

Benennung	Kurz-zeichen	Ungefähre Zusammensetzung in %			Behandlung	Verwendungsbeispiele
		Cu	Zusätze	Zn		
Gußmessing 63	GMs 63	63	< 3 Pb	Rest	Bearbeiten mit spanabhebenden Werkzeugen	Gehäuse, Armaturen usw.
Gußmessing 67	GMs 67	67	< 3 Pb	Rest	Bearbeiten mit spanabhebenden Werkzeugen, Hartlöten	Gehäuse, Armaturen usw.
Sondermessing gegossen	So - GMs	55—60	Mn + Al + Fe + Sn bis zu 7,5% nach Wahl, bezgl. Ni vgl. DIN 1709 Bl. 2	Rest	Bearbeiten mit spanabhebenden Werkzeugen	Schiffsschrauben, kleine Lager, Überwurfmuttern, Grundringe, Beschlagteile, Schiffsfenster, Gußstücke von hoher Festigkeit

II. Walz- und Schmiedemessing

Benennung	Kurz-zeichen	Cu	Zusätze	Zn	Behandlung	Verwendungsbeispiele
Hartmessing (Schraubenmessing)	Ms 58	58	2 Pb	Rest	Warmpressen, Schmieden, Bearbeiten m. spanabhebenden Werkzeugen	Stangen für Schrauben, Drehteile, Profile f. Elektrotechnik, Instrumente, Schaufenster u. sonst. Bauteile, Warmpreßstücke (Armaturen, Beschläge, Ersatz f. Guß) z. d. mannigfaltigst. Arbeiten, Bleche für Uhren, Harmonikas, Taschenmesser, Schloßteile
Schmiedemessing (Muntz-Metall)	Ms 60	60	—	Rest	Warmpressen, Schmieden, Bearbeiten m. spanabhebenden Werkzeugen, mäßiges Biegen und Prägen	Stangen, Drähte, Bleche u. Rohre für mannigfaltige Zwecke, besonders für den Schiffbau zu Kondensatorrohrplatten, Beschläge, Vorwärmer- und Kühlerrohre
Druckmessing	Ms 63	63	—	Rest	Ziehen, Drücken, Prägen, Hartlöten mit leichtflüssigem Schlaglot oder Silberlot	Bleche, Bänder, Drähte, Stangen, Profile f. Metallwarenherstellung u. Apparatebau, Rohre im Schiffbau
Halbtombak (Lötmessing)	Ms 67	67	—	Rest	Ziehen, Drücken (Kaltbearbeiten) Hartlöten bei hohen Anforderungen	Bleche (u. a. für Musikinstrumente), Rohre, Stangen, Profile, Drähte, Holzschrauben, Federn, Patronenhüls.
Gelbtombak (Schaufelmessing)	Ms 72	72	—	Rest	Ziehen, Drücken, Prägen (Kaltbearbeiten) bei höchst. Anforderungen an Dehn-u. Haltbarkeit	Drähte, Bleche, Profile für Turbinenschaufeln
Hellrottombak	Ms 80	80	—	Rest	Kaltbearbeiten (Kunstgewerbe)	Bleche, Metalltücher, Metallwaren
Mittelrottombak (Goldtombak)	Ms 85	85	—	Rest		
Rottombak	Ms 90	90	—	Rest		
Sondermessing gewalzt	So-Ms	55—60	Mn + Al + Fe + Sn bis zu 7,5% nach Wahl, bezüglich Ni vgl. Halbzeugblatt	Rest	Warmpressen, Schmieden	Kolbenstangen, Verschraubungen, Stangen zu Ventilspindeln, Profile, Dampfturbinenschaufeln für ND-Stufen, Bleche, Rohre, Warmpreßteile von hoher Festigkeit

Güte und Leistungen siehe DIN 1709 Bl. 2 und Halbzeugblätter DIN . . . .
Die erweiterten Kurzzeichen mit Zusätzen, die den Anlieferungszustand (Härtegrad) für die Bestellung von Halbzeug kennzeichnen, bringen die Halbzeugblätter DIN . . . .

April 1925   Fachnormenausschuß für Nichteisen-Metalle

<table>
<tr><td colspan="2">Bronze und Rotguß
Benennung und Verwendung</td><td>Werkstoffe</td><td>DIN
1705 Blatt 1</td></tr>
</table>

Zinnbronze ist eine Legierung aus Kupfer und Zinn; ist sie mit Phosphor desoxydiert worden, so wird sie auch als Phosphorbronze bezeichnet. Rotguß ist eine Legierung aus Kupfer, Zinn, Zink und gegebenenfalls Blei. Sonderbronzen sind Legierungen, die in wesentlichen Merkmalen der Zusammensetzung von den beiden vorgenannten abweichen, aber mindestens 78 % Kupfer und ein oder mehrere Zusatzmetalle, worunter jedoch nicht überwiegend Zink, enthalten. Nur aus Kupfer und Zink bestehende Legierungen sind Messing. Enthalten sie weniger als 78 % Kupfer und mehrere Zusätze, so gelten sie als Sondermessing. (Vgl. DIN 1709 Blatt 1 und 2.)

Bezeichnung von Gußbronze mit 90 % Kupfer und 10 % Zinn
GBz 10 DIN 1705

Gruppe	Benennung	Kurz-zeichen	Zusammen-setzung ungefähr[1] %				Richtlinien für die Verwendung
			Cu	Sn	Zn	Pb	
Zinn-bronzen (Phos-phor-bronzen)	Gußbronze 20	GBz 20	80	20	—	—	Teile mit starkem Reibungs-druck (z. B. Spurlager, Verschleißplatten, Schieberspiegel) sowie Glocken
	Gußbronze 14	GBz 14	86	14	—	—	Teile m. stark. Verschleiß; hoch beanspruchte Lagerschalen, Räder, hydraul. Apparate für Hochdruck
	Gußbronze 10	GBz 10	90	10	—	—	Allgemeine Verwendung im Maschinen-, Armaturen- und Apparatebau
	Walzbronze 6	WBz 6	94	6	—	—	Drähte, Bleche, Bänder
Rotguß	Rotguß 10 (Maschinenbronze)	Rg 10	86	10	4	—	Allgemeine Verwendung im Maschinen-, Armaturen- und Apparatebau, für Rohrleitungsteile
	Rotguß 9	Rg 9	85	9	6	—	Lager für Eisenbahnzwecke, Armaturen
	Rotguß 8	Rg 8	82	8	7	3	Maschinenarmaturen ⎫ die blank
	Rotguß 5	Rg 5	85	5	7	3	Eisenbahn- u. Maschinenarmaturen ⎬ bearbeitet werden
	Rotguß 4 (Flanschenbronze)	Rg 4	93	4	2	1	Rohrflansche und andere hart zu lötende Teile
Sonder-bronzen	Bleizinnbronze 10	Bl-Bz 10	86	10	—	4	Lager für Warmwalzwerke, elektrische Maschinen
	Bleizinnbronze 8	Bl-Bz 8	80	8	—	12	Lager mit hohem Flächendruck (Kaltwalzwerke)

[1] Zulässige Abweichungen im Kupfer- und Zinngehalt sowie zulässige Beimengungen siehe Leistungsblatt DIN 1705 Blatt 2.

Leistungen und Güte vergleiche Leistungsblatt DIN 1705 Blatt 2 sowie, insbesondere auch bezüglich Walzbronze 6, Halbzeugblätter.

April 1928 — Fachnormenausschuß für Nichteisen-Metalle

Mitteilungen der
deutschen Materialprüfungsanstalten

Arbeiten aus dem Kaiser Wilhelm-Institut für Metallforschung
und dem Staatlichen Materialprüfungsamt zu Berlin-Dahlem

Erscheinen in einzeln berechneten Heften

Sonderheft Nr. III: Mit 434 Abbildungen. II, 243 Seiten. 1927.   RM 24.—

Inhaltsübersicht:

Über die Einwirkung von Zink, Zinn, Aluminium und Magnesium auf kupferoxydulhaltiges Kupfer. Von O. Bauer und H. Arndt. — Der Aufbau des Rotgusses. Von M. Hansen. — Über die magnesiumreichen Kupfermagnesiumlegierungen. Von M. Hansen. — Die Bedeutung des Gußgefüges für die Eigenschaften von Kupfer. Von O. Bauer und G. Sachs. — Das Verhalten von Industriekupfer bei der Beanspruchung: erläutert bei Kaltbehandlung. Bedeutung der Kristalltextur und der dadurch bedingten Verteilung von Kupferoxydul und Gasporen. Von E. Seidl und E. Schiebold (unter Mitwirkung von Charlotte Zierold, Berlin). — Härtebestimmungen und Spannungsmessungen mit Zink-Kupfer-Legierungen. Von O. Bauer und O. Vollenbruck. — Einige Beobachtungen an Aluminium und Aluminiumlegierungen. Von G. Sachs. — Die Eigenschaften des Scleronmetalls. Von O. Bauer und O. Vollenbruck. — Seigerungen und Festigkeitseigenschaften. Von G. Fiek und G. Sachs. — Werkstoffprüfung und Werkstoffeigenschaften. Bemerkungen über die Bedeutung des Zugversuches. Von G. Sachs. — Der Zugversuch am Flachstab. Von W. Kuntze und G. Sachs. — Beitrag zum Härteproblem. Von G. Sachs. — Örtlicher Massenausgleich unter der Wirkung örtlich angreifender Kräfte in Technik und Geologie. Von G. Sachs und E. Seidl. — Anwendung der Röntgenstrahlen für die Werkstoffuntersuchung. Von G. Sachs. — Graphische Bestimmung der Gitterorientierung von Kristallen mit Hilfe des Laue-Verfahrens. Gesetzmäßiges Wachstum von Aluminiumkristallen bei der Rekristallisation. Von E. Schiebold und G. Sachs. — Walz- und Rekristallisationstextur regulärflächenzentrierter Metalle. Von v. Göler und G. Sachs. — Rekristallisation und Entfestigung im Röntgenbild. Von G. Sachs und E. Schiebold. — Versuche über die Rekristallisation von Metallen. Von R. Karnop und G. Sachs. — Das Verhalten von Aluminiumkristallen bei Zugversuchen. I. Geometrische Grundlagen. Von v. Göler und G. Sachs. — II. Experimenteller Teil. Von R. Karnop und G. Sachs. — Kristallbau und chemische Konstitution. Von K. Weissenberg.

Sonderheft Nr. IV: Der Aufbau der Kupfer-Zinklegierungen. Von Professor Dr.-Ing. e. h. O. Bauer, Direktor im Staatl. Materialprüfungsamt, stellvertretender Direktor des Kaiser Wilhelm-Instituts für Metallforschung, Dr. phil. M. Hansen, wissenschaftlicher Mitarbeiter am Kaiser Wilhelm-Institut für Metallforschung. Mit 172 Abbildungen. IV, 150 Seiten. 1927.

RM 18.—; gebunden RM 20.—

Inhaltsübersicht:

Das Erstarrungs- und Umwandlungsschaubild: I. Die Gleichgewichtslinien und Zustandsfelder der verschiedenen Kristallarten (Phasenschaubild), vornehmlich auf Grund thermischer und mikroskopischer Untersuchungen. II. Die Umwandlungen im β- und γ-Mischkristall und über die vermutete Umwandlung im α-Mischkristall. — Die vermuteten Verbindungen des Kupfers mit Zink: I. Einleitung. II. Über die Anwendbarkeit von Spannungs- und Leitfähigkeitskurven zur Konstitutionsforschung (Nachweis von Verbindungen). III. Kritische Besprechung der einzelnen vermuteten Kupfer-Zinkverbindungen. IV. Schlußwort. — Die Röntgenstruktur der Kupfer-Zinklegierungen: I. Einleitung II. Die einzelnen Versuchsergebnisse. III. Schlußwort. — Eigene Untersuchungen zur endgültigen Festlegung der noch zweifelhaften Teile des Erstarrungs- und Umwandlungsschaubildes der Kupfer-Zinklegierungen: I. Einleitung. II. Experimentelles. III. Versuchsergebnisse. IV. Zusammenfassung und Schlußergebnis. — Literatur. —Namen- u. Sachverzeichnis.

Hilfsbuch für Metalltechniker. Einführung in die neuzeitliche Metall- und Legierungskunde, erprobte Arbeitsverfahren und Vorschriften für die Werkstätten der Metalltechniker, Oberflächenveredlungsarbeiten u. a. nebst wissenschaftlichen Erläuterungen. Von Chemiker Georg Buchner. Dritte, neubearbeitete und erweiterte Auflage. Mit 14 Textabbildungen. XIII, 397 Seiten. 1923.   Gebunden RM 12.—

Handbuch des Materialprüfungswesens für Maschinen- und Bauingenieure. Von Professor Dipl.-Ing. Otto Wawrziniok, Dresden. Zweite, vermehrte und vollständig umgearbeitete Auflage. Mit 641 Textabbildungen. XX, 700 Seiten. 1923. Gebunden RM 24.—

Handbuch der Materialienkunde für den Maschinenbau. Von Geh. Oberregierungsrat Professor Dr.-Ing. A. Martens †, Direktor des Materialprüfungsamts in Groß-Lichterfelde. In 2 Teilen.
Erster Teil: Materialprüfungswesen, Probiermaschinen und Meßinstrumente.
Vergriffen.
Zweiter Teil: Die technisch wichtigen Eigenschaften der Metalle und Legierungen. Von Professor E. Heyn †. Hälfte A: Die wissenschaftlichen Grundlagen für das Studium der Metalle und Legierungen. Metallographie. Mit 489 Abbildungen im Text und 19 Tafeln. XXXII, 506 Seiten. 1912. Unveränderter Neudruck 1926. Gebunden RM 42.—

O. Lasche, Konstruktion und Material im Bau von Dampfturbinen und Turbodynamos. Dritte, umgearbeitete Auflage von W. Kieser, Abteilungs-Direktor der AEG-Turbinenfabrik, Berlin. Mit 377 Textabbildungen. VIII, 190 Seiten. 1925. Gebunden RM 18.75

Elastizität und Festigkeit. Die für die Technik wichtigsten Sätze und deren erfahrungsmäßige Grundlage. Von Professor Dr.-Ing. C. Bach, Stuttgart, und Professor R. Baumann, Stuttgart. Neunte, vermehrte Auflage. Mit in den Text gedruckten Abbildungen, 2 Buchdrucktafeln und 25 Tafeln in Lichtdruck. XXVIII, 687 Seiten. 1924. Gebunden RM 24.—

Die Dauerfestigkeit der Werkstoffe und der Konstruktionselemente. Elastizität und Festigkeit von Stahl, Stahlguß, Gußeisen, Nichteisenmetall, Stein, Beton, Holz und Glas bei oftmaliger Belastung und Entlastung sowie bei ruhender Belastung. Von Otto Graf, a. o. Professor an der Technischen Hochschule Stuttgart. Mit 166 Abbildungen im Text. VIII, 131 Seiten. 1929. RM 14.—; gebunden RM 15.50

Festigkeitseigenschaften und Gefügebilder der Konstruktionsmaterialien. Von Professor Dr.-Ing. C. Bach, Stuttgart, und Professor R. Baumann, Stuttgart. Zweite, stark vermehrte Auflage. Mit 936 Figuren. IV, 190 Seiten. 1921. Gebunden RM 18.—

Die Bestimmung der Dauerfestigkeit der knetbaren, veredelbaren Leichtmetallegierungen. Von Dr.-Ing. Richard Wagner. (Berichte aus dem Institut für Mechanische Technologie und Materialkunde der Technischen Hochschule zu Berlin, Heft 1.) Mit 56 Textabbildungen. IV, 64 Seiten. 1928. RM 6.—

Werkstoffprüfung für Maschinen- und Eisenbau. Von Dr. G. Schulze, Materialprüfungsamt Berlin-Dahlem, und Studienrat Dipl.-Ing. E. Vollhardt. Mit 213 Textabbildungen. VIII, 185 Seiten. 1923. RM 7.—; gebunden RM 8.50

Die Brinellsche Kugeldruckprobe und ihre praktische Anwendung bei der Werkstoffprüfung in Industriebetrieben. Von Ingenieur P. Wilh. Döhmer, Schweinfurt. Mit 147 Abbildungen im Text und 42 Zahlentafeln. VI, 186 Seiten. 1925. Gebunden RM 18.—

Moderne Metallkunde in Theorie und Praxis. Von Oberingenieur J. Czochralski. Mit 298 Textabbildungen. XIII, 292 Seiten. 1924.
Gebunden RM 12.—

Edelmetall-Probierkunde nebst einigen Unedelmetallbestimmungen. Von Dipl.-Ing. F. Michel, Direktor der Staatl. Probieranstalt in Pforzheim. Zweite, verbesserte und erweiterte Auflage. IV, 67 Seiten. 1927. RM 3.50

Tabelle spezifischer Gewichte der gebräuchlichsten Gold-Silber-Kupfer-Legierungen, Silber-Kupfer-Legierungen und Weißgoldlegierungen. Durch Untersuchung festgestellt von Dipl.-Ing. F. Michel, Direktor der Staatl. Probieranstalt in Pforzheim. Zweite, erweiterte Auflage. 1 Tafel. 10 Seiten. 1927. RM 3.—

Metallniederschläge und Metallfärbungen. Praktische Anleitung für Galvaniseure und Metallfärber der Schmuckwaren- und sonstiger Metall verarbeitenden Industrien. Von Dipl.-Ing. F. Michel, Direktor der Staatl. Probieranstalt in Pforzheim. Mit 13 Abbildungen. VIII, 179 Seiten. 1927.
RM 6.90

Die elektrolytischen Metallniederschläge. Lehrbuch der Galvanotechnik mit Berücksichtigung der Behandlung der Metalle vor und nach dem Elektroplattieren. Von Direktor Dr. W. Pfanhauser. Siebente Auflage. Mit 383 in den Text gedruckten Abbildungen. XIV, 912 Seiten. 1928.
Gebunden RM 40.—

Metallfärbung. Die wichtigsten Verfahren zur Oberflächenfärbung von Metallgegenständen. Von Ingenieur-Chemiker Hugo Krause, Iserlohn. IV, 206 Seiten. 1922.
Gebunden RM 7.50

Metallurgische Berechnungen. Praktische Anwendung thermochemischer Rechenweise für Zwecke der Feuerungskunde, der Metallurgie des Eisens und anderer Metalle. Von Professor Jos. W. Richards, Lehigh-Universität South-Bethlehem, Pa. Autorisierte Übersetzung nach der zweiten Auflage von Professor Dr. B. Neumann, Darmstadt, und Dr.-Ing. P. Brodal, Christiania. XV, 599 Seiten. 1913. Unveränderter Neudruck 1925.
Gebunden RM 24.—

Mechanische Technologie der Metalle in Frage und Antwort. Von ord. Professor Dr.-Ing. E. Sachsenberg, Dresden. Mit zahlreichen Abbildungen. VI, 219 Seiten. 1924.
RM 6.—; gebunden RM 7.50

Lagermetalle und ihre technologische Bewertung. Ein Hand- und Hilfsbuch für den Betriebs-, Konstruktions- und Materialprüfungs-Ingenieur. Von Oberingenieur J. Czochralski und Dr.-Ing. G. Welter. Zweite, verbesserte Auflage. Mit 135 Textabbildungen. VI, 117 Seiten. 1924.
Gebunden RM 4.50

Lehrbuch der Metallkunde des Eisens und der Nichteisenmetalle. Von Dr. phil. Franz Sauerwald, a. o. Professor an der Technischen Hochschule Breslau. Mit 399 Textabbildungen. XVI, 462 Seiten. 1929.
Gebunden RM 29.—

Materialprüfung mit Röntgenstrahlen unter besonderer Berücksichtigung der Röntgenmetallographie. Von Dr. Richard Glocker, Professor für Röntgentechnik und Vorstand des Röntgenlaboratoriums an der Technischen Hochschule Stuttgart. Mit 256 Textabbildungen. VI, 377 Seiten. 1927. Gebunden RM 31.50

Negative und positive Strahlen. Zusammenhängende Materie. (Band 24 vom „Handbuch der Physik".) Mit 374 Abbildungen. XI, 604 Seiten. 1927. RM 49.50; gebunden RM 51.60

Inhaltsübersicht:

Durchgang von Elektronen durch Materie. Von Dr. W. Bothe, Charlottenburg. — Durchgang von Kanalstrahlen durch Materie. Von Professor Dr. E. Rüchardt, München, und Professor Dr. H. Baerwald, Darmstadt. — Durchgang von α-Strahlen durch Materie. Von Professor Dr. H. Geiger, Kiel. — Der Aufbau der festen Materie und seine Erforschung durch Röntgenstrahlen. Von Professor Dr. P. P. Ewald, Stuttgart. — Der Aufbau der festen Materie. Theoretische Grundlagen. Von Professor Dr. M. Born und Dr. O. F. Bollnow, Göttingen. — Atombau und Chemie. (Atomchemie.) Von Professor Dr. H. G. Grimm, Würzburg.

Landolt-Börnstein, Physikalisch-Chemische Tabellen. Fünfte, umgearbeitete und vermehrte Auflage. Unter Mitwirkung zahlreicher Fachgelehrter herausgegeben von Dr. Walther A. Roth, Professor an der Technischen Hochschule in Braunschweig, und Dr. Karl Scheel, Professor an der Physikalisch-Technischen Reichsanstalt in Charlottenburg. Mit einem Bildnis. In zwei Bänden. XV, 784 Seiten und IV, 911 Seiten. 1923. Gebunden RM 106.—

Erster Ergänzungsband mit Generalregister. Unter Mitwirkung zahlreicher Fachgelehrter herausgegeben von Professor Dr. Walther A. Roth und Professor Dr. Karl Scheel. X, 919 Seiten. 1927. Gebunden RM 114.—

Die Theorie der Eisen-Kohlenstoff-Legierungen. Studien über das Erstarrungs- und Umwandlungsschaubild nebst einem Anhang: Kaltrecken und Glühen nach dem Kaltrecken. Von E. Heyn †, weiland Direktor des Kaiser-Wilhelm-Instituts für Metallforschung. Herausgegeben von Professor Dipl.-Ing. E. Wetzel. Mit 103 Textabbildungen und XVI Tafeln. VIII, 185 Seiten. 1924. Gebunden RM 12.—

E. Preuß, Die praktische Nutzanwendung der Prüfung des Eisens durch Ätzverfahren und mit Hilfe des Mikroskopes. Für Ingenieure, insbesondere Betriebsbeamte. Dritte, vermehrte und verbesserte Auflage. Bearbeitet von Professor Dr. G. Berndt und Professor Dr.-Ing. M. v. Schwarz. Mit 204 Figuren im Text und auf 1 Tafel. VIII, 198 Seiten. 1927. RM 7.80; gebunden RM 9.20

Chemiker-Kalender 1930. Ein Hilfsbuch für Chemiker, Physiker, Mineralogen, Industrielle, Pharmazeuten, Hüttenmänner usw. Begründet von Dr. Rudolf Biedermann. Fortgeführt von Professor Dr. W. A. Roth. Herausgegeben von Professor Dr. I. Koppel. Einundfünfzigster Jahrgang. Drei Teile in zwei Bänden.

Erster Teil: Taschenbuch. VIII, 73 Seiten und 104 Seiten Schreibpapier. 1930.

Zweiter Teil: Die wichtigsten Eigenschaften anorganischer und organischer Stoffe. Dichten. Löslichkeiten. Analyse aller Art. Lösungsmittel. IV, 678 Seiten. 1930.

Dritter Teil: Theoretischer Teil. Mit Figuren im Text und einer Tafel. IV, 634 Seiten. 1930. Teil I und II in einem Band gebunden.

Teil I—III zusammen gebunden RM 20.—

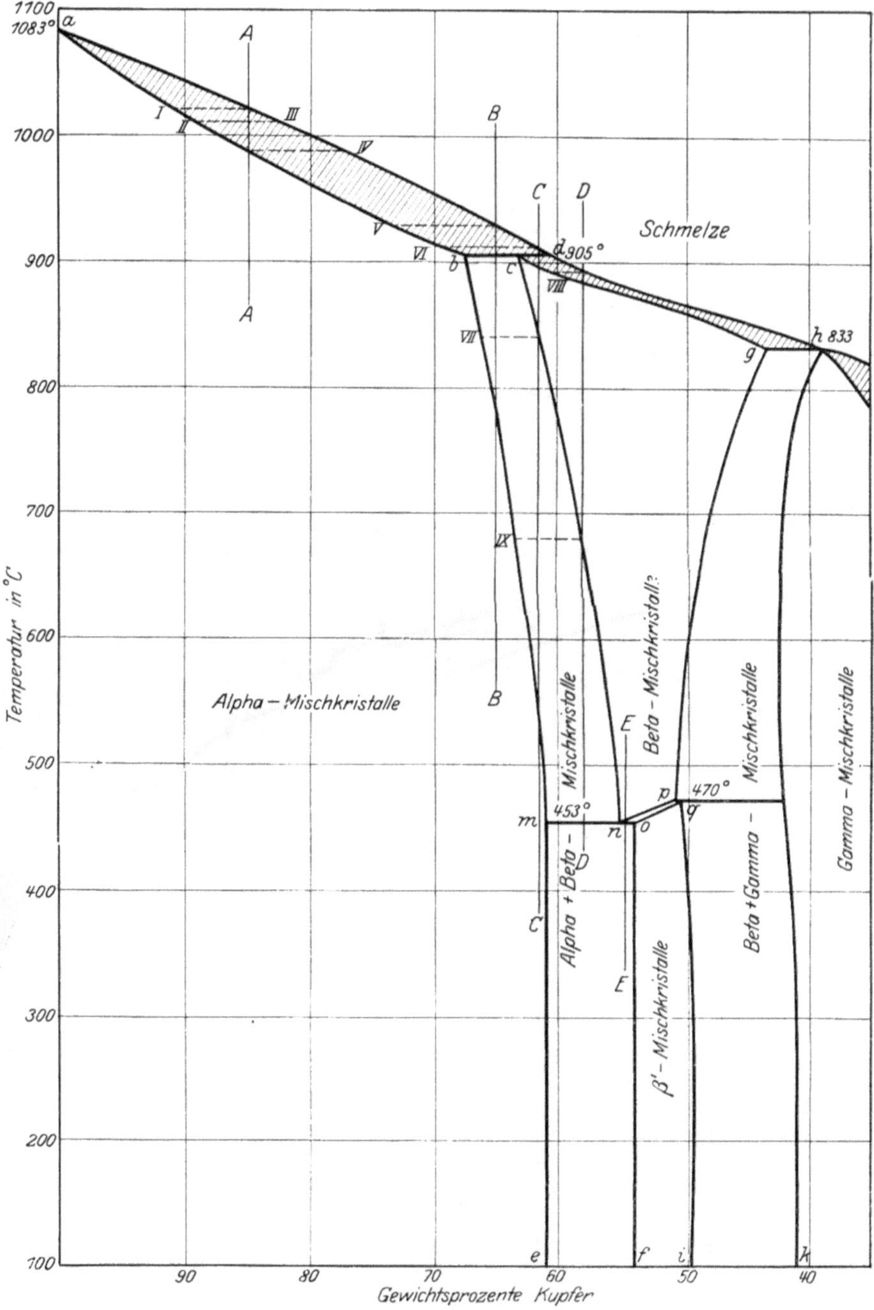

Teilschaubild der Kupfer-Zinklegierungen nach Bauer und Hansen.

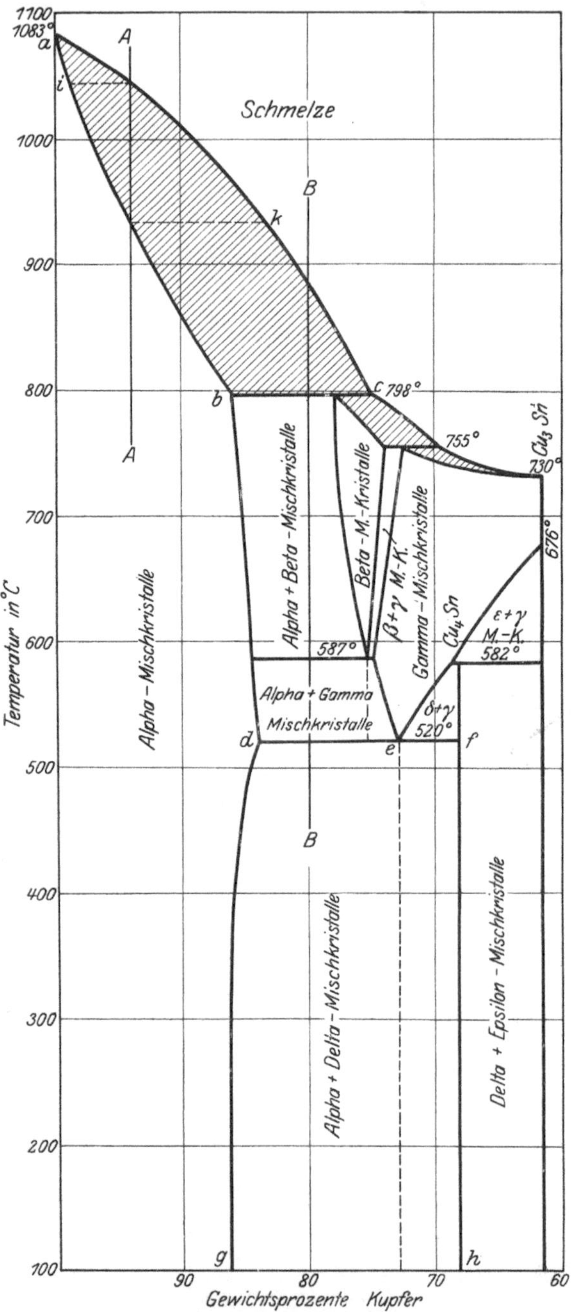

Teilschaubild der Kupfer-Zinn-Legierungen nach
Bauer-Vollenbruck und Hansen.

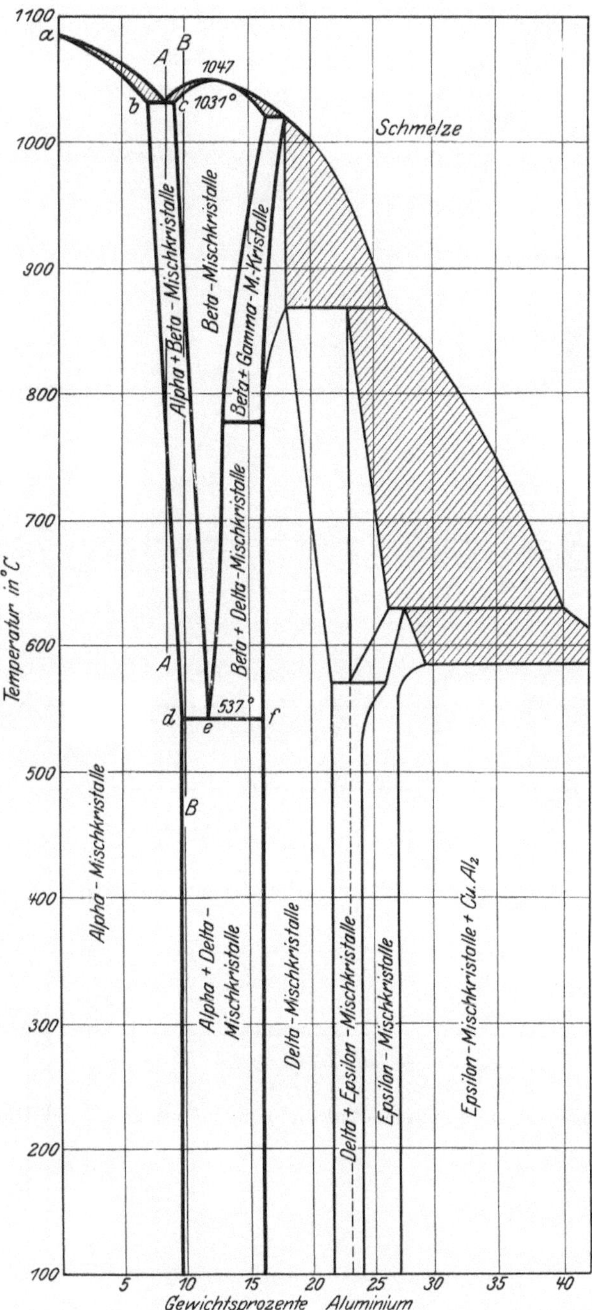

Teilschaubild der Kupfer-Aluminium-Legierungen nach Stockdale.

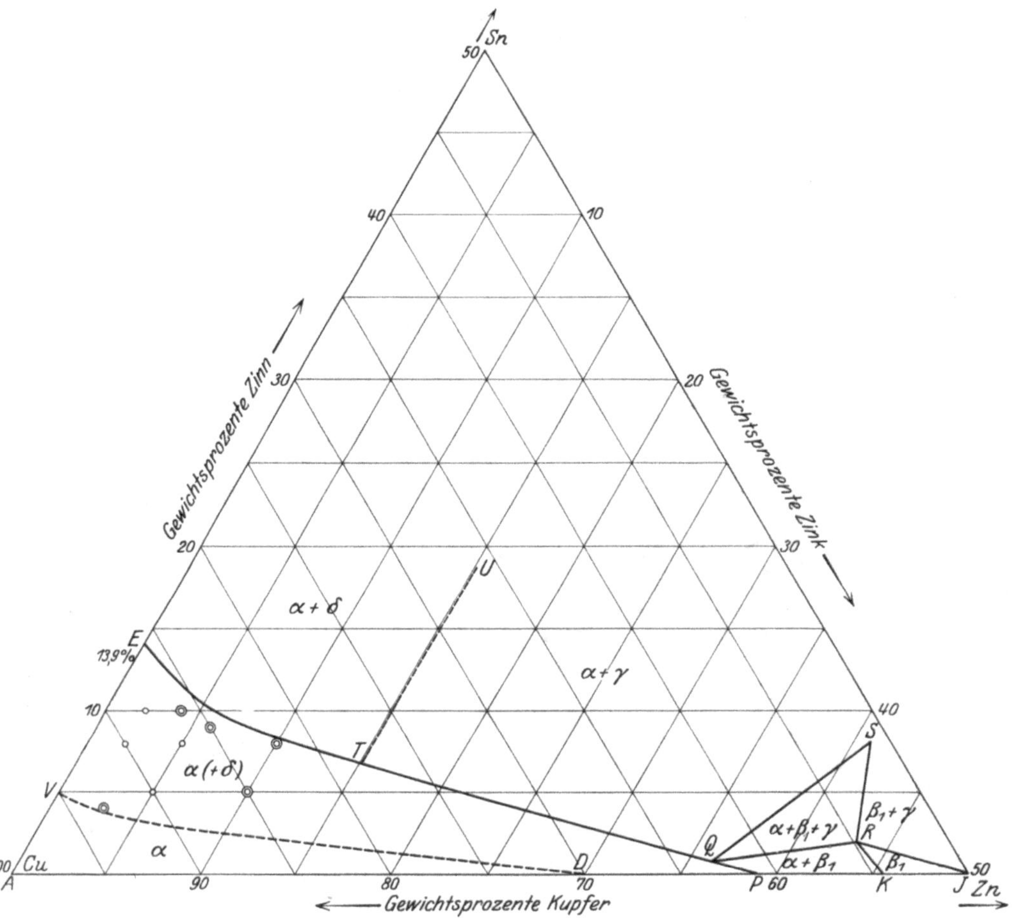

Das Dreistoffsystem Kupfer-Zink-Zinn nach Tammann und Hansen.

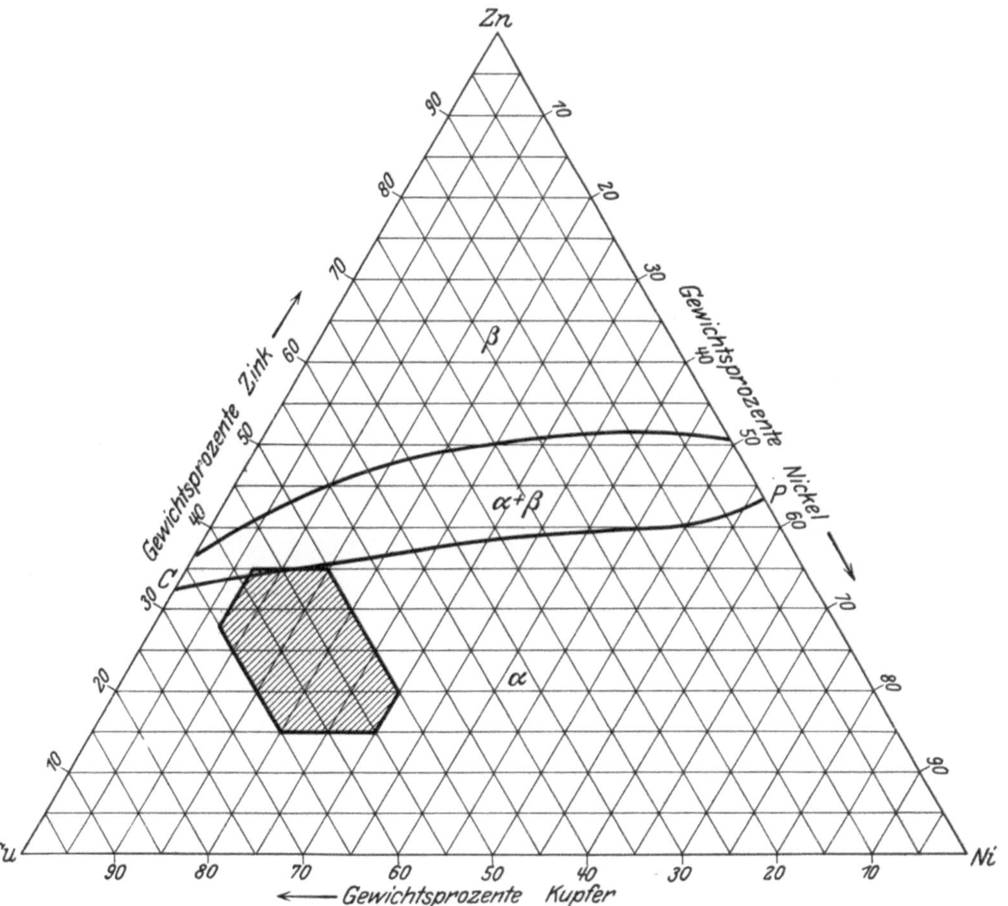

Das Dreistoffsystem Kupfer-Zink-Nickel nach Tafel. Die Zusammensetzung der gebräuchlichsten Neusilberlegierungen ist durch das schraffierte Sechseck bezeichnet.